时装产品 3D设计与制作

SHIZHUANG CHANPIN
3D SHEJI YU ZHI ZUO

龚勤理 曹金明 著

STYLE 3D

配同步视频

YMH01242804

刮开涂层，微信扫码后
按提示操作

東華大學出版社
·上海·

内容简介

本书是应服装产业数字化发展要求，配合服装设计专业建设而撰写的时装产品3D设计与技术专业书籍。本书从知名品牌合作的女装产品开发项目中选取实际款式案例，共设14项任务，包括连衣裙、小礼服、西装外套、短裙4个品类。每项任务设定了任务要求、款式分析、3D虚拟缝制、工艺细节、面辅料属性设置、样衣虚拟展示等内容。款式设计符合流行趋势，涵盖了代表性的结构设计和工艺设计，安排了多品种代表性面辅料品类。每个章节附3D虚拟设计与缝制操作视频二维码，从链接网站可下载全部款式的CAD样板文件，以供同步练习。

本书旨在提高服装设计和技术人员3D数字化应用能力，提高服装板型修正能力，降低时装产品开发的面辅料成本，提升服装产品开发效率。本书适合品牌女装设计师、建模师和样板师阅读参考，适合作为服装院校专业教材，以及服装专业毕业设计参考用书。

图书在版编目(CIP)数据

时装产品3D设计与制作/龚勤理，曹金明著. —上海：东华大学出版社，2024.1
ISBN 978-7-5669-2278-6

Ⅰ. ①时… Ⅱ. ①龚… ②曹… Ⅲ. ①服装设计②服装—生产工艺 Ⅳ. ①TS941

中国国家版本馆CIP数据核字(2023)第207191号

责任编辑 杜亚玲
封面设计 Cellen

时装产品3D设计与制作
SHIZHUANG CHANPIN 3D SHEJI YU ZHIZUO

龚勤理 曹金明 著

出　　版：东华大学出版社(地址：上海市延安西路1882号　邮政编码：200051)
本 社 网 址：dhupress.dhu.edu.cn
天猫旗舰店：http://dhdx.tmall.com
营 销 中 心：021-62193056　62373056　62379558
印　　刷：上海盛通时代印刷有限公司
开　　本：889 mm×1194 mm　1/16
印　　张：9.5
字　　数：325千字
版　　次：2024年1月第1版
印　　次：2024年1月第1次印刷
书　　号：ISBN 978-7-5669-2278-6
定　　价：68.00元

作者简介

龚勤理，教授、硕士。浙江省“151”人才第三层次，浙江省纺织工程学会服装专业委员会委员、浙江纺织服装职业技术学院时装学院学术委员会主任，2022年全国职业院校技能大赛服装设计与工艺赛项专家组长。从事女装设计与技术教学、企业工作三十多年，主持浙江省重点专业、省示范专业、省特色专业建设十年，出版专著《创意时装立体裁剪》，主持完成十多项省部级教科研项目。设计作品“锦绣”获2004年北京中国国际服装院校师生设计作品大赛女装第一名。2014年、2016年、2022年获纺织工业联合会教学成果二等奖、特等奖。

曹金明，讲师，硕士，高级技师。曾任服装企业样板师、3D建模师工作六年，担任多家服装公司制版和3D试衣培训导师，具有丰富的企业工作经验和实践教学能力。

序

当今，人工智能、大数据等科技革命推动着世界百年未有之大变局的加速演进，推动着产业变革和数字经济的快速崛起发展。中国时尚产业正进入消费市场、产业结构、商业模式的三重巨变，人工智能、大数据等新技术的应用为时尚产业的数字化转型提供了最有力的支持。

数字化赋予企业更加高效的产品设计能力、更加畅通的客户服务能力，有效提升了企业竞争水平，为企业带来更多的合作机遇和更广阔的发展空间。时尚行业技术变革的推动者，凌迪Style3D见证了无数服装企业在数字化探索上的成长和飞跃，创意和3D技术的融合，释放出无限的创造力和市场空间，推动着时尚产业的快速发展。

Style3D从服装3D设计、推款审款、3D改版、智能核价、自动BOM到直连生产，为服装品牌商、ODM商、面料商等提供了高效的服装设计推款方案，服装生产周期管理方案，服装面料和成衣展示方案，有效助力企业提升服装研发、生产、管理的效率。

服装产业数字化发展，离不开服装院校数字化人才的培养输送。龚勤理教授领衔的服装设计与技术专业团队，是目前国内服装院校3D数字化教学改革的先行者，也是行业、企业有影响力的服务团队，做到了教学、科研和企业服务的三者深度融合。运用Style3D软件，精选企业真实案例进行梳理总结，分析项目任务，归纳知识点，撰写出版《时装产品3D设计与制作》一书，填充了服装3D设计与技术专业书籍的匮乏，对提升高校服装数字化人才培养质量，提高服装企业3D设计和技术人员岗位能力，必将发挥积极的作用，从而推动服装产业数字化的进一步发展。

凌迪科技Style 3D创始人兼CEO

刘　郴

2023年夏于杭州

前言

1. 服装3D数字化是科技生产力，也是时尚发展的潮流

服装行业的数字化时代已经到来，时尚创意和3D技术的融合，赋予企业更高效的设计能力、更快速的生产反应能力。拥抱科技的力量，顺应时尚发展的潮流，才能更好地推动时尚产业的快速发展。

近十年来，本人在主持校企服装技术服务项目中，一路见证了为数不少的服装企业在数字化探索上的成长和发展，并将校企合作成果转化，通过产教融合努力助推我校服装数字化教学改革。撰写《时装产品3D设计与制作》一书，意在为服装院校服装3D教学和实训用作教材，也可为企业服装设计师和3D建模师提供技术参考。

与服装3D技术最初结缘于2010年。本人到浙江理工大学做访问学者期间，加入了邹奉元教授主持的服装工程国家重点实验室项目——我国最早的服装虚拟试衣软件开发研究项目，并主持完成了宁波自然科学基金项目《基于数字样板和面料特性的三维虚拟试衣关键问题研究》。今时今日，国产服装3D数字技术已经走过了十多年的高速发展时期，我也亲历了这个过程，所感所悟，见诸笔端，如实记录。在运用杭州凌迪科技有限公司的Style 3D软件完成的《时装产品3D设计与制作》一书出版之际，我谨向国内第一代服装3D软件技术拓荒者——邹奉元教授团队致以敬意。

2. 内容来自校企合作项目、著名时装品牌实际案例

2013年开始，本人与宁波凯信服饰有限公司开展校企合作，受聘为企业时装技术顾问，提供时装技术指导。宁波凯信服饰有限公司是一家服装外贸ODM企业，为众多的世界时尚品牌提供设计和生产各类服饰，设计师、样板师人数规模达100余人，2012年出口额近人民币7亿元。企业管理层具有前瞻性思维，是国内最早引进ERP管理的服装企业之一，2015年5月率先引进韩国的CLO 3D软件，成为国内最早应用3D数字技术的服装企业之一。运用服装3D技术虚拟缝制试样，减少头样的成本，可以向众多的国外客户提供多种面料、配色的款式设计方案，极大提高了企业样品开发和推款的速度。2019年，成熟应用服装3D技术多年的宁波凯信服饰有限公司为杭州凌迪科技有限公司提供了丰富的、实用的用户经验，并最早引进STYLE 3D软件，广泛应用于产品开发、商务联系与生产过程。在校企合作过程中，本人见证了宁波凯信服饰有限公司产品设计能力和企业竞争力的大幅提升，2023年企业年出口额增长到了20亿人民币，以这些年的服装外贸易环境而论，这确实是了不起的增长。

2017年，在宁波凯信服饰有限公司工作多年的服装CAD制板师和3D建模师曹金明老师，被引进到我校数字化师资队伍，加入了本人主持的校企服务团队，并合作完成了本书的撰写。本人主持的宁波迪昂进出口有限公司、宁波恩凯控股有限公司等企业服务项目，服务内容从技术培训、产品研发进一步拓展到服装3D设计和制作，助推企业数字化转型发展的同时，也为本书积累了大量服装产品3D设计、虚拟缝制技术的案例。

2021年7到10月，团队与杭州吉尚设计公司合作，完成了JEFEN GIRL品牌50款小礼服的立体裁剪、样衣制作、CAD样板制作任务。小礼服系列产品参加了2021上海时装周等活动，2022年产品陆续进入市场专卖店，以年轻、个性、时尚的设计风格，深受年轻消费群的欢迎。《时装产品3D设计与制作》选取了校企合作项目JEFEN GIRL小礼服系列产品中的14款代表性款式，完成了服装3D设计、缝制，并展示了逼真的服装3D效果。

3. 构建服装3D数字技术课程体系，推动全国职业院校技能大赛改革

服装3D数字技术给服装产业将带来强劲的科技生产力，纳入全国职业院校技能大赛服装设计与工艺赛项势在必然。2022年本人担任了全国职业院校技能大赛服装设计与工艺赛项的专家组组长，得以对赛题设计和赛项规程进行深入的研究。大赛对接服装行业发展趋势，对接企业真实工作场景与岗位职责，对赛题设计和赛项规程进行了改革，目的在于引导高职院校适应当前制造业转型升级要求，促进产教融合和校企合作。如何在赛题设计和赛项规程制定中，将服装创意设计与3D数字技术等内容进行融合连接，使之有效地考核选手的创新设计能力、技术掌握度和数字化应用能力，应是未来大赛专家组进行赛题设计的重要思考内容。基于以上考虑，本人在本书章节的内容安排中，选择了设计师品牌的时尚创意款，结合了具有代表性的服装结构创意设计手法，涵盖了较为全面的3D设计手法和虚拟缝制技术，愿本书的内容能给学生进行创意结构设计、完成3D虚拟制作提供切实的帮助。

本人同时还在撰写《时装产品立体裁剪》一书，内容为本书同款小礼服、连衣裙、西装外套的立体裁剪、CAD样板内容部分，计划于2024年完成出版，可视作是《时装产品3D设计与制作》的姊妹篇。两书配套撰写出版，希望建立起服装创意设计——立体裁剪——CAD样板——3D设计与缝制——虚拟展示整个课程体系的通道，对服装设计与工艺专业的3D数字化教学，对学生服装创意设计转化3D数字技术能力培养，起到积极的促进作用。

4. 本书设计思路与内容编排

本书内容图文并列，扫描二维码有同步操作视频详细讲解，可下载14款时装产品全套的CAD样板，可配合练习。

本书第一章为Style3D软件最新界面和工具功能介绍；第二章是根据品牌女装产品的主要品类、款式特点和技术要求，以项目化形式展开，共设14项任务，包括时尚女装连衣裙、小礼服、西装外套、短裙4个品类，设计了服装任务分析、3D虚拟设计缝制、面料替换，2D与3D同步改板、虚拟静态、动态展示等环节。第三章为外贸企业3D设计产品案例。

每项任务各有款式特点，具有代表性的服装结构设计和工艺设计，涵盖了较为全面的3D设计手法和虚拟缝制技术，安排了多品种的面、辅料品类。书中内容对接企业3D制板师岗位标准、能力要求，根据企业产品开发中工作流程，设定以下任务内容和要求：

(1) 任务要求。包括知识目标,能力目标、学习准备,学习重点、学习难点。

(2) 款式分析。包括服装廓形,领型、袖型、门襟、分割线等款式特点,开衩、拉链、装饰等工艺细节,选用的面料组织、材质、厚薄、悬垂性等性能特点。

(3) 服装CAD文件导入3D软件。CAD样板的文字标注和样板核对,导出DXF格式文件,导入到3D软件。

(4) 虚拟缝制。包括模特导入、板片安排与调整、样衣缝合、工艺细节、缝制完成与3D展示。

(5) 面辅料属性设置,包括面料参数设置、面料纹理及颜色设置。

(6) 样板的修正,3D款式造型设计调整,样板修改同步到平面CAD样板。

(7) 虚拟样衣展示,包括成衣效果的离线渲染参数设置、3D渲染效果图全方位展示。

(8) 扫码观看详细讲解过程。附二维码,配套视频上传平台,扫码观看虚拟缝制讲解的详细过程,部分款式附有款式动态走秀。

(9) 练习题布置。可下载本书各款的CAD样板,进行款式训练。

5. 致谢

感谢浙江纺织服装职业技术学院先进纺织服装及生态染整技术重点实验室给予的大力支持;感谢JEFEN老板、我国著名服装设计师谢锋先生的支持,授权使用校企合作项目中的JEFEN品牌款式案例,使本人得以完成一本与品牌时装产品设计与技术完全融合的服装3D数字专业书;感谢凌迪科技公司提供了最新的3D界面工具资料,并在服装创新结构3D技术上提供了帮助;感谢本书撰写过程中给予帮助和支持的家人、朋友和同事,谢谢你们!

龚勤理

2023年夏于宁波

目录

第一章

Style3D 服装设计建模软件界面视窗介绍

Style3D Studio 界面

一、打开软件进入界面

登陆 Style3D Studio 建模软件(软件图标为图 1-1-1),登入 Style3D Studio 界面(图 1-1-2),软件界面分为五个视窗:菜单工具功能栏、2D 板片视窗、3D 服装视窗、场景管理、属性编辑(图 1-1-2、图 1-1-3)。

图 1-1-1

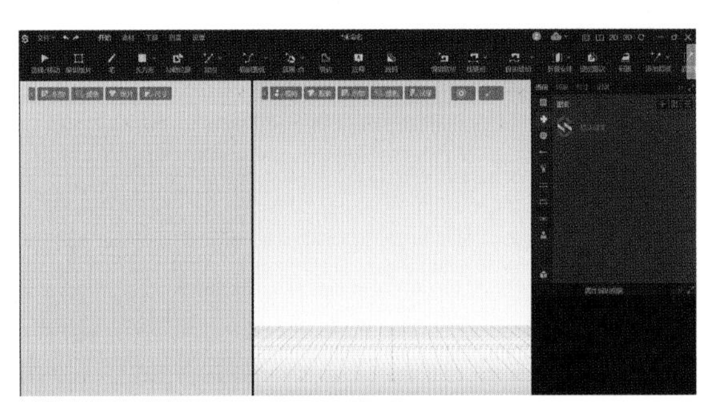

图 1-1-2

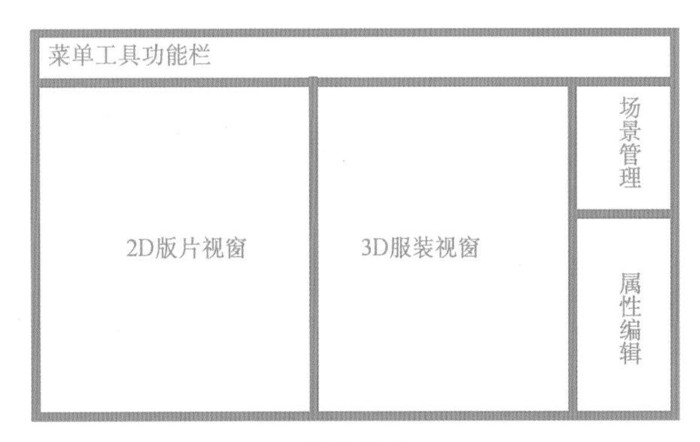

图 1-1-3

二、菜单工具栏

菜单工具栏分为六个类目:文件、开始、素材、工具、测量、设置(图 1-1-4)。

图 1-1-4

注:Style3D Studio 软件图标中的"版片工具"即为"板片工具"。

(1) 新建:在 Style3D Studio 软件里新建一个全新的空白项目,新建项目时会弹出工程文件保持对话框(图 1-1-5、图 1-1-6)。

图 1-1-5

图 1-1-6

(2) 打开:打开 Style3D Studio 保存的项目文件、服装文件、虚拟模特、场景文件、道具文件(图 1-1-7)。

图 1-1-7

（3）最近使用：快速打开 Style3D Studio 软件里最近使用或保存的工程文件。

（4）保存项目：保存 Style3D Studio 软件里正在进行的工程文件。

（5）另存为：支持 Style3D Studio 软件里正在进行的工程文件进行另存，可以保存为项目文件、服装文件、虚拟模特、场景文件等。

（6）导入：导入 Style3D Studio 支持的文件格式（图 1-1-8）。

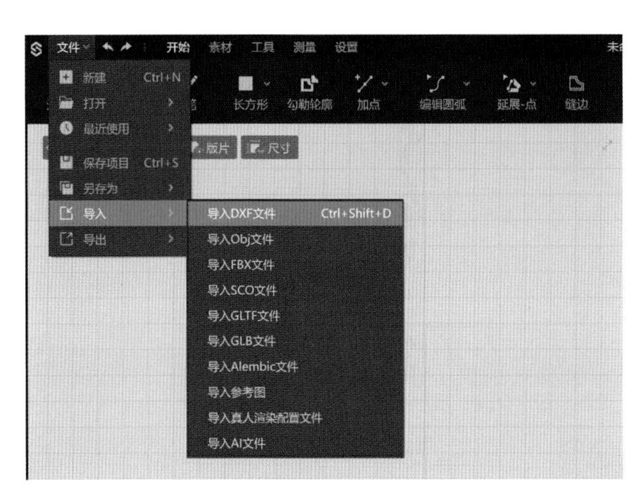

图 1-1-8

① 导入 DXF 文件（服装的样板）：导入 CAD 板片格式（如 ET、富怡、博克等支持把样板保存为 DXF 格式文件导入 Style3D Studio）。

② 导入 OBJ 文件（模型文件）：导入 3D 模型文件通用格式（如 MAYA、3DMAX、Z4D、ZB 等），导入的 OBJ 文件可以作为辅料（如日字扣、调节扣、胸针等）、场景（如建筑物、桌子、摆件等）、模特（不带骨骼、动作和姿势）。

③ 导入 FBX 文件（带动作的模特模型）：导入 3D 模型文件通用格式（如 MAYA、3DMAX、Z4D、ZB 等）。

④ 导入 SCO 文件：Style3D 软件自身保存的模型文件，导入的 SCO 文件可以互通 Style3D 云平台和 Fabric 面料软件。

⑤ 导入 GLTF 文件：为 3D 场景文件通用格式（其中包含 3D 模型）。

⑥ 导入 GLB 文件：为 3D 模型文件（GLB 模型文件可以在 Style3D 云平台更换面料和图案）。

⑦ 导入 Alembic 文件：3D 模型文件。

⑧ 导入 GXF 文件：ET 和 Style3D 互通的样板文件格式。

⑨ 导入 PXF 文件：博克和 Style3D 互通的样板文件格式。

⑩ 导入真人渲染配置文件：真人渲染配置的导入。

⑪ 导入 AI 文件：导入 AI 软件的文件。

（7）导出：从 Style3D Studio 内导出相关文件格式（图 1-1-9）。

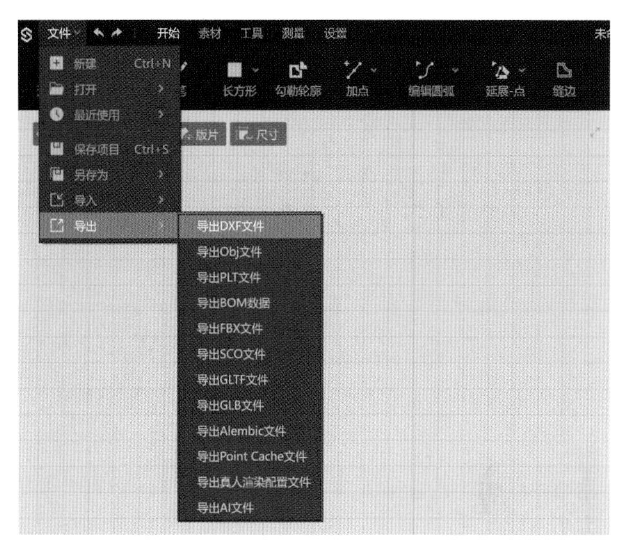

图 1-1-9

① 导出 DXF（服装的样板）：CAD 打版软件通用格式（如 ET、富怡、博克等支持把样板保存为 DXF 格式文件）。

② 导出 OBJ 文件（模型文件）：导出 3D 模型文件通用格式（如 MAYA、3DMAX、Z4D、ZB 等），导入的 OBJ 文件可以作为辅料（如日字扣、调节扣、胸针等）、场景（如建筑物、桌子、摆件等）、模特（不带骨骼、动作和姿势）。

③ 导出 PLT 文件：导出 PLT 绘图仪文件。

④ 导出 BOM 数据：导出 Style3D Studio 软件里服装工程所用的素材清单（面料、辅料、明线、纽扣等）。

⑤ 导出 FBX 文件（带动作的模特模型）：导出 3D 模型文件通用格式（如 MAYA、3DMAX、Z4D、ZB 等）。

⑥ 导出 SCO 文件：Style3D 软件自身保存的模型文件，导出的 SCO 文件可以互通 Style3D 云平台和 Fabric 面料软件。

⑦ 导出 GLTF 文件：为 3D 场景文件通用格式（其中包含 3D 模型）。

⑧ 导出 GLB 文件：为 3D 模型文件（可以 CLO3D 软件互通）。

⑨ 导出 Alembic 文件：3D 模型文件。

⑩ 导出 Point Cache 文件：可以导出点缓存文件。

⑪ 导出 GXF 文件：ET 和 Style3D 互通的样板文件格式。

⑫ 导出 PXF 文件：博克和 Style3D 互通的样板文件格式。

⑬ 导出真人渲染配置文件：真人渲染配置的导出。

⑭ 导出 AI 文件：导出 AI 软件的文件。

三、开始栏

类目有：① 选择/移动；② 编辑板片；③ 笔；④ 长方形；⑤ 勾勒轮廓；⑥ 加点；⑦ 编辑圆弧；⑧ 延展一点；⑨ 缝边；⑩ 注释；⑪ 放码；⑫ 编辑缝纫；⑬ 线缝纫；⑭ 自由缝纫；⑮ 折叠安排；⑯ 设定层次；⑰ 归拔；⑱ 添加假缝；⑲ 固定针；⑳ 模拟。

（1）选择/移动：点击选择板片进行平移、旋转、缩放等操作，框选可选择全部板片（在 2D 视窗中右键点击板片，可使用相关功能）（图 1-1-10）。

图 1-1-10

（2）编辑板片：在 2D、3D 场景中点击板片上的点、边，可拖拽点、边的位置（图 1-1-11）。

（3）笔：2D 场景中创建多边形板片，或在 2D、3D 窗口板片内生成内部线（图 1-1-12）。

（4）长方形：通过点击/拖拽生成矩形板片/内部线。

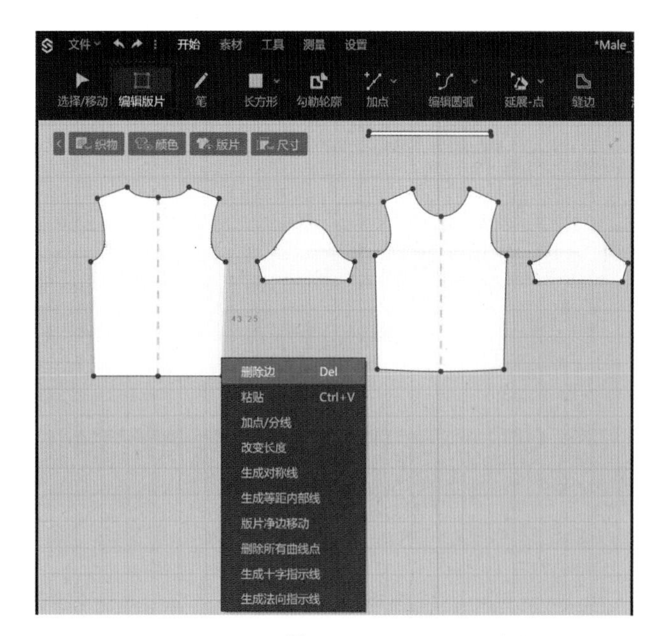

图 1-1-11

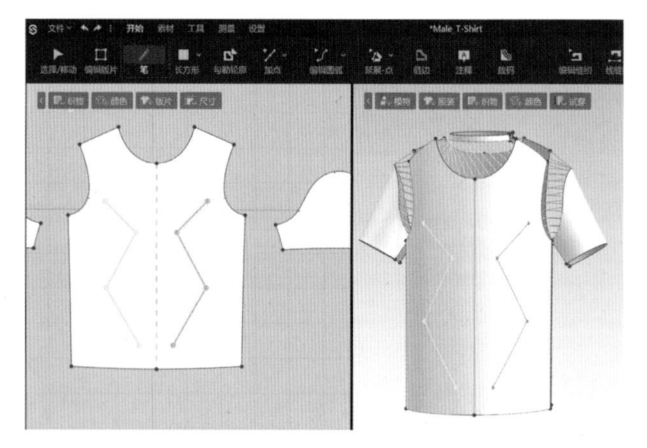

图 1-1-12

① 圆形：通过点击/拖拽生成圆形板片/内部线。

② 菱形省：在板片内生成菱形的省道（图 1-1-13）。

③ 省：在板片内生成省道。

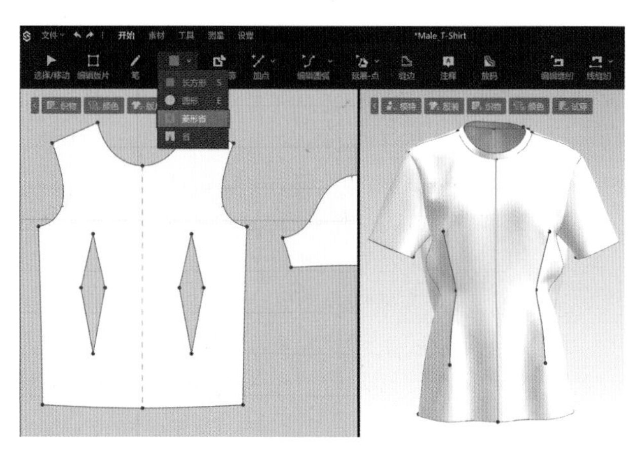

图 1-1-13

(5) 勾勒轮廓：单击选择基础线；框选/按 Shift 选择多个基础线；双击选择封闭图形(图 1-1-14)。

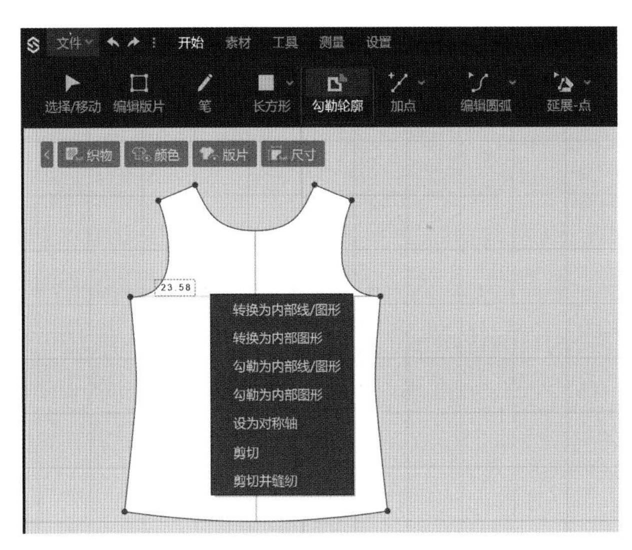

图 1-1-14

(6) 加点：在线上单击添加顶点并分割线段，右键单击可输入具体数值。刀口：净边上添加刀口(图 1-1-15)。

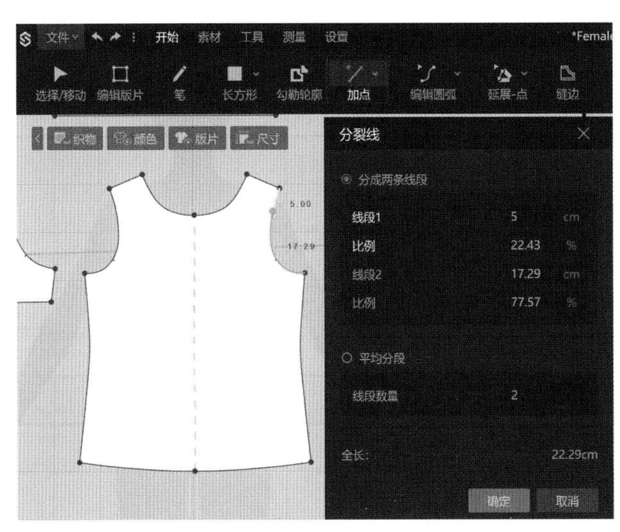

图 1-1-15

(7) 编辑圆弧：改变曲线形状。

① 编辑曲线点：在板片净边或内部线上添加/编辑曲线点(图 1-1-16)。

② 生成圆顺曲线：拖动顶点以生成圆角。

(8) 延展-点：沿一条线切开板片并将切开两部分的一部分旋转(图 1-1-17)。

(9) 缝边：点击净边以插入缝边(图 1-1-18)。

(10) 注释：在 2D 场景，点击空白处创建注释；拖动已有注释；双击对已有注释进行编辑(图 1-1-19)。

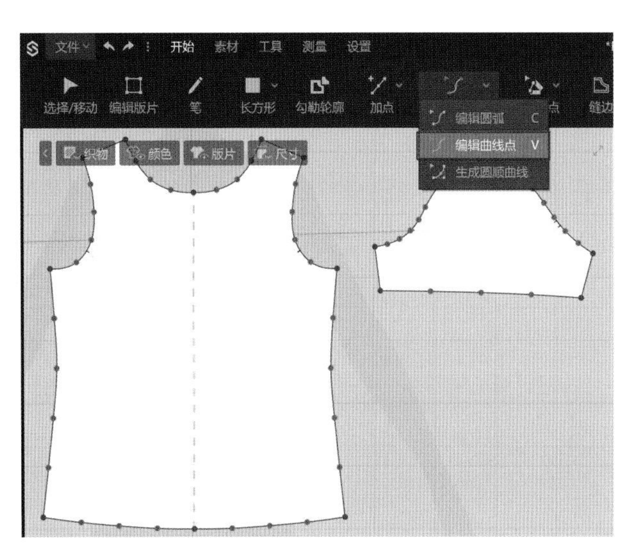

图 1-1-16

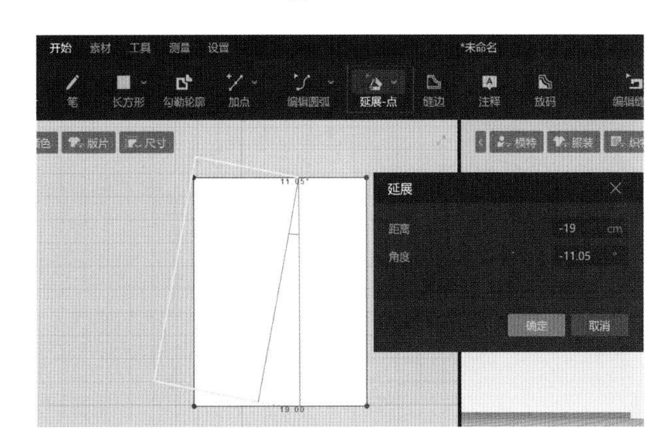

图 1-1-17

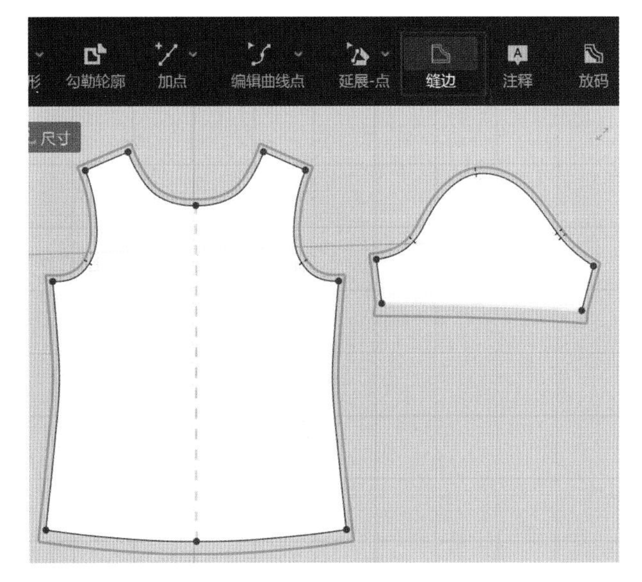

图 1-1-18

(11) 放码：选择要编辑的顶点进行放码(图 1-1-20)。

(12) 编辑缝纫：在 2D/3D 视窗，选择/编辑缝纫线(图 1-1-21)。

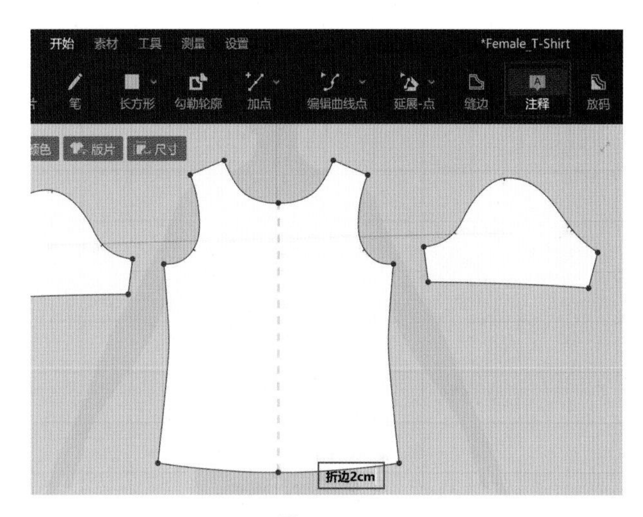

图 1-1-19

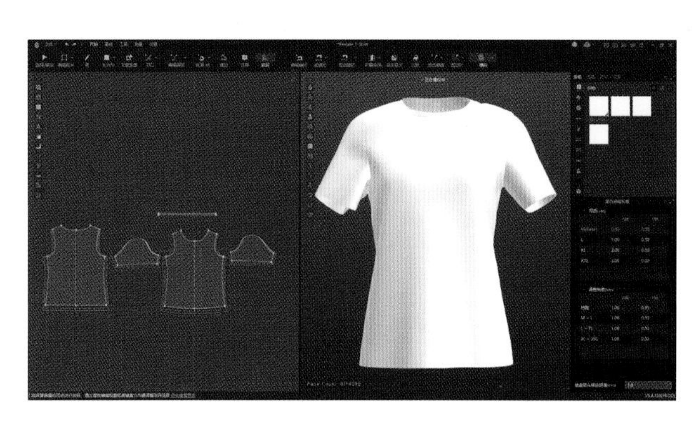

图 1-1-20

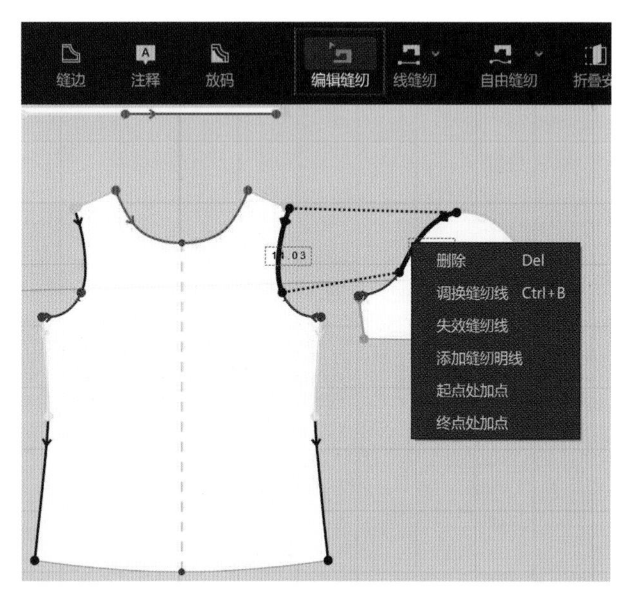

图 1-1-21

(13) 线缝纫:在 2D/3D 视窗,依次点击要缝纫的线,可选择净边/内部线作为缝纫线,按住 Shift 可依次选择多条。多线段缝纫:选择多段的边缝纫(图 1-1-22)。

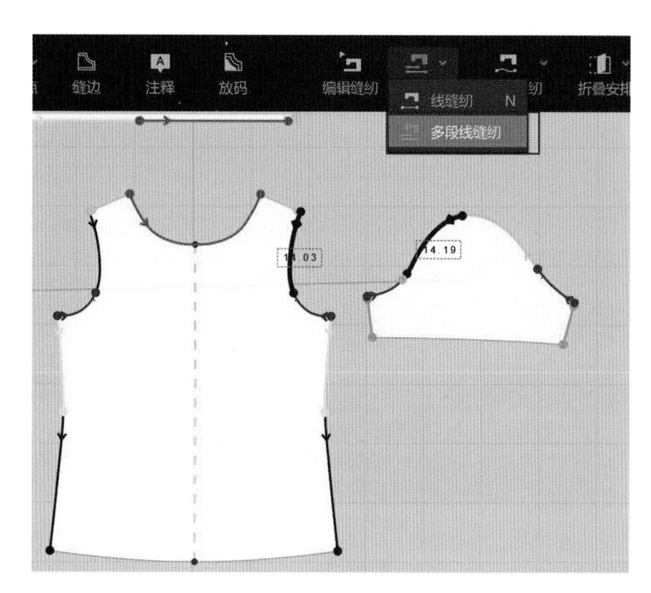

图 1-1-22

(14) 自由缝纫:单击线段 A 起点,按住 Shift 可依次选择多条线;多段自由缝纫:自由选择连续缝纫的线(图 1-1-23)。

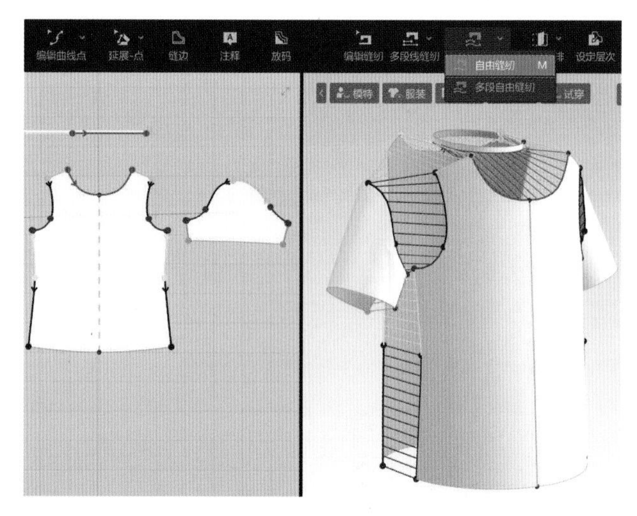

图 1-1-23

(15) 折叠安排:3D 场景中,选择一条内部线/缝纫线进行翻折(图 1-1-24)。

(16) 设定层次:在 3D 视窗选择/移动板片,可以通过小工具平移/旋转板片(图 1-1-25)。

(17) 归拔:点击收缩网格长度,缩水表示单次点击网格变化,尺寸表示熨斗大小(图 1-1-26)。

(18) 添加假缝:将两点临时"缝合",假缝后两点模拟时处于相连的状态(图 1-1-27)。

(19) 固定针:框选网格将其固定,可拖拽改变网格位置(图 1-1-28)。

(20) 模拟:根据缝纫关系,呈现板片结合在模特身上的效果。

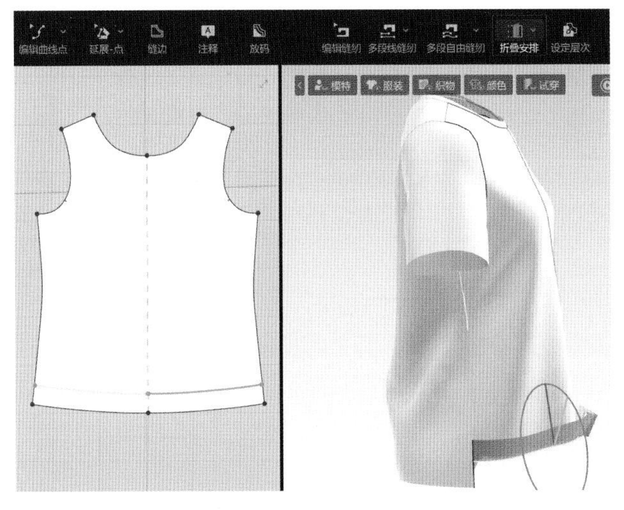

图 1-1-24

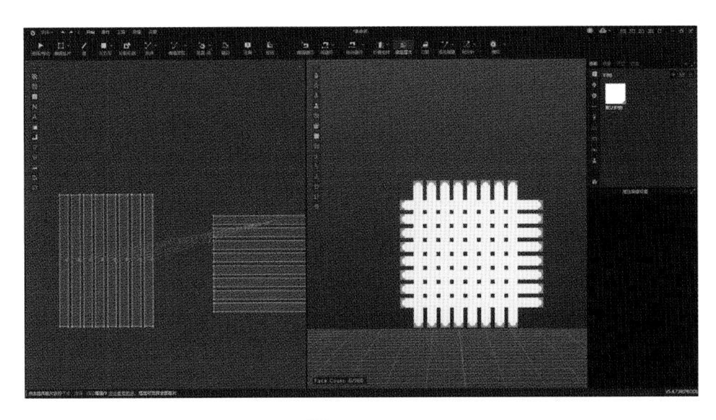

图 1-1-25

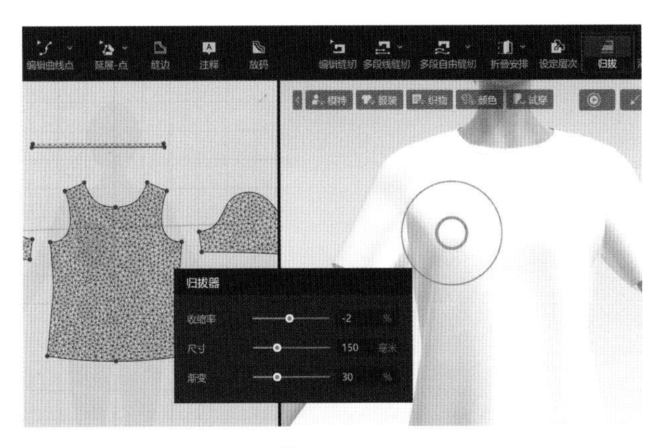

图 1-1-26

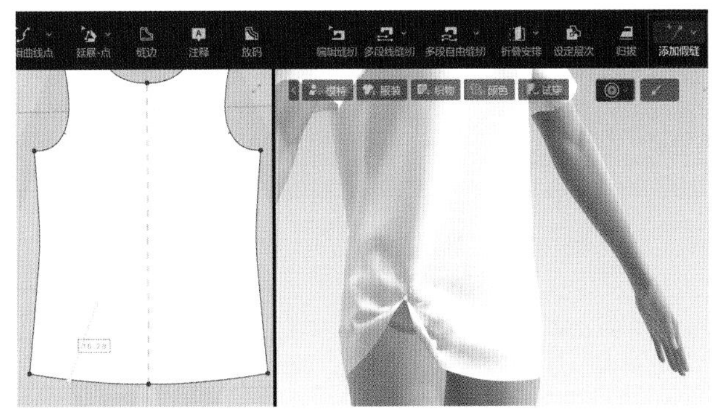

图 1-1-27

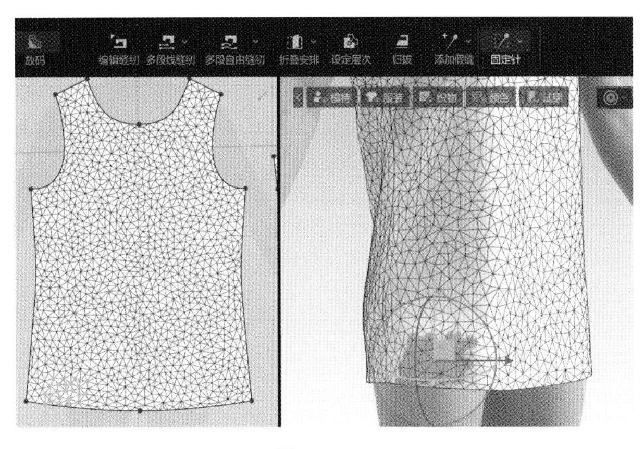

图 1-1-28

① 模拟-精确：精确模拟更能还原面料物理属性，模拟相对会更精准一点。

② 模拟- Cpu：使用 Cpu 进行模拟(图 1-1-29)。

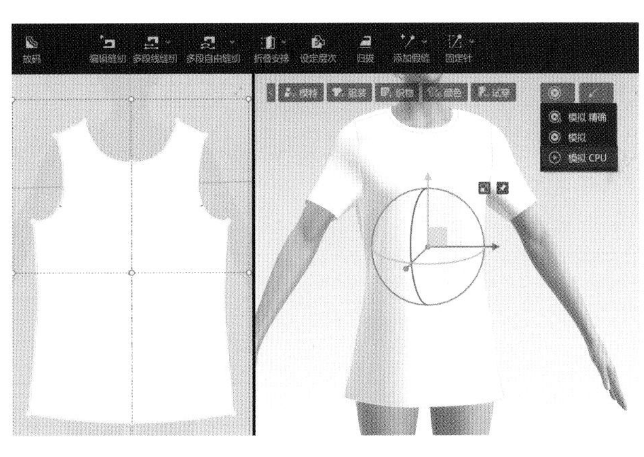

图 1-1-29

四、素材栏

(1) 编辑纹理：调整布纹线(平移，旋转)来调整纹理(图 1-1-30)。

图 1-1-30

(2) 排料：通过编辑唛架的形式来对花

(图1-1-31)。

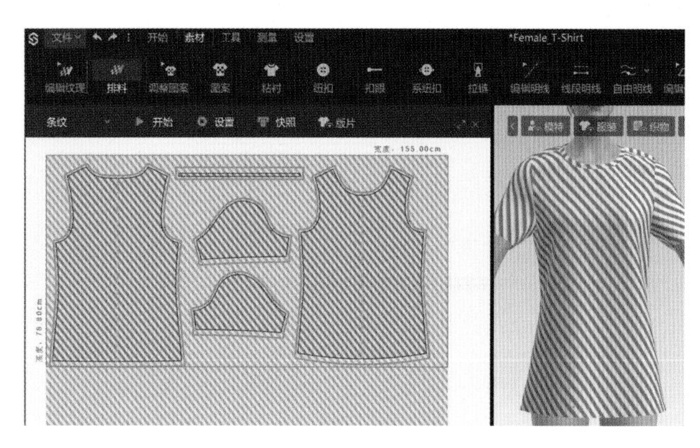

图1-1-31

(3) 调整图案:点击图案,再点击板片中要插入的位置可添加图案进行编辑。

(4) 图案:点击板片插入图案(图1-1-32)。

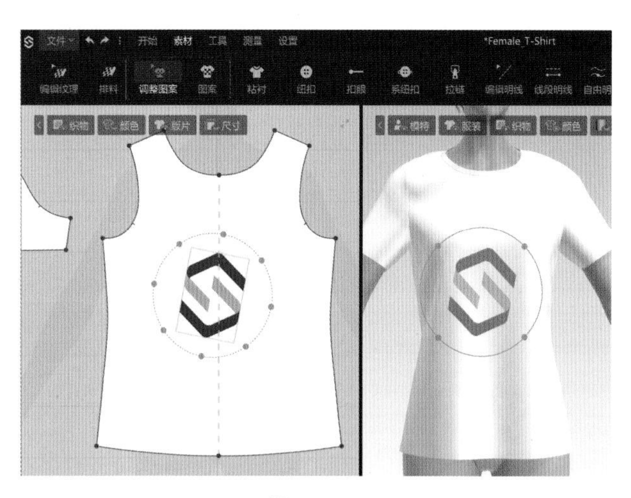

图1-1-32

(5) 粘衬条:对板片的边粘衬使其不易变形(图1-1-33)。

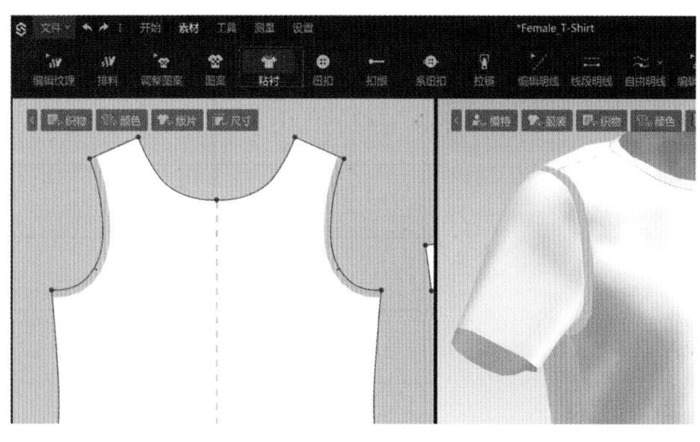

图1-1-33

(6) 纽扣:点击2D/3D板片生成纽扣,或拖动纽扣到合适位置,或右键在指定位置插入纽扣。

(7) 扣眼:点击2D/3D板片生成扣眼,或拖动扣眼到合适的位置,或右键在指定位置插入扣眼。

(8) 系纽扣:依次点击纽扣和要系的扣眼,模拟完成后纽扣会自动系在扣眼上(图1-1-34)。

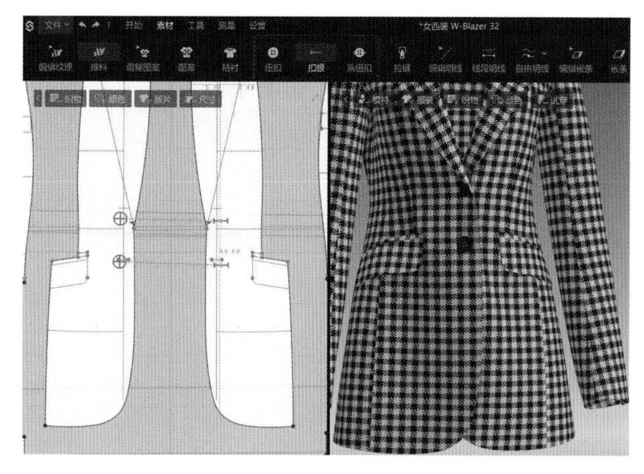

图1-1-34

(9) 拉链:单击内部线/净边设置第一条起点,再点击另一条止点,生成拉链(图1-1-35)。

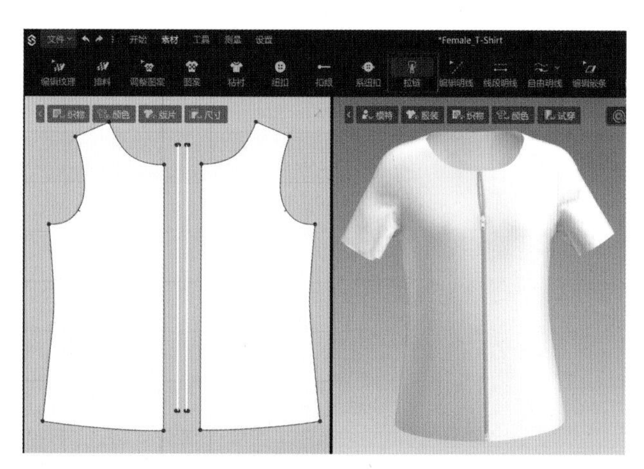

图1-1-35

(10) 编辑明线:选择明线,可在右侧属性编辑视窗中进行调整(图1-1-36)。

(11) 线段明线:在2D、3D场景,点击要添加明线的净边/内部线,框选整个板片可对整个板片快速添加明线。

(12) 自由明线:自由明线可在连续的净边/内部线上选择起终点设置明线,点击自由明线起点。

(13) 编辑嵌条:移动嵌条顶点来移动嵌条。

(14) 嵌条:单击在边缘上生成嵌条(图1-1-37)。

(15) 编辑褶皱:沿线移动褶皱端点。

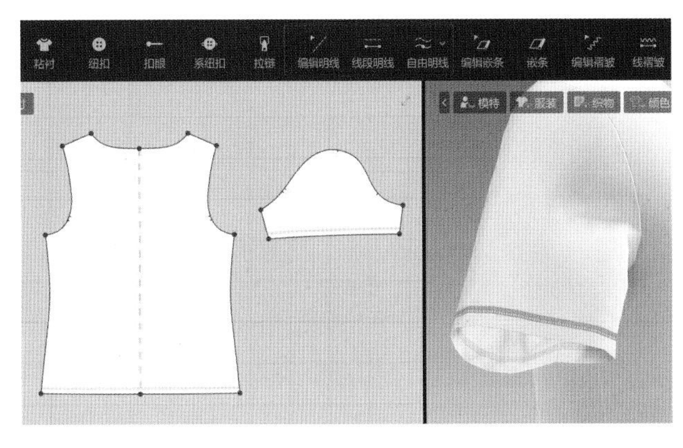

图 1-1-36

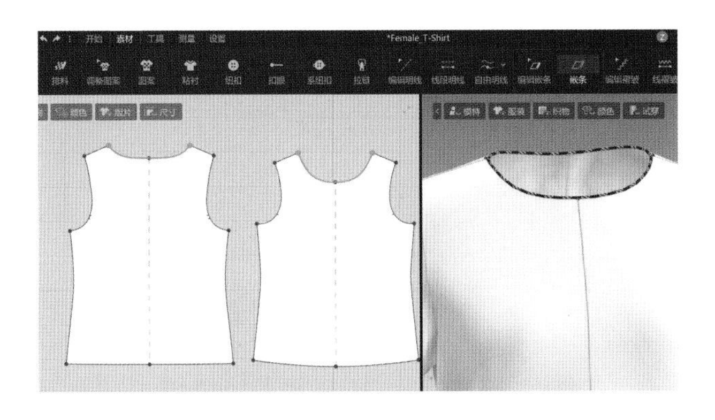

图 1-1-37

（16）线褶皱：在 2D、3D 场景，点击要添加褶皱的净线/内部线（图 1-1-38）。

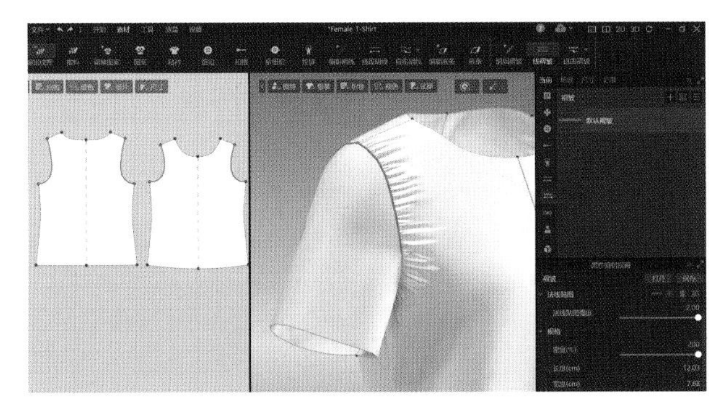

图 1-1-38

（17）自由褶皱：可在连续的净边/内部线上选择起终点、设置褶皱，点击自由褶皱起点。

缝纫线褶皱：可在缝纫线上选择起、终点设置褶皱。

五、工具栏

（1）3D 快照：生成一张快照，选择 GIF 格式可以生成动图（图 1-1-39）。

图 1-1-39

（2）2D 板片快照：根据 2D 场景中板片状态，生成高清大图。用于热转印、印花输出等后续生产（图 1-1-40）。

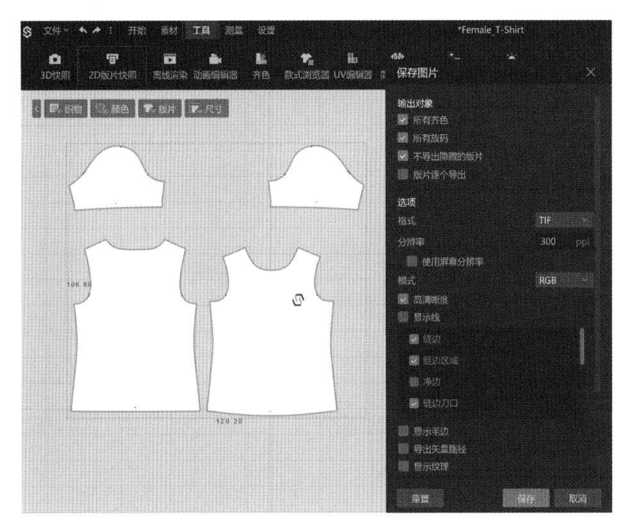

图 1-1-40

（3）离线渲染：使用 Vray 对模型进行离线渲染（图 1-1-41）。

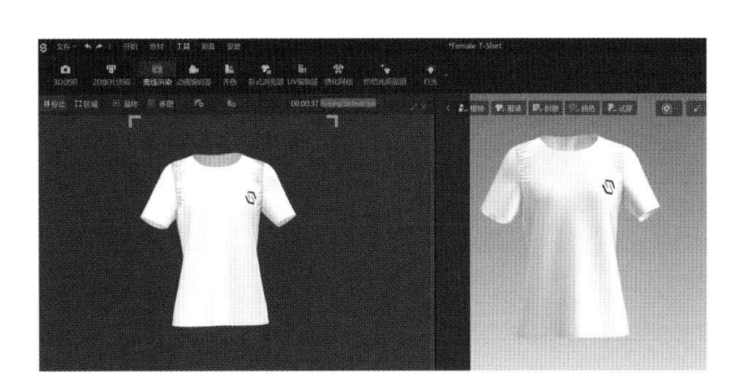

图 1-1-41

（4）动画编辑器：将生成的虚拟服装以动画的方式展示（图 1-1-42）。

（5）齐色：为服装创建多种材质，轻松查看多种材质组合下的服装外观（图 1-1-43）。

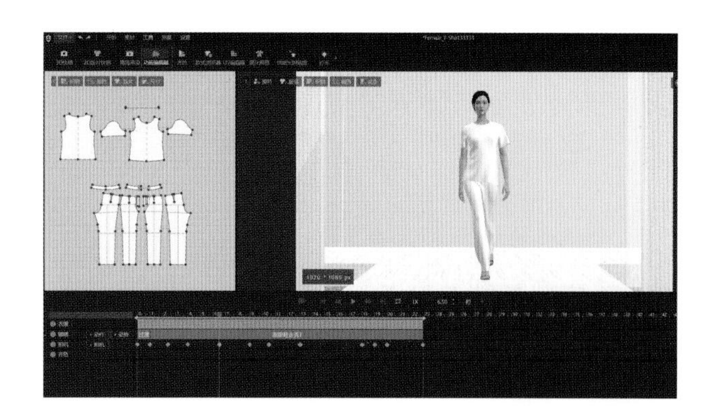

图 1-1-42

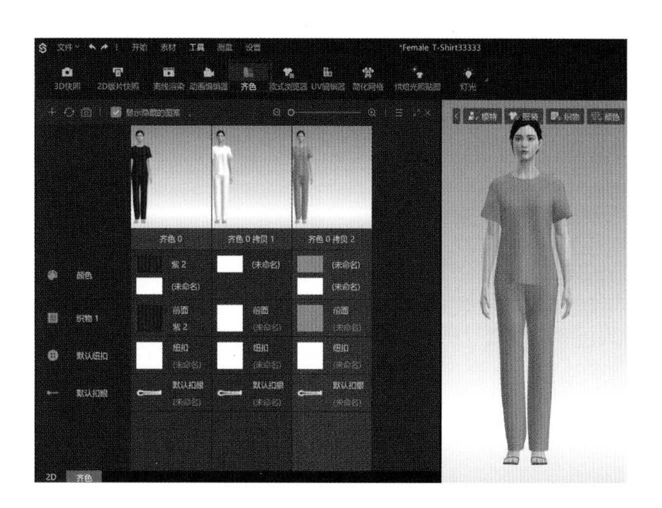

图 1-1-43

（6）UV 编辑器：点击进行 UV 移动、缩放、旋转等操作（图 1-1-44）。

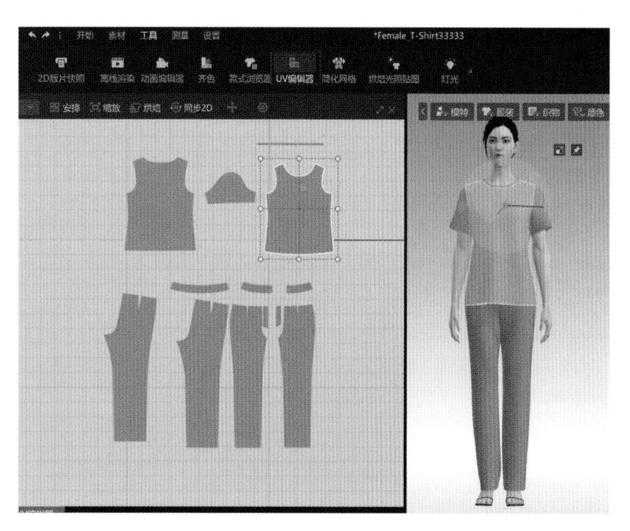

图 1-1-44

（7）简化网格：减少网格面数和顶点个数并尽量维持现有的形态（图 1-1-45）。

（8）烘焙光照贴图：为服装创建多种材质，轻松查看多种材质组合下的服装外观（图 1-1-46）。

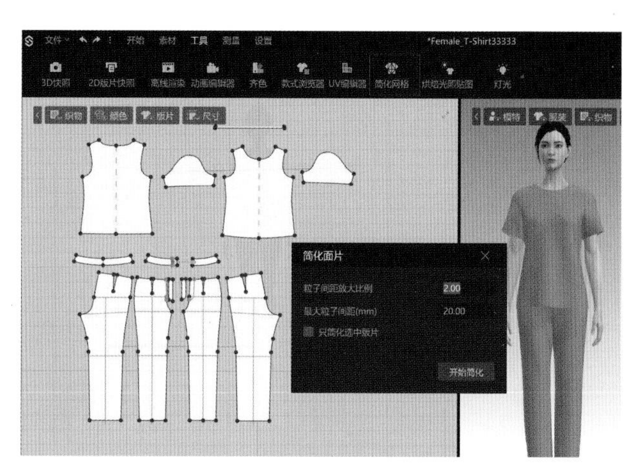

图 1-1-45

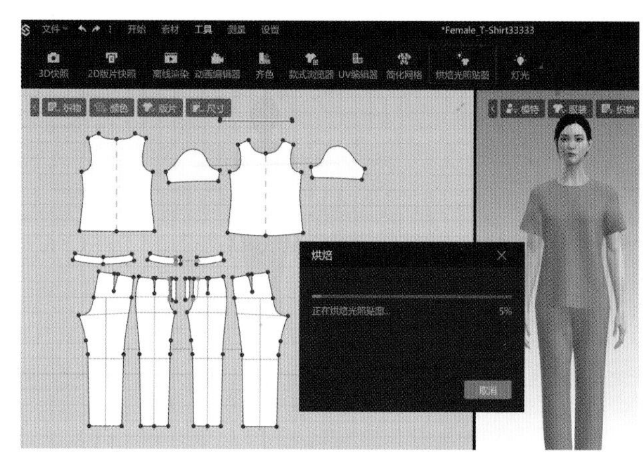

图 1-1-46

六、测量

（1）编辑模特测量：编辑模特尺寸测量（图 1-1-47）。

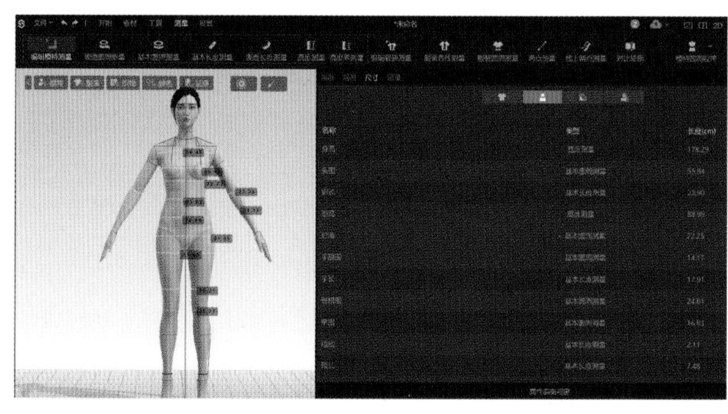

图 1-1-47

（2）表面圆周测量：严格按照模特表面一周测量圆周形的长度。

（3）基本圆周测量：用类似皮尺的工具测量沿模特表面一周的长度。

(4) 基本长度测量：用类似皮尺的工具测量沿模特表面两点间距离。

(5) 表面长度测量：用类似皮尺的工具测量沿模特表面两点间距离。

(6) 高度测量：测量模特表面某点到地面的高度。

(7) 高度差测量：测量模特表面两点高度之差。

(8) 编辑服装测量：选择各种 3D 服装测量，之后可以对其进行删除操作。

(9) 服装直线测量：测量 3D 服装表面两点空间上的距离。

(10) 服装圆周测量：测量 3D 服装在一个高度上围成一周的长度(图 1-1-48)。

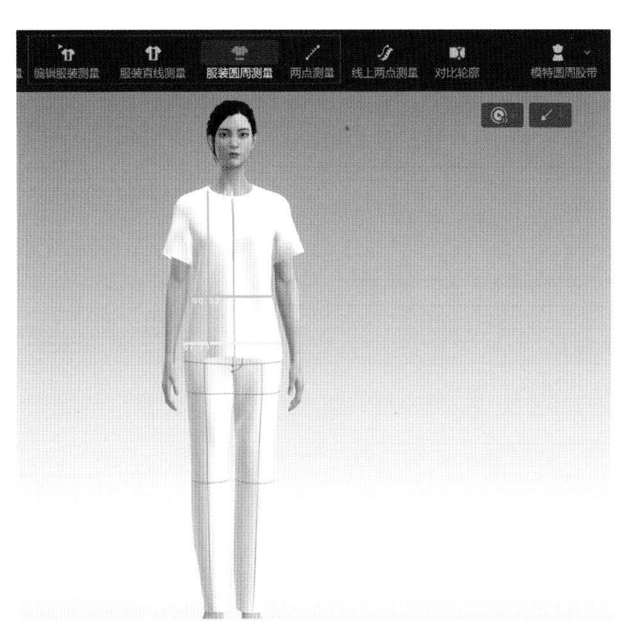

图 1-1-48

(11) 两点测量：测量 2D 板片上两点(多段两点)间线段的长度(和)。

(12) 线上两点测量：测量 2D 板片同一条线上两点间线段的长度(图 1-1-49)。

(13) 模特圆周胶带：通过点击三个点在模特上生成模特圆周胶带(图 1-1-50)。

① 模特线段胶带：点击模特上两点生成虚拟模特胶带。

② 服装贴覆到胶带：点击模特上两点生成虚拟模特胶带。

③ 编辑模特胶带：点击模特上两点生成虚拟模特胶带。

图 1-1-49

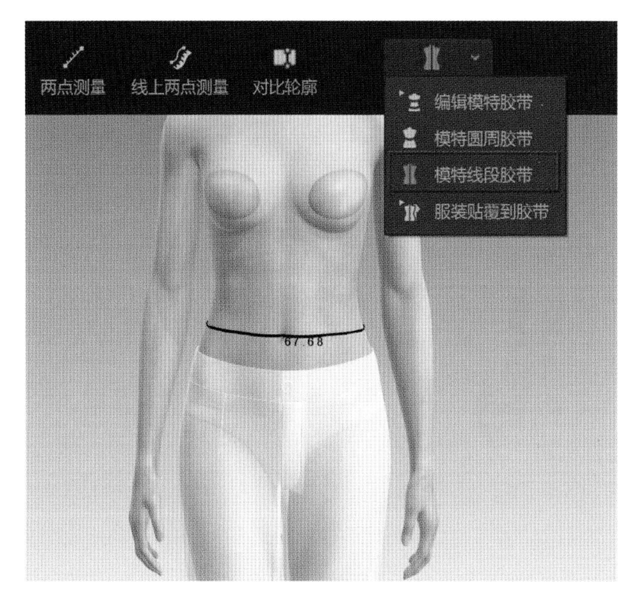

图 1-1-50

七、设置

(1) 显示(图 1-1-51)。

① 视角：提供前、后、左、右、上、下、对角七个视角。

② 服装：显示服装、显示纽扣扣眼、显示固定针、显示缝纫、显示 2D 明线、显示服装尺寸。

③ 模特：显示虚拟模特、显示模特尺寸、显示安排点、显示骨骼。

④ 窗口：显示 3D 服装视窗、显示 2D 板片视窗、场景管理、属性编辑、预览视窗、操作提示栏、离

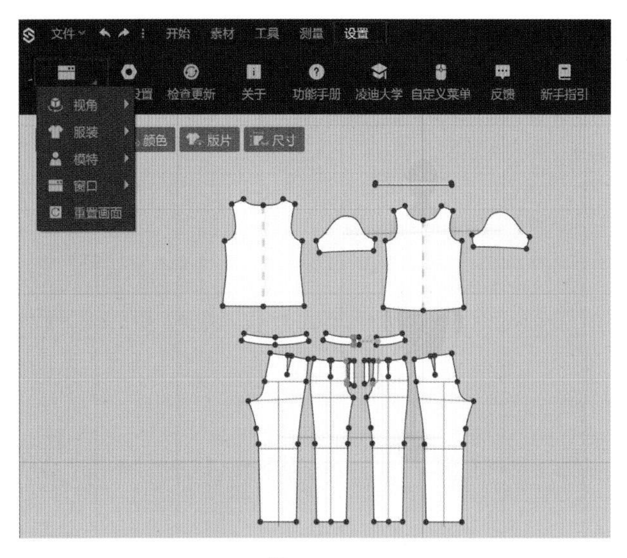

图 1-1-51

线渲染、动画编辑器、齐色。

⑤ 重置画面：重置软件画面。

（2）偏好设置：快捷键设置、用户界面设置、其他设置、默认文件设置、2D 和 CAD 联动(图 1-1-52)。

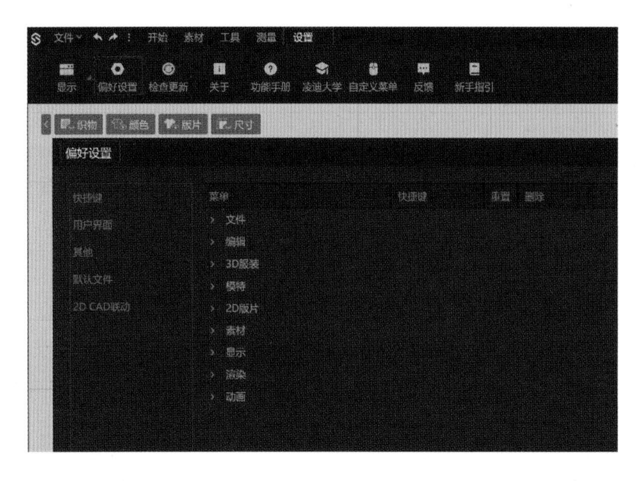

图 1-1-52

（3）检查更新：检查软件更新版本(图 1-1-53)。

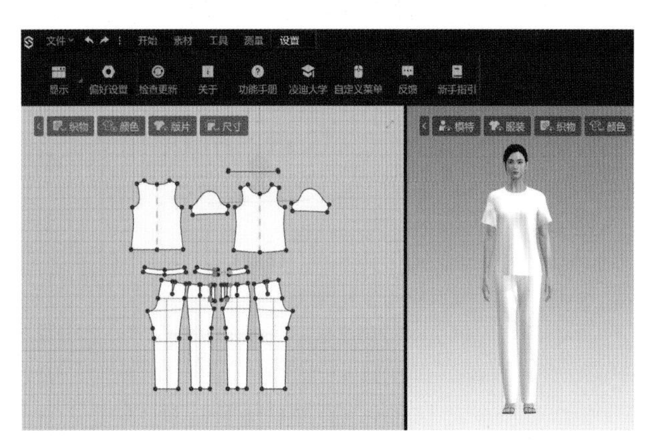

图 1-1-53

（4）关于：检查软件版本、账号有效期。

（5）功能手册：软件帮助中心。

（6）凌迪大学：课程素材。

（7）自定义菜单：设置自定义快捷菜单。

（8）反馈：产品使用意见池。

（9）新手指引：新手界面指引。

八、2D 板片视窗图标功能

2D 板片视窗：鼠标操作，滚动鼠标滚轮可以进行放大/缩小；按住鼠标滚轮（向下按住）可以拖动视窗调整位置。

2D 板片视窗图标功能(图 1-1-54)如下。

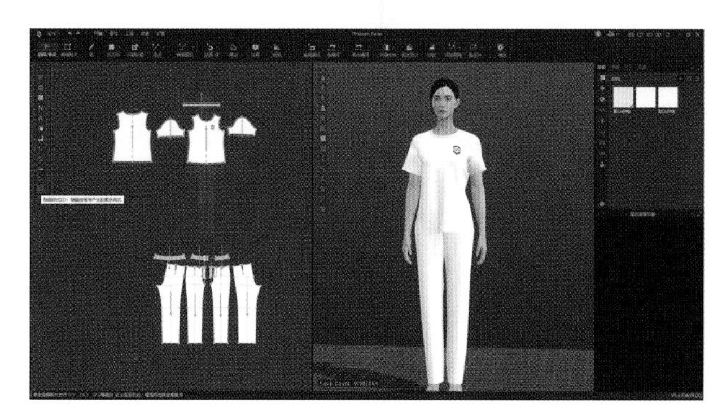

图 1-1-54

① 2D 面料纹理表面：显示板片纹理（可以对 2D 视窗的板片显示和隐藏面料纹理）。

② 显示 2D 网格：对 2D 视窗的板片显示和隐藏网格。

③ 面料透明：将板片显示为透明以对下次层板片进行操作。

④ 显示板片名：对 2D 视窗的板片名称进行显示和隐藏。

⑤ 显示注释：对 2D 视窗板片上的注释进行显示和隐藏。

⑥ 显示边长：显示板片中所有边的长度（对 2D 视窗所有板片的净边长度进行显示和隐藏）。

⑦ 显示尺寸：在边缘显示标尺（可以对 2D 视窗边缘显示和隐藏标尺。

⑧ 显示基础线：对 2D 视窗的板片进行基础线的显示和隐藏。

⑨ 显示布纹线：对 2D 视窗板片的布纹线进行显示和隐藏。

⑩ 检查缝纫线长度：显示两侧缝纫线长度相差较大的缝纫线。

⑪ 显示缝边：对 2D 视窗的板片进行缝边的显示和隐藏。

⑫ 隐藏样式 2D：隐藏由程序产生的颜色样式（对 2D 视窗板片固定针、黏衬、黏衬条、联动线条等工艺或操作颜色进行隐藏和显示）。

九、3D 服装视窗图标功能

3D 服装视窗：鼠标操作，滚动鼠标滚轮可以进行放大/缩小；按住鼠标滚轮（向下按住）可以拖动视窗调整位置；按住鼠标右键移动鼠标可以进行视角旋转（图 1-1-55）。

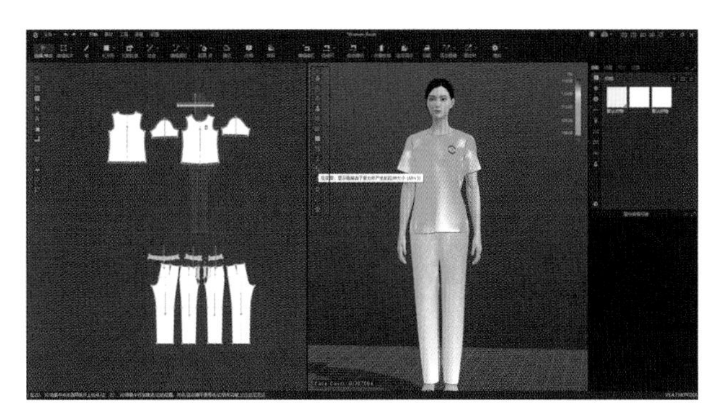

图 1-1-55

（1）显示安排点：显示模特上的安排点用于摆放板片位置（A）。

（2）显示骨骼：显示模特关节点（Shift＋X）。

（3）显示模特纹理：对 3D 服装视窗的模特皮肤进行隐藏和显示。

（4）虚拟模特网格：在模特表面显示数据网格。

（5）显示面料纹理：在板片表面显示纹理。

（6）显示面料厚度：对 3D 服装视窗的服装板片进行厚度显示和隐藏。

（7）面料透明：以透明样式显示面料以观察板片后方。

（8）面料网格：在板片表面显示数据网格。

（9）应力图：显示服装所受到力的大小。

（10）应变图：显示服装由于受力所产生的拉伸大小。

（11）试穿图：显示服装由于拉伸造成的穿着舒适度。

（12）显示内部线：在 3D 服装视窗显示和隐藏服装板片内的内部线和基础线。

（13）隐藏样式 3D：隐藏由程序产生的颜色样式（可以隐藏在 3D 视窗服装板片上的黏衬、冷冻、失效、形态固化等工艺或操作所产生的颜色）。

（14）显示造型线：显示由缝合或边界形成的造型线（在 3D 服装视窗显示服装的构造线（由拼接、缝合、明线、口袋、整体轮廓等构造的造型）。

十、场景管理视窗

场景管理视窗：在该视窗中查看当前使用的素材、场景、尺寸、记录等信息（图 1-1-56、图 1-1-57）。

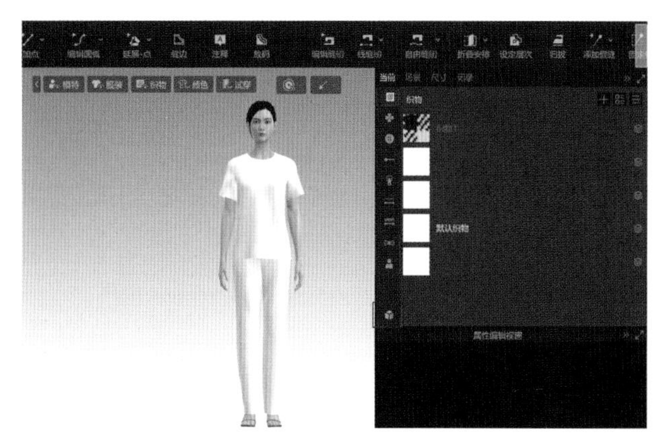

图 1-1-56

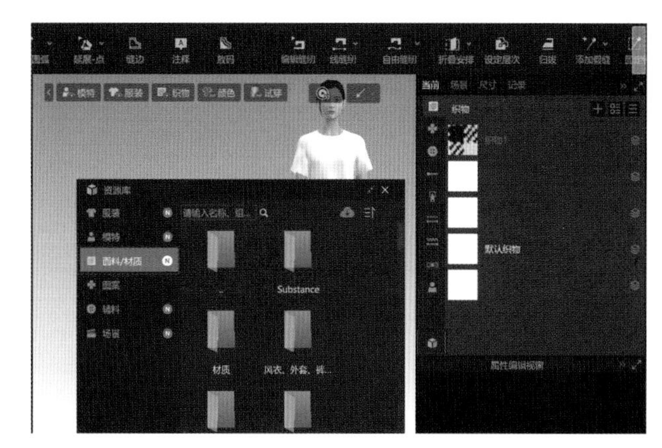

图 1-1-57

（1）织物栏：当前服装款式所应用的织物。双击选中可编辑面料织物材质、纹理、贴图、物理属性等；

（2）图案栏：对当前服装款式添加图案，双击选中可编辑图案工艺、材质、纹理、贴图等。

（3）附件栏：对当前服装款式所添加附件，双击选中可编辑附件。

（4）虚拟模特栏：双击选中当前界面内穿着服装款式的虚拟模特栏，可编辑虚拟模特详细参数和属性；

（5）资源库：双击打开进去资源库，可以使用模特、面料、图案、辅料等素材；并能进入平台、官方市场下载素材。

第二章

时装产品 3D 设计和缝制

任务一　郁金香小礼服

一、任务要求

知识目标：

1. 掌握多条线段缝纫的操作方法
2. 掌握褶线角度的设置方法
3. 掌握褶裥翻折的缝纫方法
4. 掌握TR斜纹面料的表现方法

能力目标：

应用Style3D软件完成本款郁金香小礼服的虚拟缝制。完成公主线、肩带的缝制；完成褶裥缝制及褶线角度的设置；完成后中隐形拉链的缝制；完成衣身面料3D参数设置；完成款式渲染，提升整款成衣效果展示的能力。

学习准备：服装CAD的DXF格式板片文件。

学习重点：肩带、公主线、腰部分割线、褶裥、侧缝的虚拟缝制，面布与里布的缝合。

学习难点：隐形拉链、褶线角度设置、面料参数调整。

二、款式分析

1. 款式特点

上衣吊带裹胸、公主线分割，腰部分割线，多褶裥、后中装隐形拉链（图2-1-1）。

2. 选用面料

衣身部分先用TR中厚斜纹面料，里布选用细棉布。

图2-1-1

三、服装CAD文件导入3D软件

服装CAD文件1

1. CAD样板核对修正

应用服装CAD软件，将本款立体裁剪的裁片读图导入CAD，调整CAD样板线条、文字标注，完成核对（服装CAD文件1、图2-1-2）。

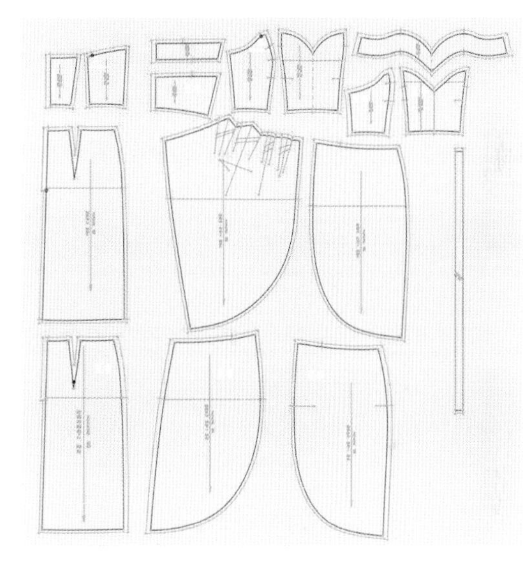

图2-1-2

CAD样板裁片部件：

（1）前中衣片×1，前侧片×2，前中衣片里布×1，前侧片里布×2。

（2）后中片×2，后侧片×2，后片里布×2，后领贴片×2。

（3）前左裙片×1、前右裙片×1、后裙片×2。

（4）前左裙片里布×1，前右裙片里布×1，后裙片里布×2。

（5）前领贴片×1，肩带板片×2。

2. CAD样板导入到3D软件

将CAD中的样板文件保存为DXF格式，导入到3D软件。

打开3D软件界面，导入DXF文件，勾选“自动调整比例”“导入板片缝边”“导入板片标注”“优化所有曲线点”“板片自动排列”“导入缝边刀口到净边”“减少断点”“根据面料名称新建面料”等属性选项，如图 2-1-3。

图 2-1-3

点击界面左上方菜单中文件，导入 DXF 格式文件，或按快捷键“Ctrl＋Shift＋D”，如图 2-1-4。

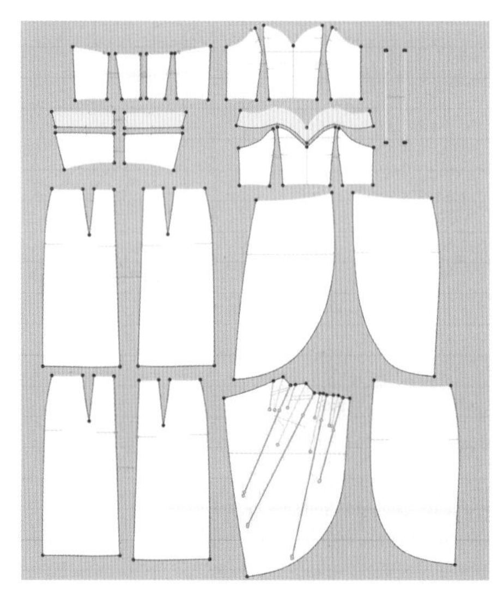

图 2-1-4

四、虚拟缝制

1. 文件导入

（1）打开 Style3D，点击文件，新建或按快捷键 Ctrl＋N，新建一个文件。

（2）选择资源库工具，选择导入模特工具，如图 2-1-5。

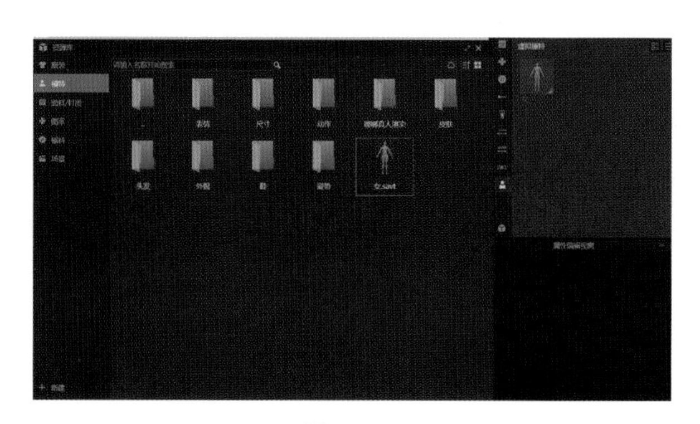

图 2-1-5

2. 板片安排、调整

（1）2D 和 3D 同步。点击选择/移动工具选择/移动，或快捷键“Q”，根据服装结构关系排列 2D 视窗所有板片。框选 2D 视窗所有板片，在 3D 视窗中右键点击板片，选择重置 3D 安排位置，或快捷键“Ctrl＋F”，2D 视窗板片和 3D 视窗板片即可同步呈现，如图 2-1-6。

图 2-1-6

（2）选择显示安排点工具，或快捷键“A”，显示的模特安排点用于摆放板片位置，如图 2-1-7。

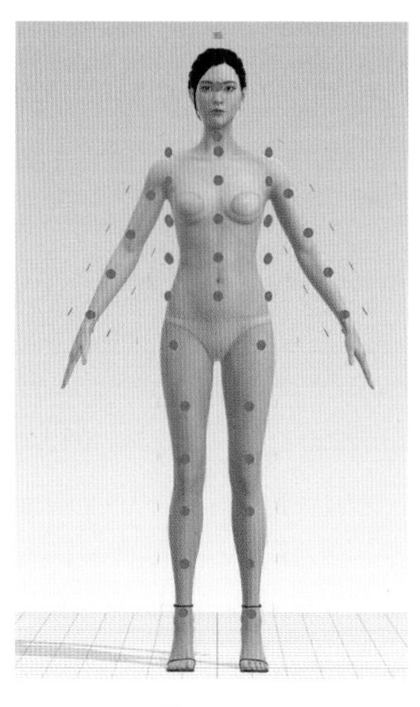

图 2-1-7

（3）安排板片。点击选择/移动工具，左键点击选中板片，在模特安排点对应位置点击左键，完成板片安排，如图2-1-8。

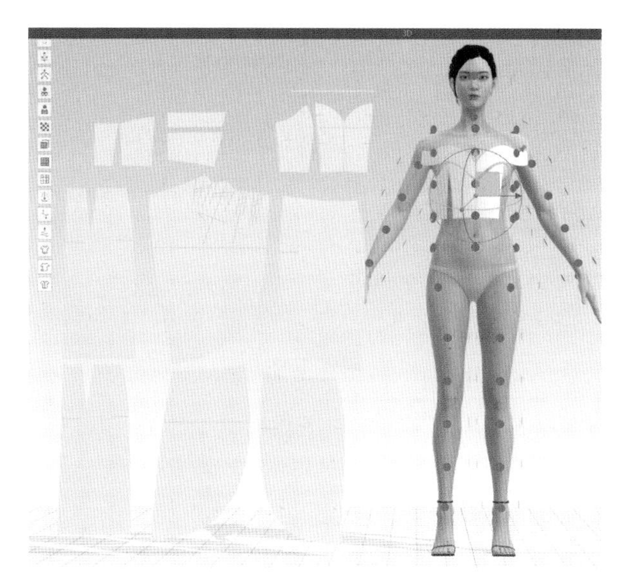

图2-1-8

（4）点击选择/移动工具，依次完成3D视窗所有板片的排列，如图2-1-9。

（5）褶线勾勒和褶线角度设置。单击“勾勒轮廓”工具或快捷键“I”，选中前右裙片褶裥结构线，按“Enter”键完成勾勒为内部线。黄色褶线为内凹线，角度设置为360°，红色褶线为外凸线，角度设置为0，如图2-1-10、图2-1-11。

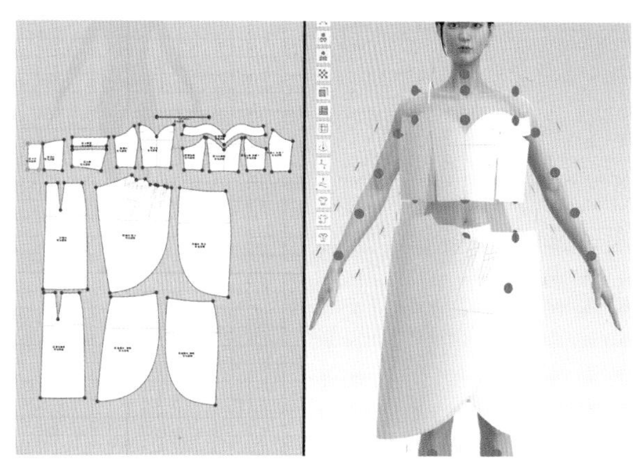

图2-1-9

3. 样衣缝合

（1）衣片、衣片里布缝制。使用“自由缝纫”工具或快捷键“M”，点击板片之间相互需要缝制的线，添加缝纫关系，进行上衣面料的前中片、前侧片、后侧片、后中片的缝合；进行上衣里料的各板片缝合；进行里料板片与前领贴、后领贴的缝合；完成前后领贴板片与上衣面料各板片的上口线缝合，如图2-1-12。

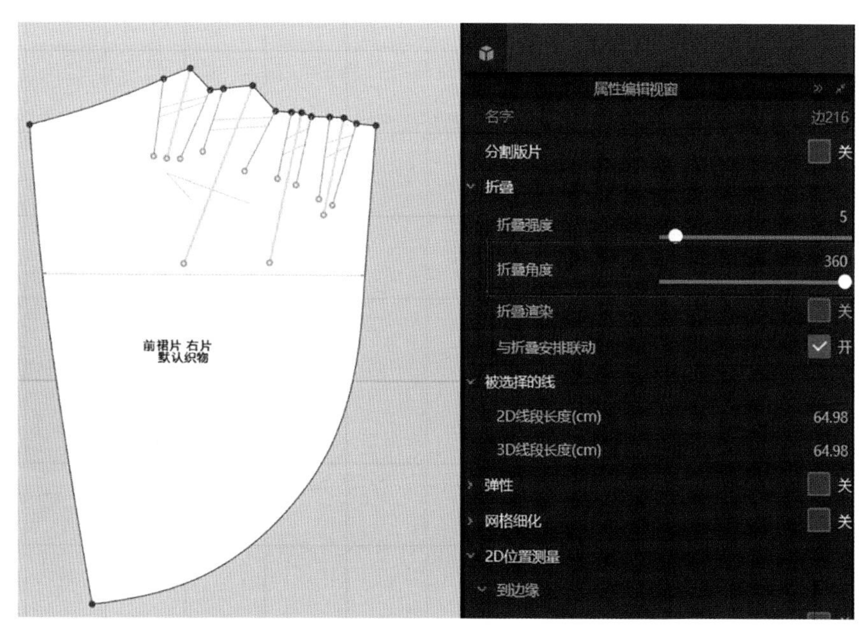

图2-1-10

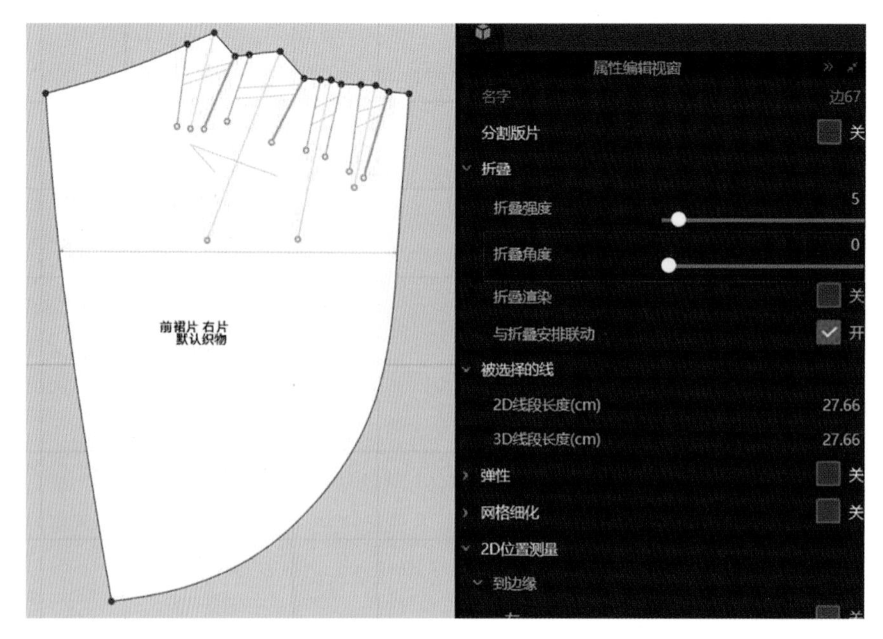

图 2-1-11

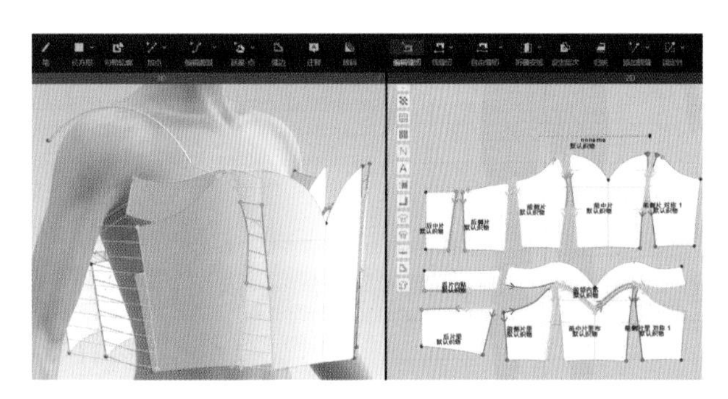

图 2-1-12

（2）褶裥缝制固定。单击“线缝纫”工具或快捷键“N”，完成前右裙片褶裥的缝制固定，将其缝纫类型改为“合缝”，如图 2-1-13。

（3）裙片缝制。使用“自由缝纫”工具或快捷键“M”，连接起点与终点，添加缝纫关系，进行前后裙片的侧缝线、后中心线、后腰省、上衣与裙片腰节线的缝合，如图 2-1-14。

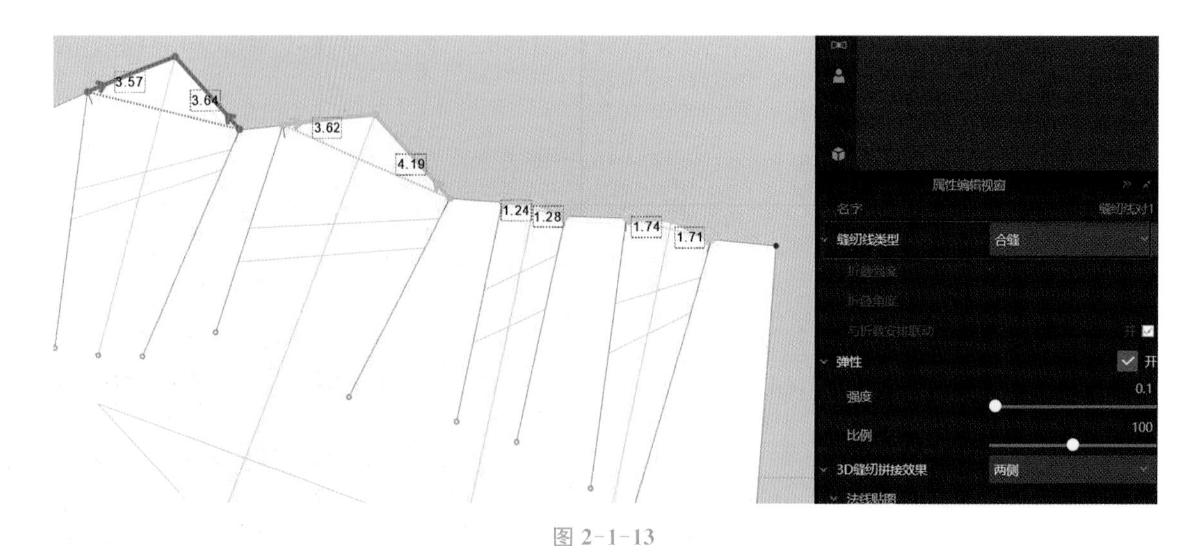

图 2-1-13

（4）改变衣片缝纫线类型。面布与里布的缝合需改变缝纫线类型。使用“编辑缝纫”工具或快捷键“B”，分别单击领贴上口线与衣片上口线，点击上衣片与上衣里布板片的腰节线，点击前裙片与前裙片里布的门襟弧线，将缝纫类型改为合缝，完成所有衣片的缝合，如图 2-1-15。

（5）肩带缝制。点击选择/移动工具，在 2D 窗口中选中肩带，点击右键选择生成里布层。在

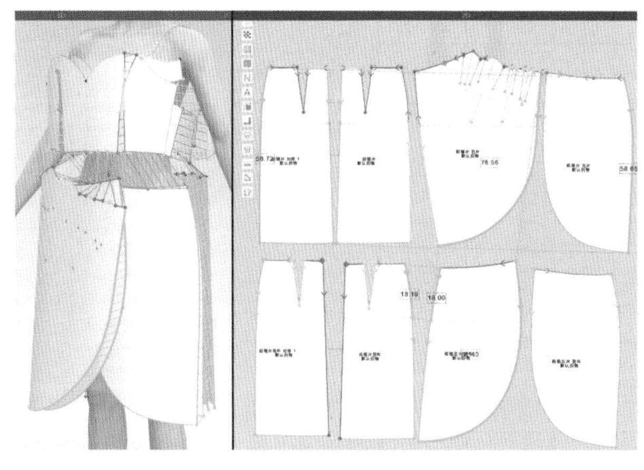

图 2-1-14

属性编辑视窗中，将肩带板片粒子间距 20 改为 3，使板片形态稳定，额外渲染厚度从 0 改为 1，增加肩带立体感，调整肩带造型，完成肩带缝制，如图 2-1-16。

4. 工艺细节

(1) 领贴、肩带黏衬定型。使用选择/移动工具 选择/移动 或快捷键“Q”，分别选中前领贴、后领贴、肩带，在右侧编辑织物样式，选择黏衬并打开，如图 2-1-17。

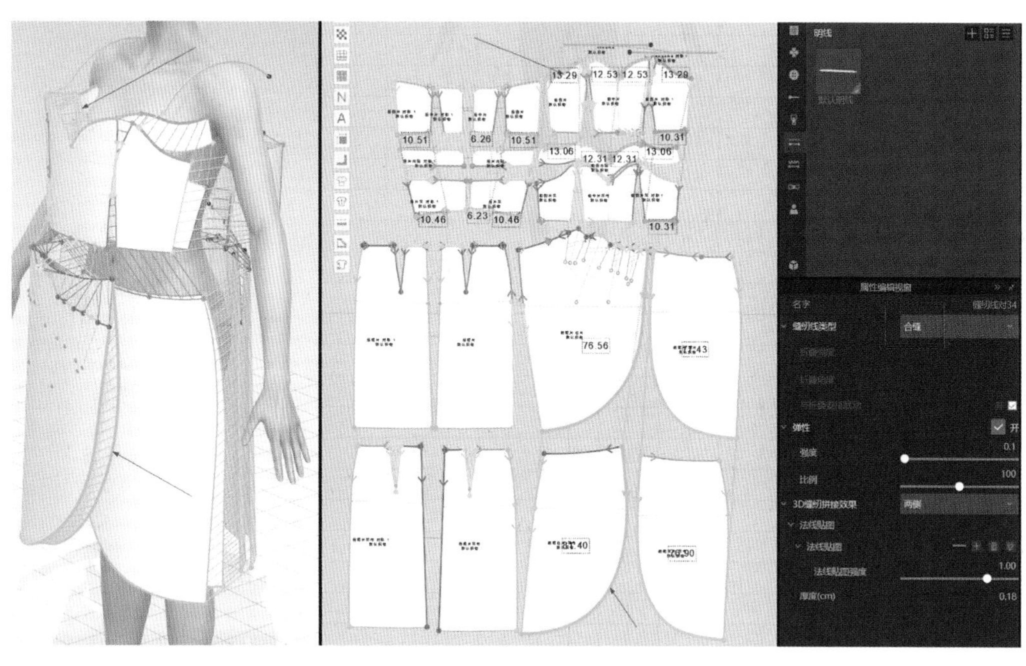

图 2-1-15

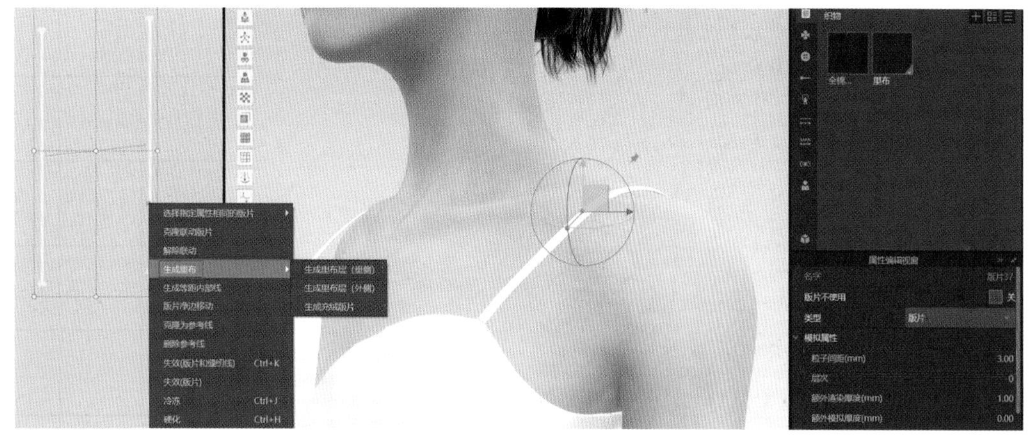

图 2-1-16

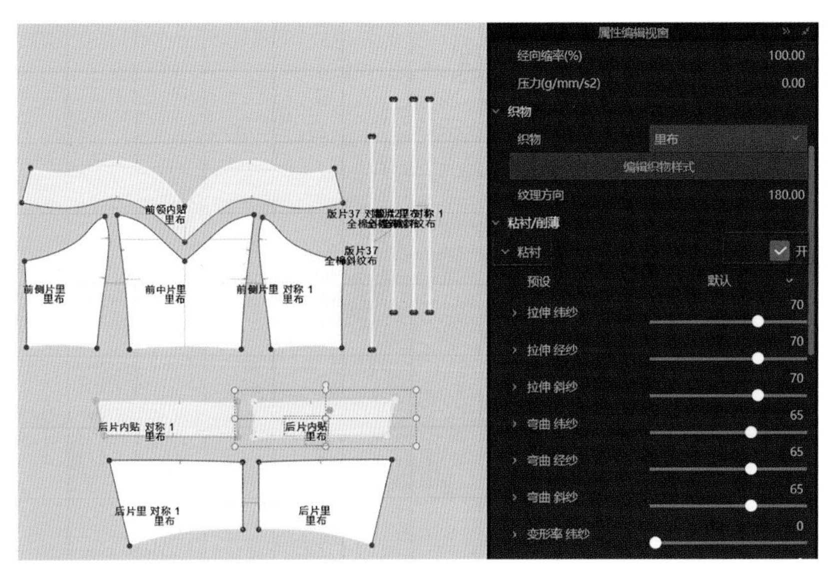

图 2-1-17

为防止衣片上口弧线变长、外翻，需修改线条弹性系数。使用“编辑板片”工具，按住“Shift”键同时点选上衣各板片的上口线，在属性编辑视窗找到弹性并打开，将比例 80 改为 100，如图 2-1-18。

(2) 装隐形拉链。选择面料资源库工具，在资源库辅料属性中找到隐形拉链头，左键双击隐形拉链头，添加到附件中，如图 2-1-19。

(3) 在右侧工具栏找到隐形拉链附件，鼠标双击隐形拉链，添加隐形拉链头到 3D 窗口中，移动隐形拉链头至后中缝，完成拉链头方向调整，如图 2-1-20。

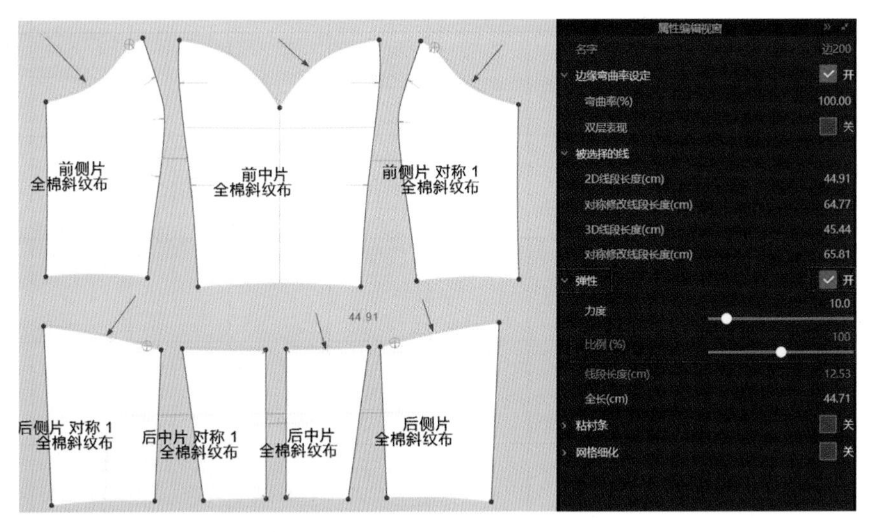

图 2-1-18

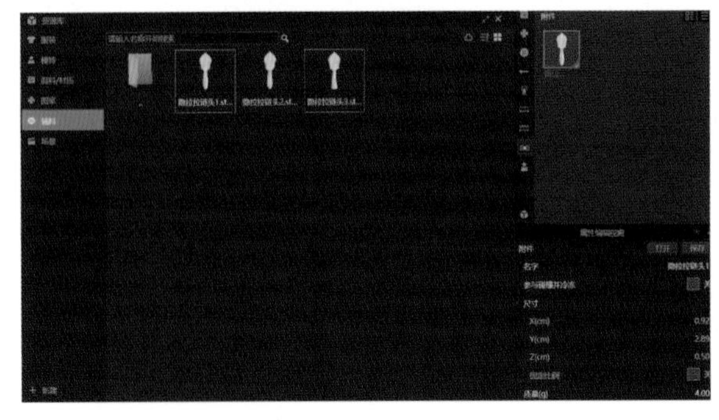
图 2-1-19

图 2-1-20

5. 缝制完成

（1）按缝纫逻辑关系完成郁金香小礼服所有板片的缝合，如图2-1-21。

（2）3D缝制效果，如图2-1-22。

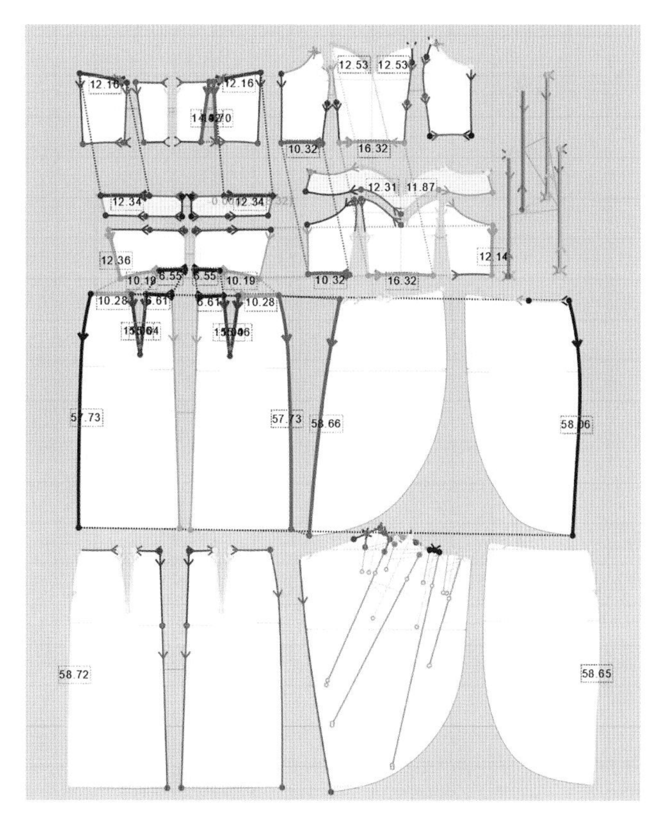

图2-1-21

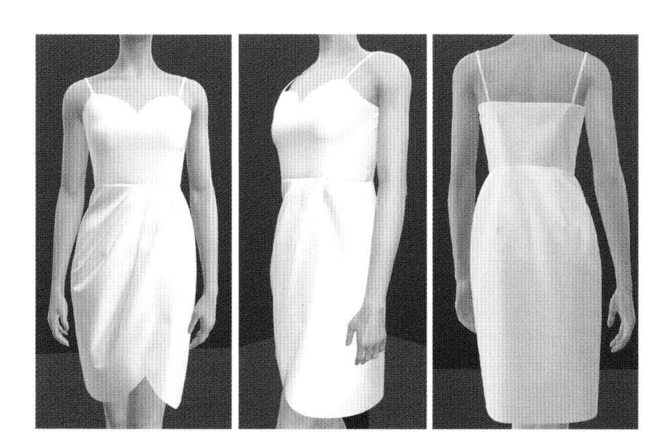

图2-1-22

五、面辅料属性设置

1. 面料参数设置

（1）选择面料资源库工具，在资源库面料与属性中搜索斜纹TR、细棉布两种面料品类。

（2）根据实际面料材质、厚度、柔软度及悬垂性，调整经纬纱拉伸参数和经纬纱弯曲参数。

（3）设置斜纹TR、细棉布两种面料属性参数如图2-1-23。

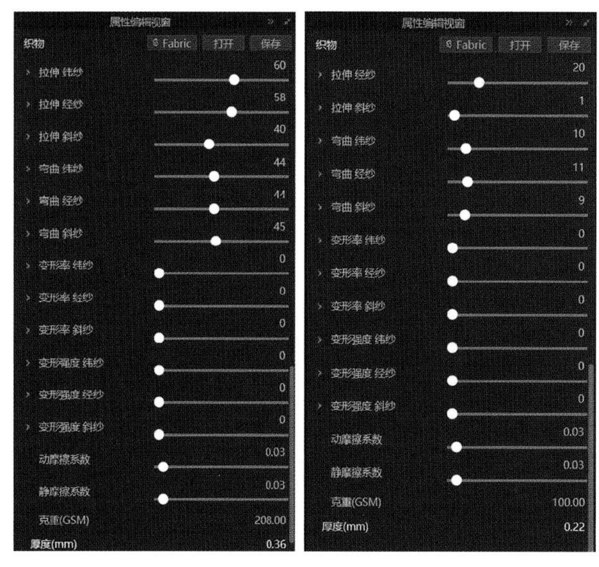

图2-1-23

2. 面料纹理及颜色设置

（1）面料纹理添加、透明度调整。选择面料资源库工具，找到斜纹面料纹理贴图，添加到右侧属性编辑视窗中，增加法线贴图强度到1.2，使TR

面料纹理立体感效果更加明显，如图 2-1-24。

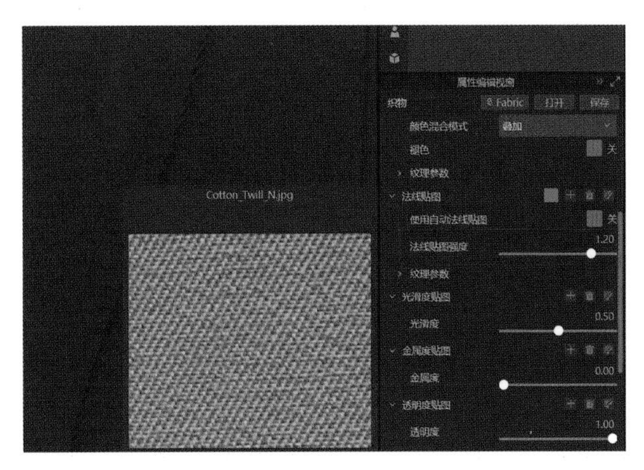

图 2-1-24

（2）面料颜色调整。在属性编辑视窗中选择颜色工具，选择颜色色号，调整面料明度、纯度，如图 2-1-25。

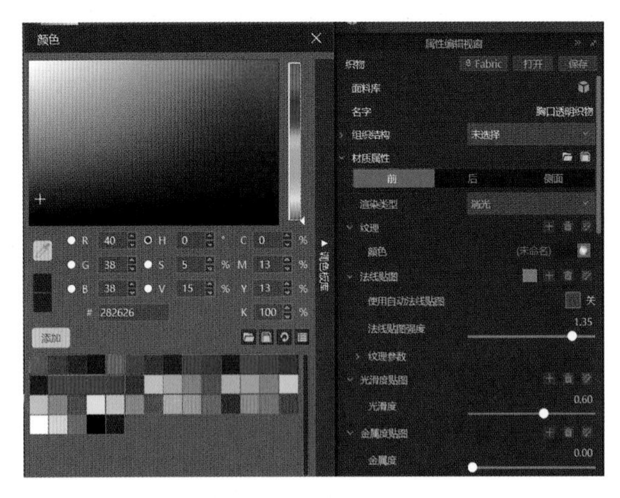

图 2-1-25

六、样板的修正

对照 3D 着装效果，调整 3D 窗口的 2D 样板，调整后的样板重新模拟服装穿着效果。在 3D 软件中修改调整后的 2D 样板，直接可以转化为 CAD 文件，实现 CAD 样板修改与 3D 虚拟展示同步。

七、虚拟样衣展示

1. 离线渲染参数设置

（1）点击离线渲染工具，打开渲染图片属性工具。

（2）在编辑属性视窗中选择图片尺寸为 A4，文件格式选择 png，渲染工具选择 CPU，渲染品质选择高质量，渲染方法选择暴力渲染，如图 2-1-26、图 2-1-27。

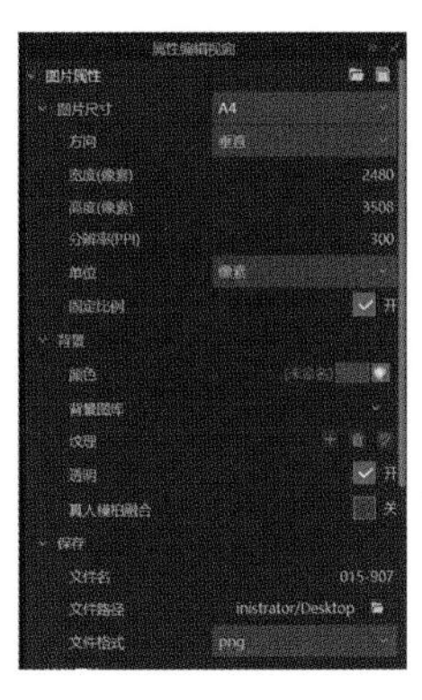

图 2-1-26

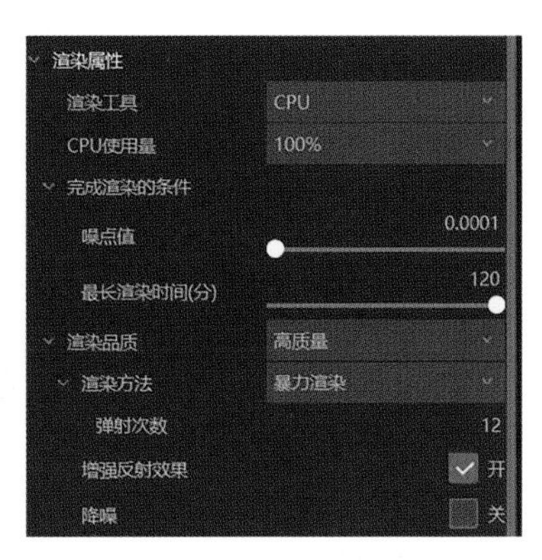

图 2-1-27

2. 3D 渲染效果图（图 2-1-28）

图 2-1-28

八、扫码观看郁金香小礼服详细的 3D 设计和缝制过程视频

九、训练习题布置

练习 1：肩带、衣片、裙片褶裥的虚拟缝制巩固练习。

练习 2：练习郁金香小礼服缝制 1 款。

任务二　圆领飞边下摆连衣裙

一、任务要求

知识目标：

1. 掌握泡泡袖、衣片抽褶的3D缝制方法
2. 掌握开衩及隐形拉链的3D缝制方法
3. 掌握缎纹面料的表现方法

能力目标：

应用Styel3D软件完成本款圆领飞边下摆连衣裙的泡泡袖、衣片抽褶的3D缝制，完成开衩及隐形拉链的缝制，完成涤纶缎纹面料3D参数设置，完成款式渲染，提升整款成衣效果展示的能力。

学习准备：服装CAD的DXF格式板片文件。

学习重点：前后领圈、肩缝、侧缝、泡泡袖、裙摆开衩的虚拟缝制。

学习难点：样板、隐形拉链、裙摆开衩、抽褶及面料参数调整。

二、款式分析

1. 款式特点

大圆领、泡泡袖，腰节分割，腰部装飞边下摆，下裙合体，裙下摆侧开衩，后中装隐形拉链(图2-2-1)。

2. 选用面料

中厚型涤纶缎纹面料。

图2-2-1

三、服装CAD文件导入3D软件

服装CAD文件2

1. CAD样板核对修正

应用服装CAD软件，将本款立体裁剪的裁片读图导入CAD，调整CAD样板线条、文字标注，完成核对，如服装CAD文件2、图2-2-2。

图2-2-2

CAD样板裁片部件：

(1) 前上片×1，前领贴×1，前荷叶边×1。

(2) 后中片×2，后领贴×2，后荷叶边×2。

(3) 袖片×2，前裙下片×1，后群下片×2。

2. CAD样板导入到3D软件

将CAD中的样板导出为DXF格式文件，导入到3D软件。

打开3D软件界面导入DXF文件，勾选“自动调整比例”“导入板片缝边”“导入板片标注”“优化所有曲线点”“板片自动排列”“导入缝边刀口到净边”“减少断点”“根据面料名称新建面料”等属性选项，如图2-2-3。

点击界面左上方菜单中文件，导入DXF格式文件，或按快捷键“Ctrl+Shift+D”，如图2-2-4。

图 2-2-3

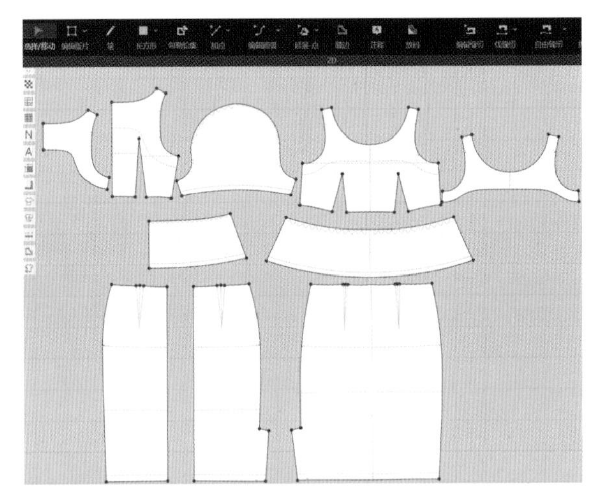

图 2-2-4

四、虚拟缝制

1. 文件导入

(1) 打开 Style3D，点击文件，新建或按快捷键“Ctrl＋N”，新建一个文件。

(2) 选择资源库工具，选择导入模特工具，如图 2-2-5。

2. 板片安排、调整

(1) 2D 和 3D 同步。点击选择/移动工具，或快捷键“Q”，根据服装结构关系排列 2D 视窗所有板片。框选 2D 视窗所有板片，在 3D 视窗中用鼠标右击板片，选择重置 3D 安排位置，快捷键“Ctrl＋F”，2D 视窗板片和 3D 视窗板片同步呈现，如图 2-2-6。

图 2-2-5

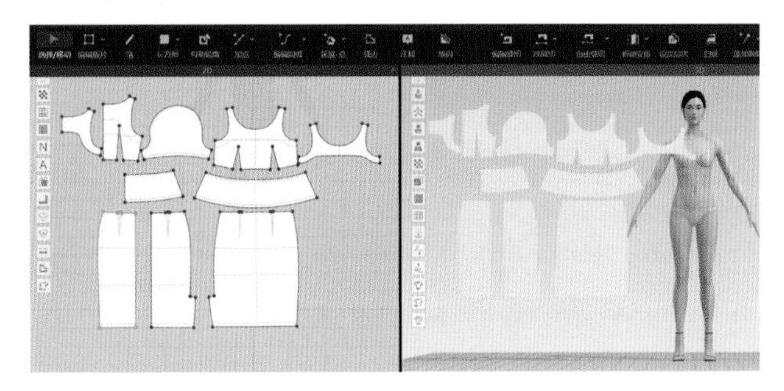

图 2-2-6

(2) 选择显示安排点工具，或快捷键“A”，显示的模特安排点用于摆放板片位置，如图 2-2-7。

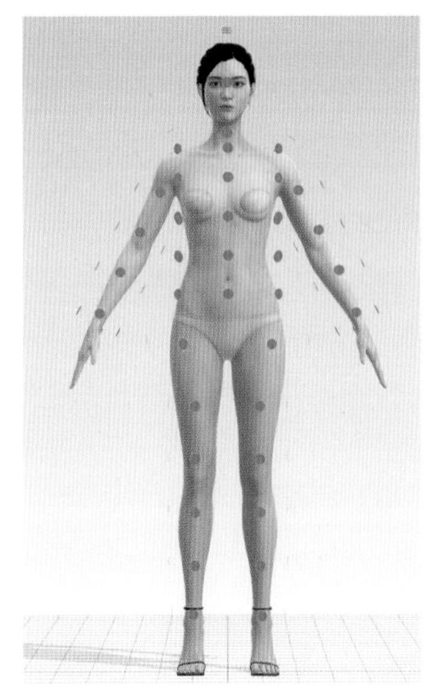

图 2-2-7

(3) 安排板片。点击选择/移动工具，鼠标左击选中板片，鼠标放到模特安排点对应位置，点击左键，完成板片安排，如图 2-2-8。

(4) 点击选择/移动工具，依次完成 3D 视窗所有板片的排列，如图 2-2-9。

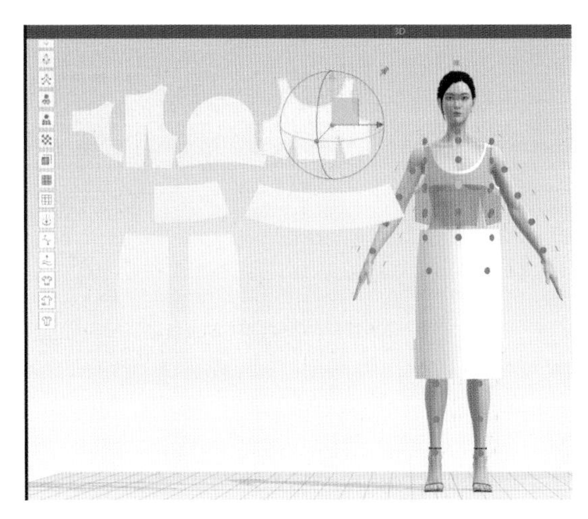

图 2-2-8

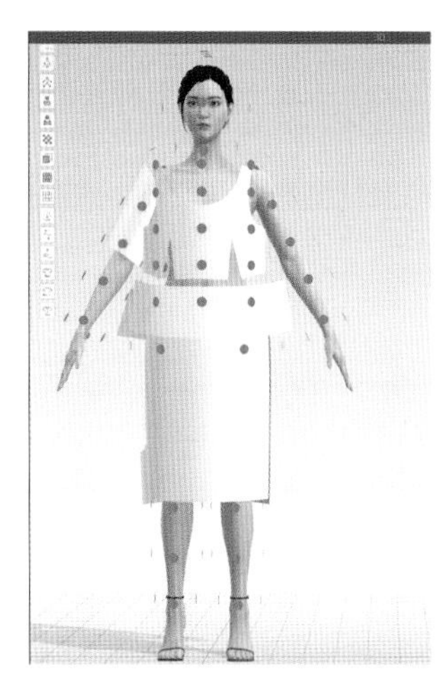

图 2-2-9

(5) 飞边下摆板片安排及参数设置。点击选择/移动工具，调整定位球中的红色、蓝色、绿色三维坐标轴，或点击绿色方形区域进行整体移动，将前后板片按人体位置放好。选中飞边板片，根据服装造型，将间距从 50 调整到 100，改小飞边下摆板片的弯曲程度，用坐标将飞边下摆板片重新靠近模特，如图 2-2-10、图 2-2-11。

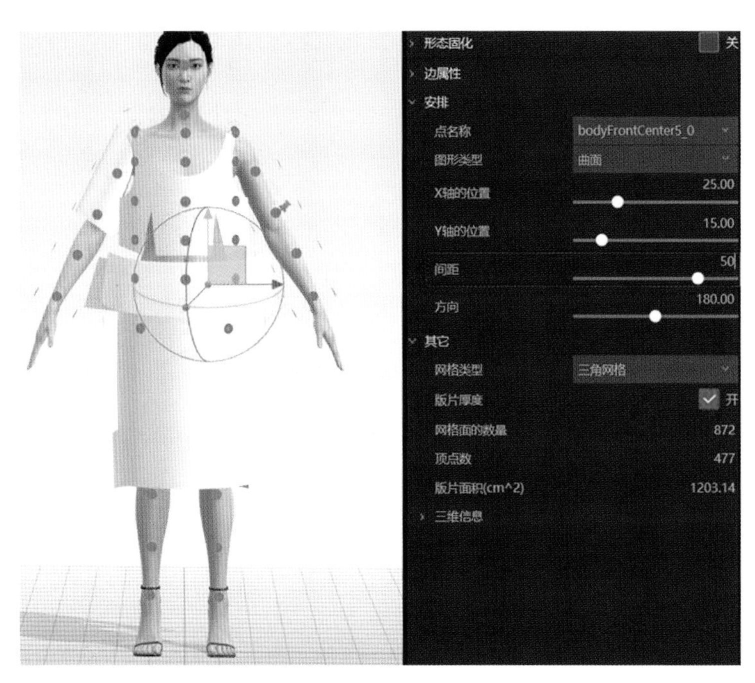

图 2-2-10

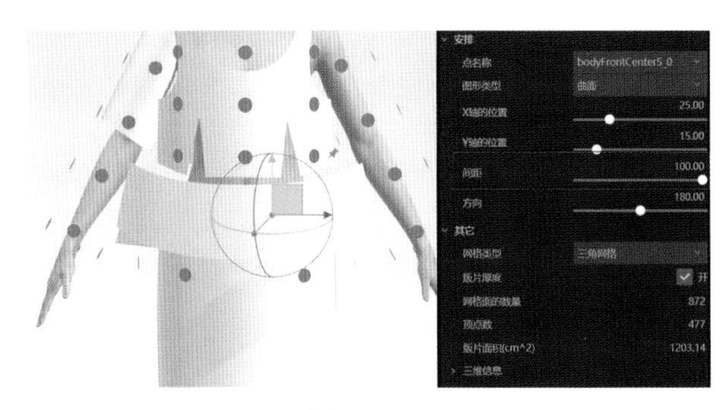

图 2-2-11

3. 样衣缝合

(1) 省道剪切。点击“编辑板片”工具或快捷键“Z”，选择前裙片腰省中点，左击并按住鼠标将其拖至省尖点，完成省道的剪切，再依次完成所有省道的剪切，如图 2-2-12。

(2) 省道、衣片缝制。使用线缝纫工具或快捷键“N”，点击板片之间相互需要缝制的线，添加缝纫关系，进行省道、肩缝、侧缝、腰线的缝合，如

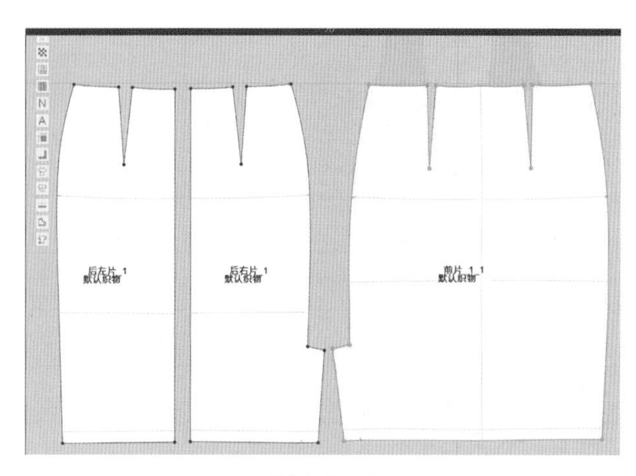

图 2-2-12

图 2-2-13。

（3）袖片、领圈缝制。使用自由缝纫工具 或快捷键“M”，连接起点与终点，添加缝纫关系，进行领圈、袖山弧线，袖窿弧线的缝合，如图 2-2-14。

（4）使用编辑缝纫工具 或快捷键“B”，分别点击领圈线与领贴线，将缝纫类型改为合缝，完成领圈缝合，如图 2-2-15。

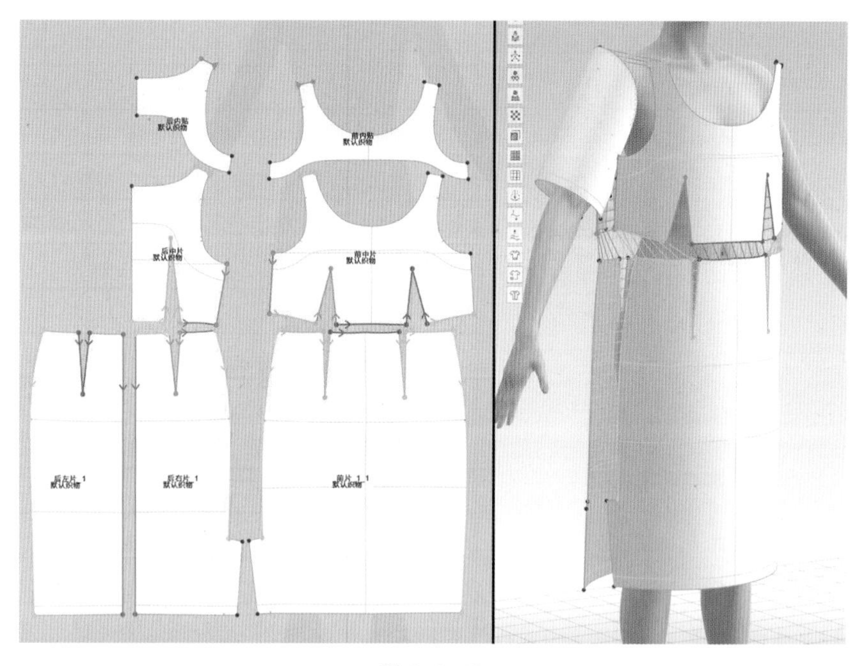

图 2-2-13

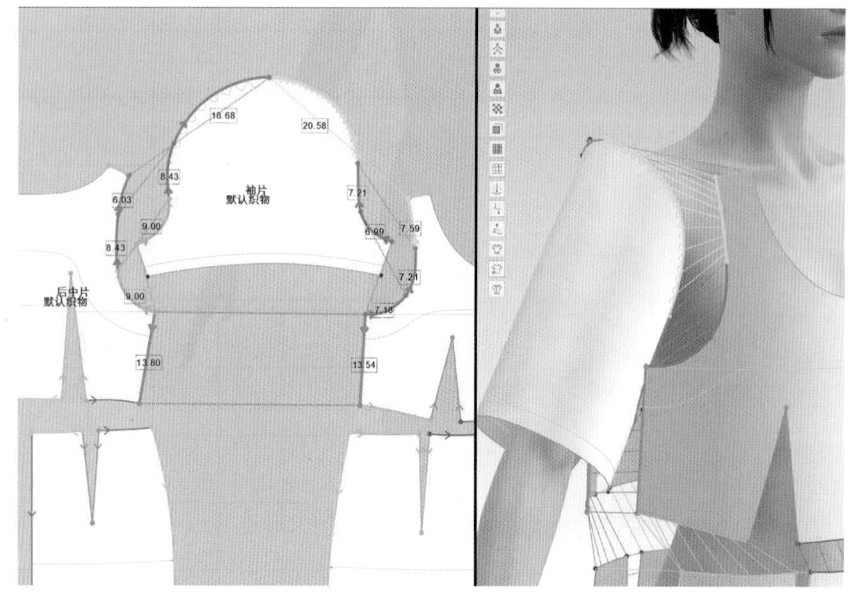

图 2-2-14

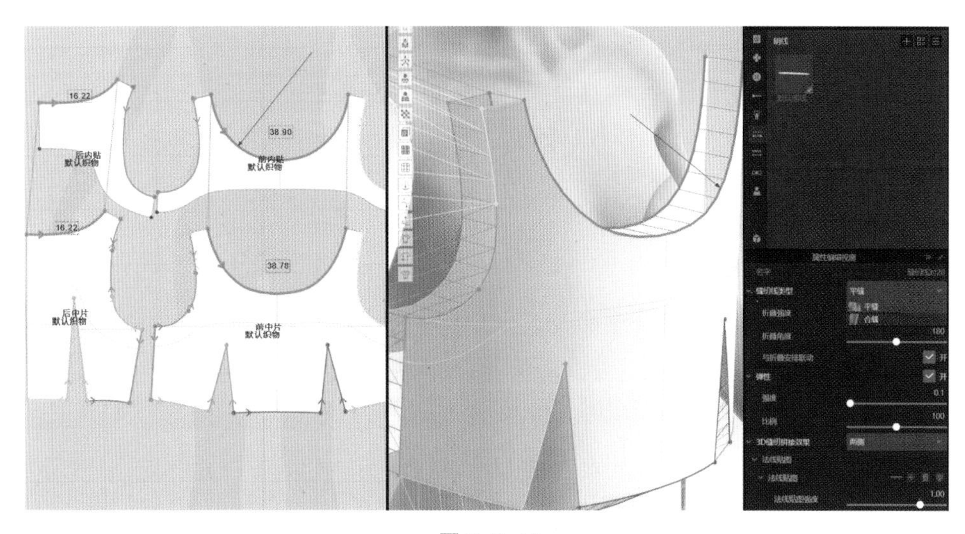

图 2-2-15

4. 工艺细节

（1）开衩。使用线缝纫工具［线缝纫］或快捷键"N"，按照缝合关系分别点击左右开衩线，如图2-2-16。点击笔工具［笔］或快捷键"D"，在裙前片开衩处增加折叠线。使用编辑缝纫工具［编辑缝纫］或快捷键"B"，选中开衩折叠线，将属性编辑视窗中的折叠角度从180度改为0度，完成裙摆开衩缝制，如图2-2-17。

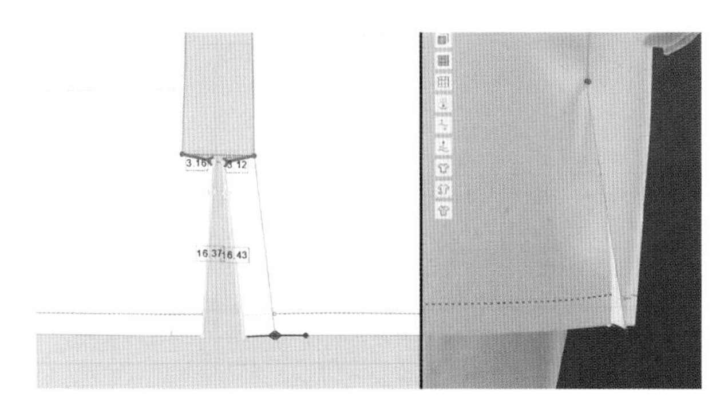

图 2-2-16

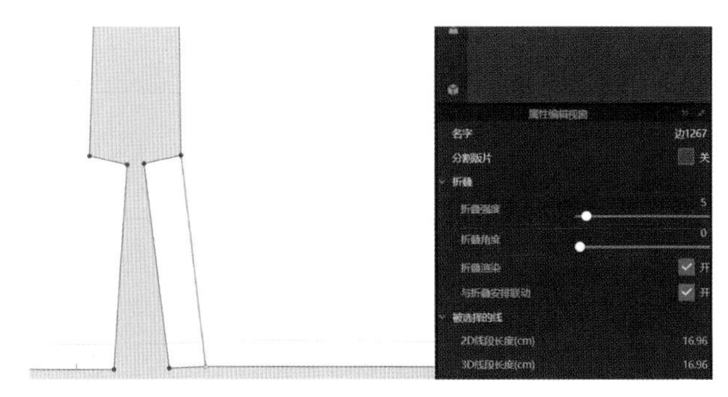

图 2-2-17

（2）选择面料资源库工具［图标］，在资源库辅料属性中找到隐形拉链头，左键双击隐形拉链头，添加到附件中，如图2-2-18。

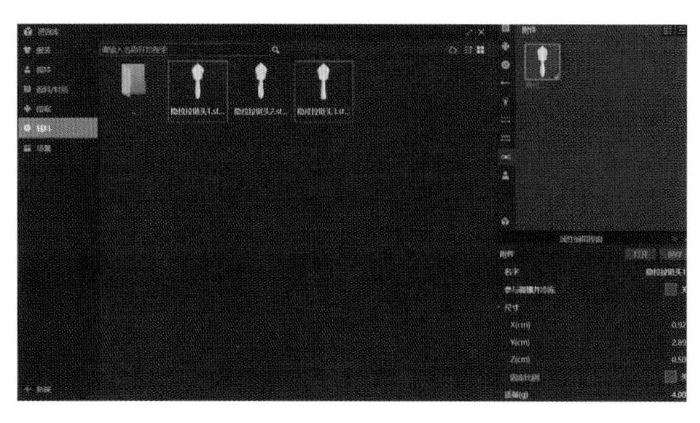

图 2-2-18

（3）在右侧附件中，鼠标双击隐形拉链头，添加隐形拉链头到3D窗口中，移动隐形拉链头至后中缝，完成拉链头方向调整，如图2-2-19。

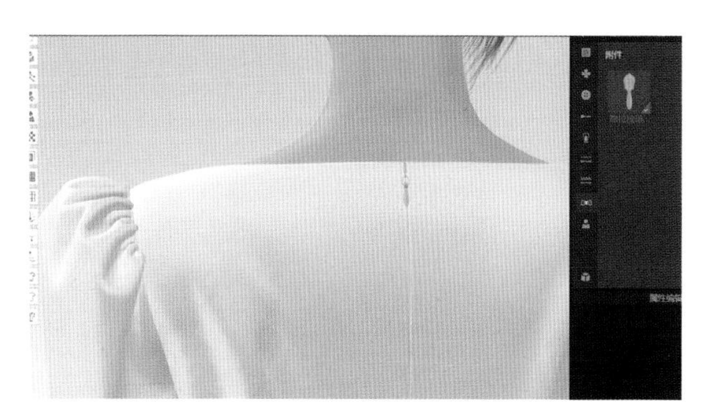

图 2-2-19

5. 缝制完成

（1）按缝纫逻辑关系缝合圆领飞边下摆连衣裙所有板片，如图2-2-20。

（2）3D缝制效果，如图2-2-21。

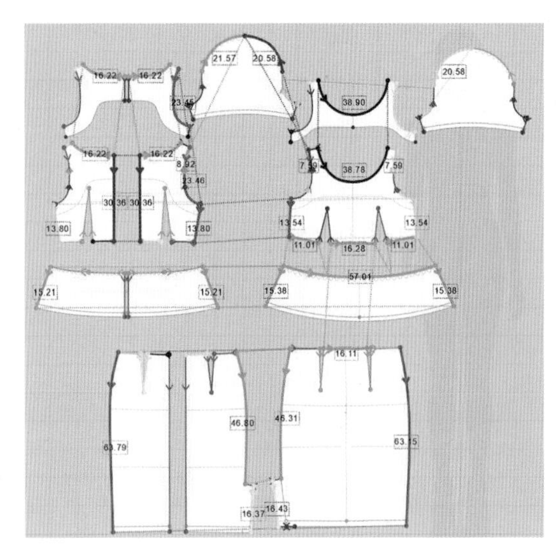

图 2-2-20

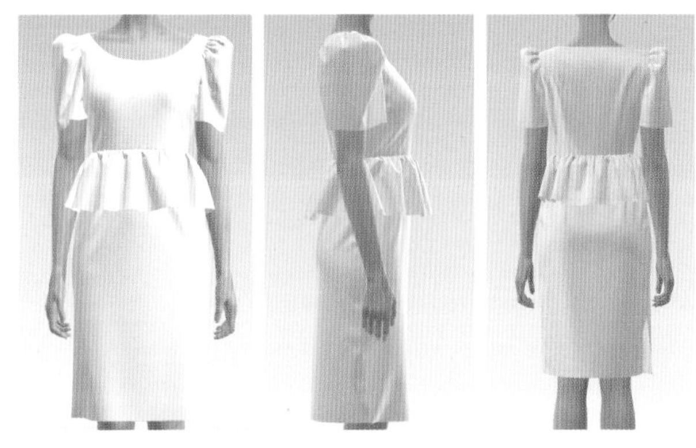

图 2-2-21

五、面辅料属性设置

1. 面料参数设置

(1) 选择面料资源库工具，在资源库面料与属性中搜索面料品类，调整面料参数，如图 2-2-22。

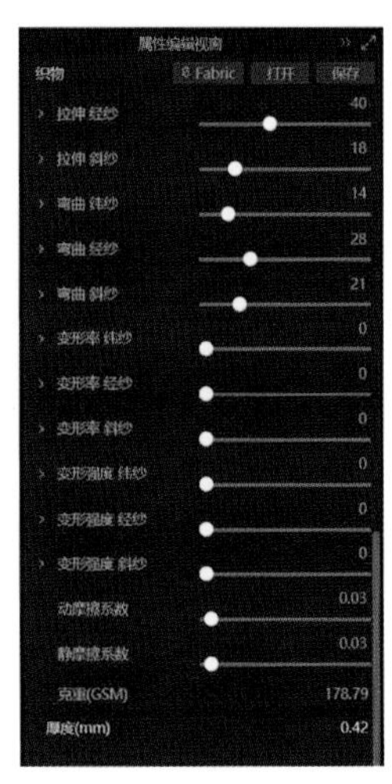

图 2-2-22

(2) 根据实际面料材质、厚度、柔软度及悬垂性，调整经纬纱拉伸参数和经纬纱弯曲参数。

2. 面料纹理及颜色设置

(1) 选择面料资源库工具，找到缎面纹理法线贴图，添加到右侧属性编辑视窗中，如图 2-2-23。

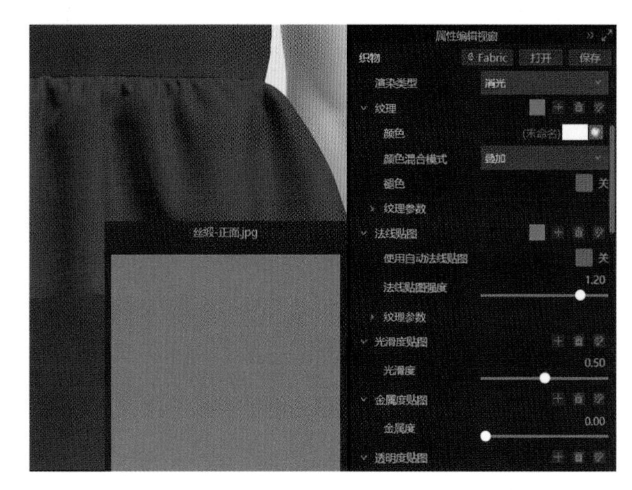

图 2-2-23

(2) 在属性编辑视窗中选择颜色工具，选择颜色色号，调整面料明度、纯度，如图 2-2-24。

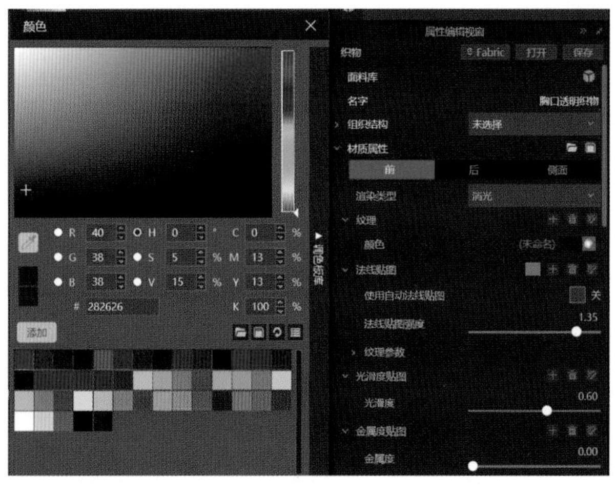

图 2-2-24

六、款式设计、样板调整

通过 3D 着装图分析是否达到设计效果。在 3D 软件中修改后的 2D 样板，直接可以转化为 CAD 文件，实现 CAD 样板修改与 3D 虚拟展示同步。例如：3D 着装图中发现飞边下摆量偏大，如图 2-2-25，使用延展线段工具 延展-线段，选择前飞边下摆板片，左键单击需要延展的固定侧的起点 A1 与 A2，再左键单

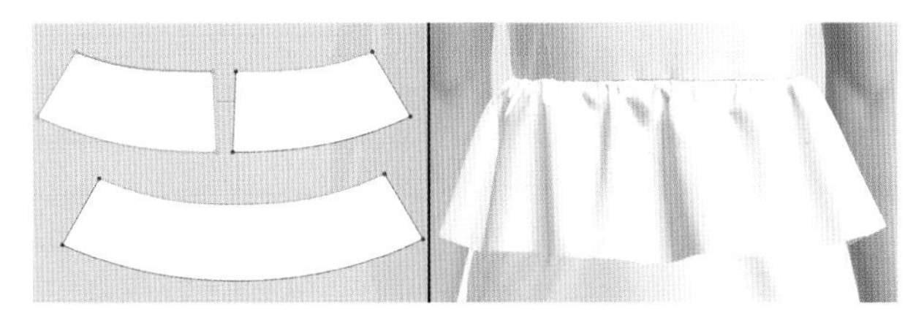

图 2-2-25

击需要延展的的起点 B1 与 B2，如图 2-2-26。

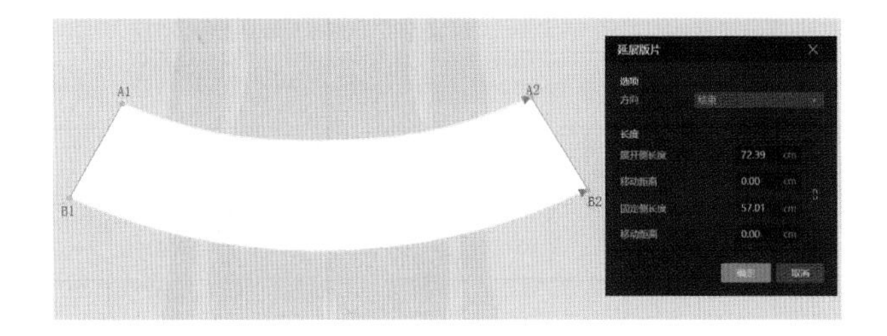

图 2-2-26

将延展板片中的展开侧长度 72. 39 cm 改为 70 cm，如图 2-2-27。

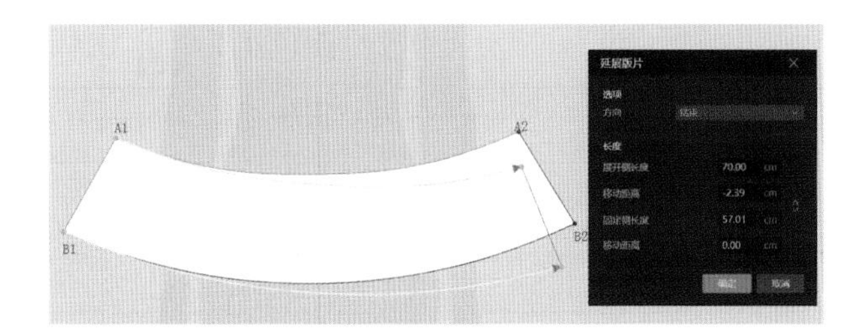

图 2-2-27

选择后飞边下摆板片，操作同前飞边下摆。将“延展板片”中的展开侧原长度 35. 48 cm 改为 32 cm，如图 2-2-28。

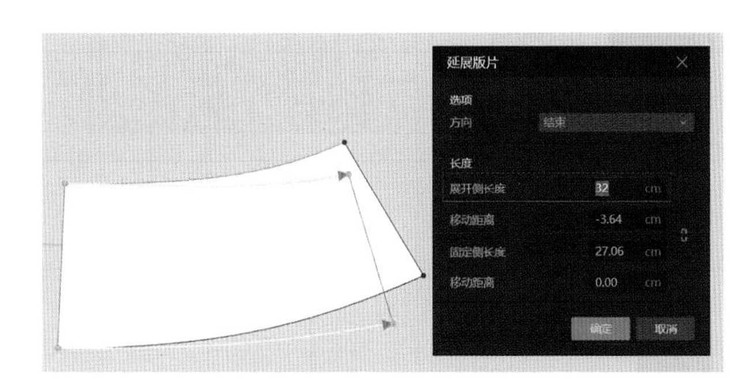

图 2-2-28

完成 2D 样板调整，在 3D 视窗重新模拟服装穿着效果，从而达到设计要求，如图 2-2-29。

通过 3D 着装图，发现裙长偏短，如图 2-2-30。

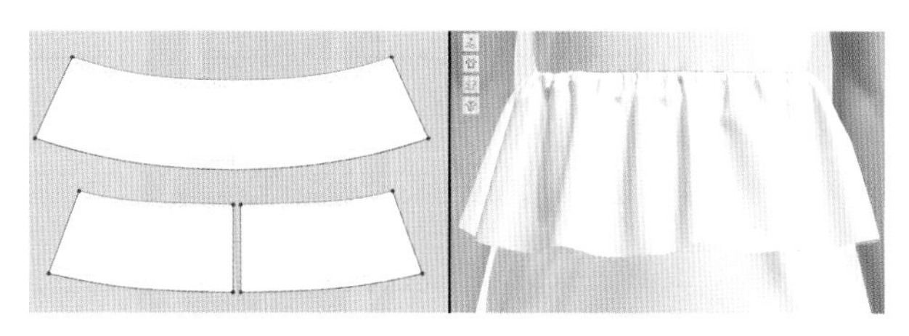

图 2-2-29

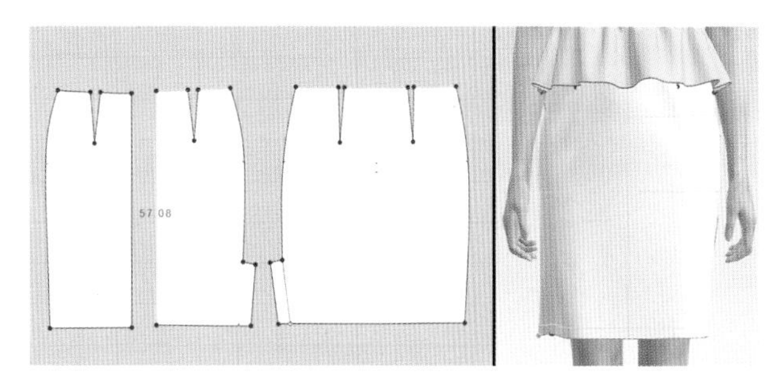

图 2-2-30

点击选择/移动工具 选择/移动，或快捷键“Q”，同时选中前裙片和后裙片，如图 2-2-31。

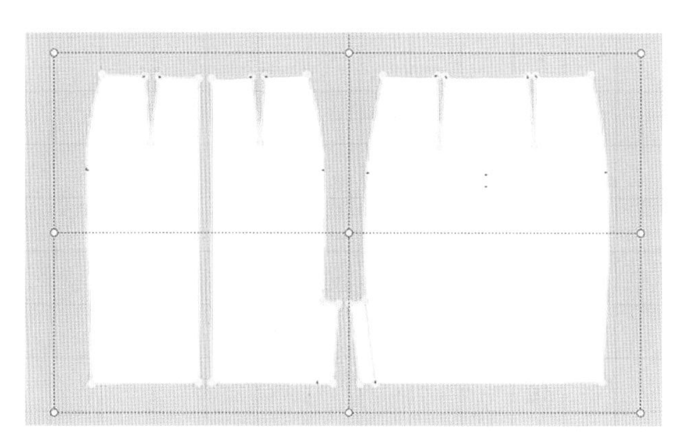

图 2-2-31

按住“Shift”左键拖动选中的下摆边线同时右击，将弹出“缩放变换”窗口，将原后中长度 57 cm 改为 62 cm，如图 2-2-32。

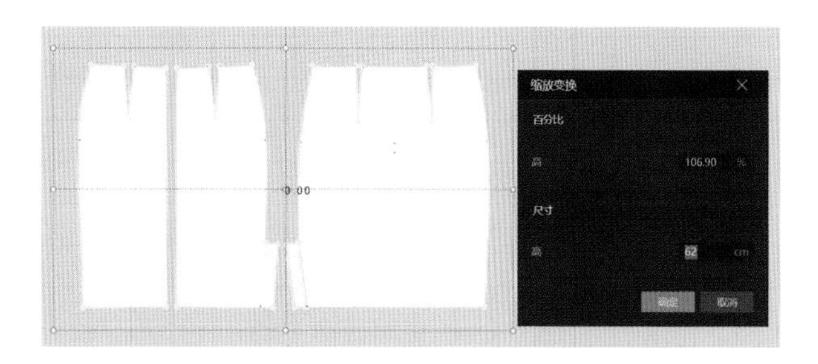

图 2-2-32

完成 2D 样板调整后，在 3D 视窗重新模拟服装穿着，达到设计预期要求，如图 2-2-33。

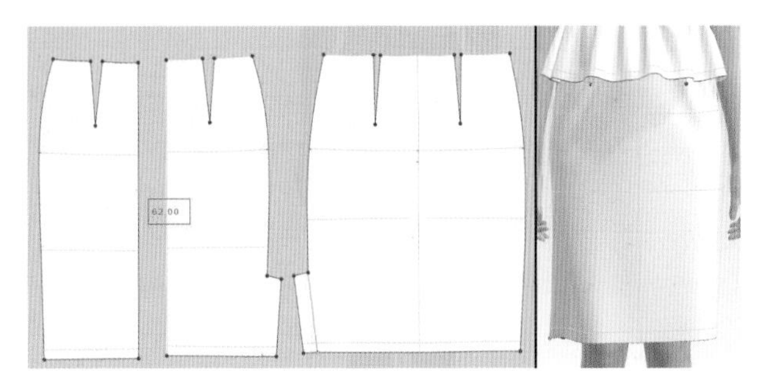

图 2-2-33

七、虚拟样衣展示

1. 离线渲染参数设置

(1) 点击离线渲染工具，打开渲染图片属性工具。

(2) 在编辑属性视窗中选择图片尺寸为 A4，文件格式选择 png，渲染工具选择 CPU，渲染品质选择高质量，渲染方法选择“暴力渲染”，如图 2-2-34、图 2-2-35。

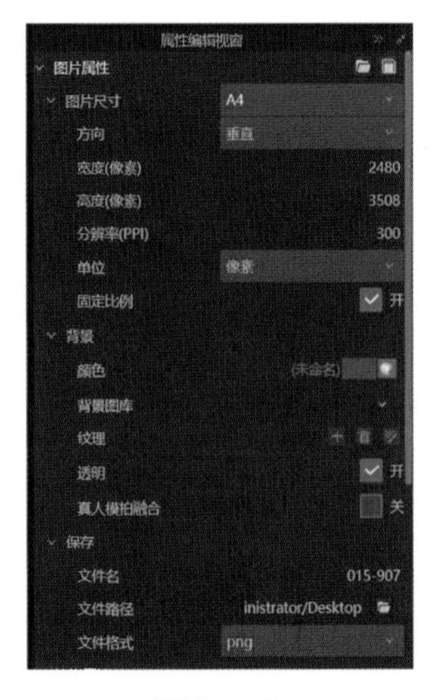

图 2-2-34

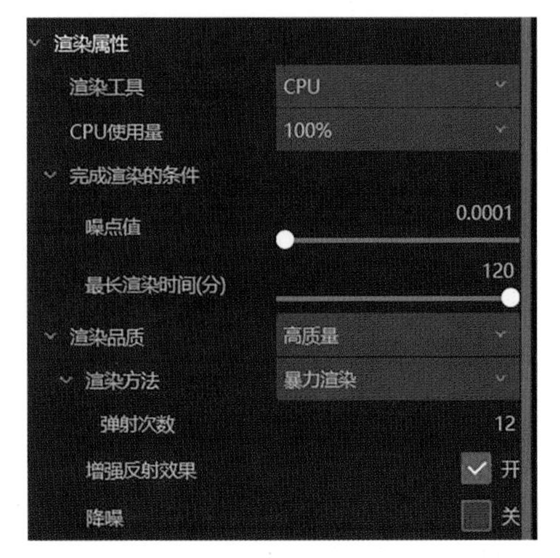

图 2-2-35

2. 3D 渲染效果图(图 2-2-36)

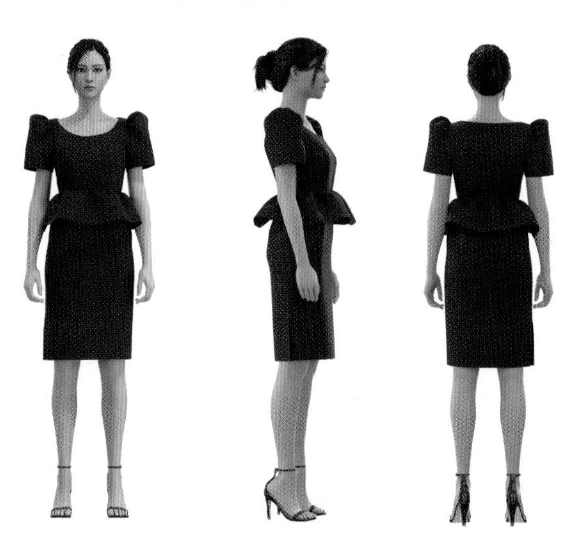

图 2-2-36

八、扫码观看圆领飞边下摆连衣裙详细的 3D 设计和缝制过程视频

九、训练习题布置

练习 1：隐形拉链、裙摆开衩、抽褶、泡泡袖虚拟缝制巩固练习。

练习 2：通过款式效果，调整板片。

练习 3：练习圆领飞边连衣裙虚拟缝制 1 款。

任务三 吊带蓬蓬裙

一、任务要求

知识目标：

1. 掌握多条线段缝纫的操作方法
2. 掌握网纱和梭织面料的表现方法
3. 掌握细褶表现处理的方法

能力目标：

应用Style3D软件完成本款吊带蓬蓬裙的缝制，完成装饰罩杯和裙片腰部的细褶处理，完成后中隐形拉链的缝制，网纱面料及梭织面料3D参数设置，完成款式渲染，提升整款成衣效果展示的能力。

学习准备：服装CAD的DXF格式板片文件

学习重点：细褶处理，腰部分割线、侧缝的虚拟缝制。

学习难点：隐形拉链、细褶处理、网纱面料参数调整。

二、款式分析

1. 款式特点

X廓形，衣身多线条分割，网纱面料，内装棉里布，胸部外层加网纱抽皱拼块，浅V形腰节对称分割，裙子腰部抽细褶，后中装隐形拉链（图2-3-1）。

2. 选用面料

衣身部分用加厚高支棉面料，其中罩杯部分外层抽褶覆盖网纱面料，裙子里层选用细棉布，外层覆盖网纱面料。

图2-3-1

三、服装CAD文件导入3D软件

服装CAD文件3

1. CAD样板核对修正

应用服装CAD软件，将本款立体裁剪的裁片读图导入CAD，调整CAD样板线条、文字标注，完成核对，如服装CAD文件3、图2-3-2。

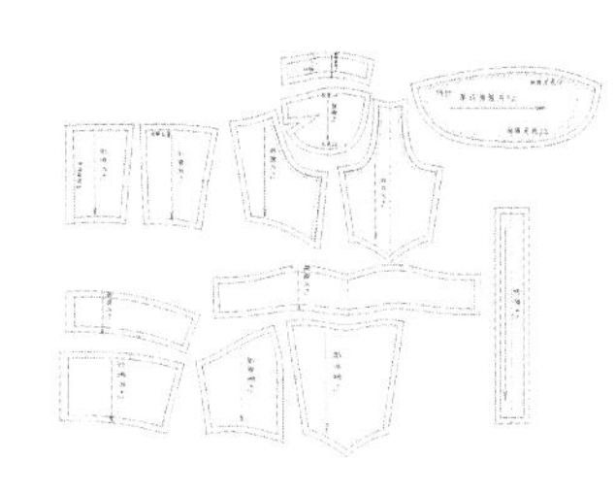

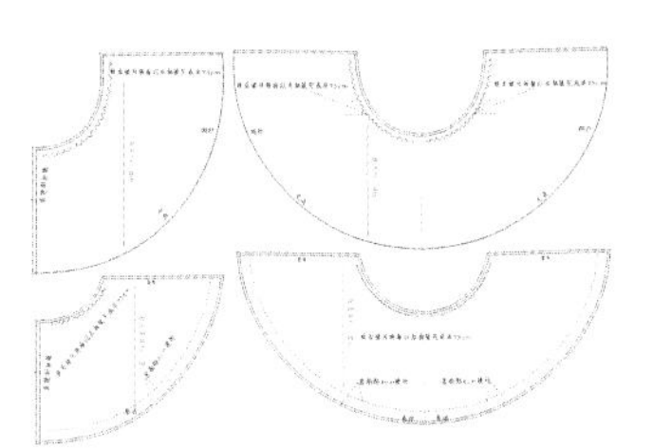

图2-3-2

CAD样板裁片部件：

（1）前中片×1，前侧片×2，胸垫×2，胸垫拼块×2，罩杯抽皱片×2，后中片×2，后侧片×2，肩带×2。

（2）前裙片×1，后裙片×2。

（3）前贴片×1，前中片里×1，前侧片里×2，后贴片×2，后片里×2。

（4）前裙片里×1，后裙片里×2。

2. CAD样板导入到3D软件

将CAD中的样板文件保存为DXF格式，导入到3D软件。

打开3D软件界面，导入DXF文件，勾选“自动调整比例”“导入板片缝边”“导入板片标注”“优化所有曲线点”“板片自动排列”“导入缝边刀口到净边”“减少断点”“根据面料名称新建面料”等属性选项，如图2-3-3。

点击界面左上方菜单中文件，导入DXF格式文件，或按快捷键“Ctrl+Shift+D”，如图2-3-4。

四、虚拟缝制

1. 文件导入

（1）打开Style3D，点击文件，新建或按快捷键

图 2-3-3

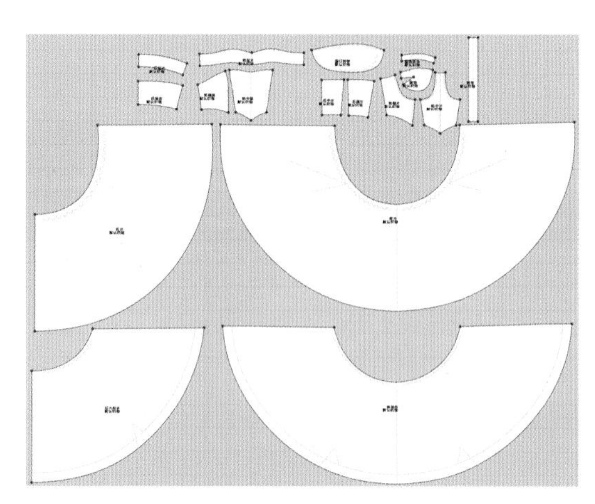

图 2-3-4

“Ctrl+N”，新建一个文件。

（2）选择资源库工具，选择导入模特工具，如图 2-3-5。

图 2-3-5

2．板片安排、调整

（1）2D 和 3D 同步。点击选择/移动工具，或快捷键“Q”，根据服装结构关系排列 2D 视窗所有板片。框选 2D 视窗所有板片，在 3D 视窗中右键点击板片，选择重置 3D 安排位置，或快捷键“Ctrl+F”，2D 视窗板片和 3D 视窗板片即可同步呈现，如图 2-3-6。

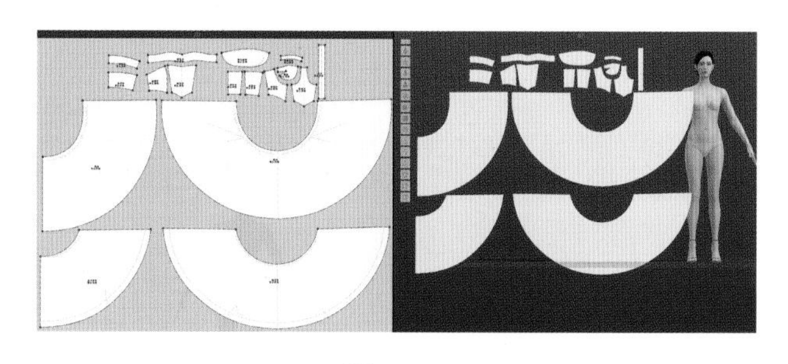

图 2-3-6

（2）选择显示安排点工具，或快捷键“A”，显示的模特安排点用于摆放板片位置，如图 2-3-7。

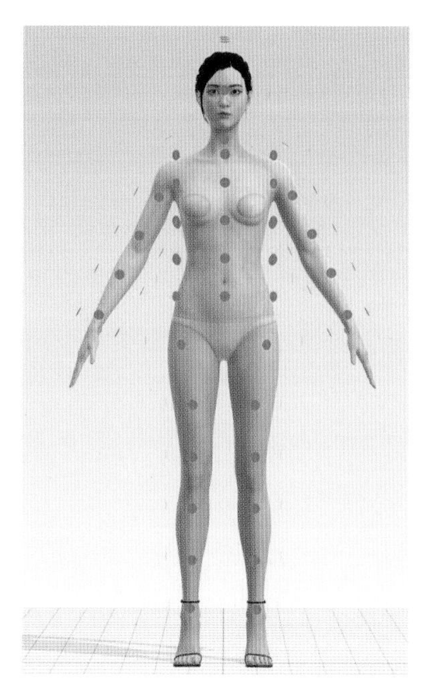

图 2-3-7

（3）安排板片。点击选择/移动工具，左键点击选中板片，鼠标放到模特安排点对应位置，鼠标左击，完成板片安排，如图 2-3-8。

（4）点击选择/移动工具，依次完成 3D 视窗所有板片的排列，如图 2-3-9。

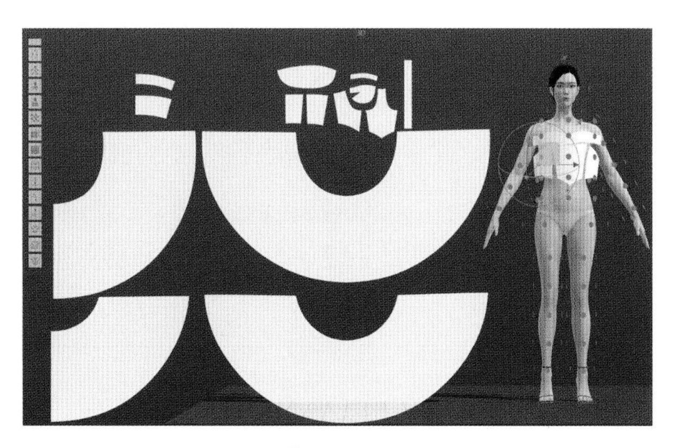

图 2-3-8

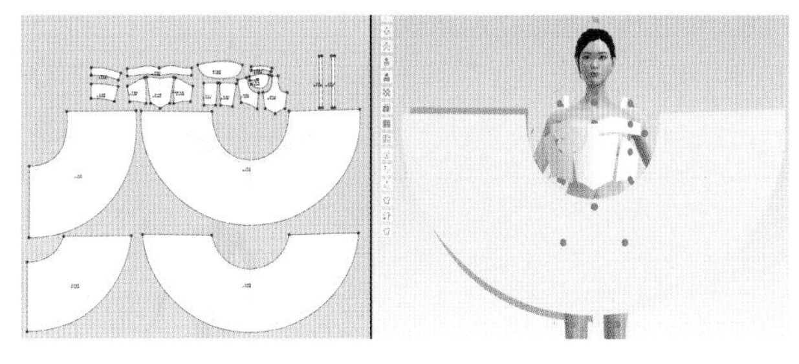

图 2-3-9

（5）板片安排及对称。点击选择/移动工具，调整定位球中的红色、蓝色、绿色三维坐标轴，或点击绿色方形区域进行整体移动，按着装结构关系，将前后板片位置调整好，同时选中前中片、前侧片、胸垫、胸垫拼块、罩杯抽皱片、后中片、后侧片等对称板片，在3D窗口右键点击，选择克隆对称板片（板片与线缝纫），如图2-3-10、图2-3-11。

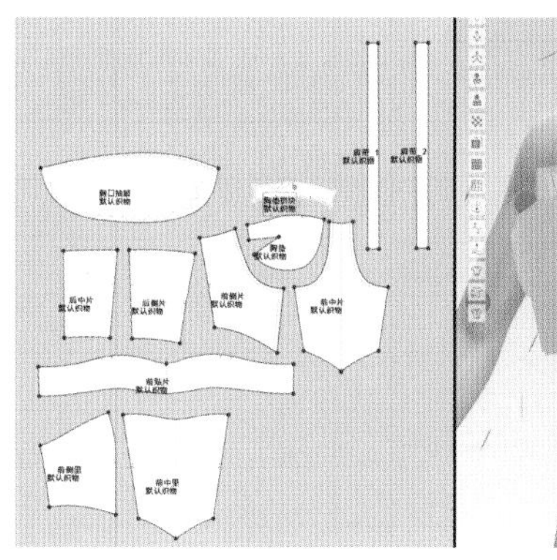

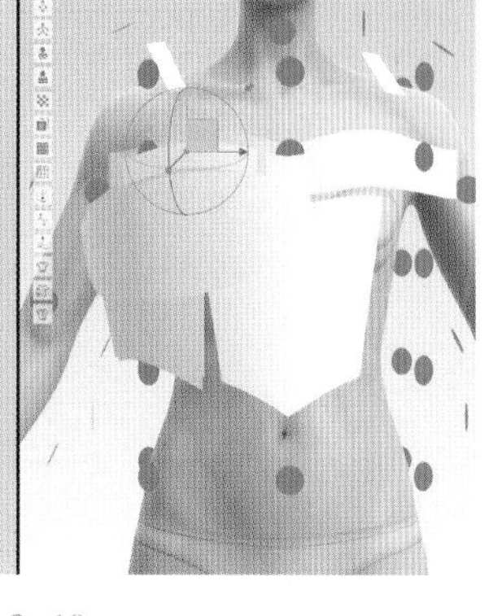

图 2-3-10

3. 样衣缝合

（1）里布板片缝制。使用“自由缝纫”工具或快捷键“M”，连接起点与终点，添加缝纫关系，进行前中里片与前侧里片缝合、后里片与前侧里片的侧缝线缝合，按住“Shift”键将前贴片分别与前侧里片和前中里片的上口线缝合。按住“Shift”键将裙里片的腰节线分别与上衣里片的腰节线缝合，如图2-3-12。

（2）面布板片缝制。使用“线缝纫”工具或快捷键“N”，点击板片之间相互需要缝制的线，添加缝纫关系，进行前中片、前侧片、胸垫、胸垫拼块、后中片、后侧片的缝合，完成外层网纱罩杯抽皱片与里层胸垫板片的缝合，如图2-3-13。

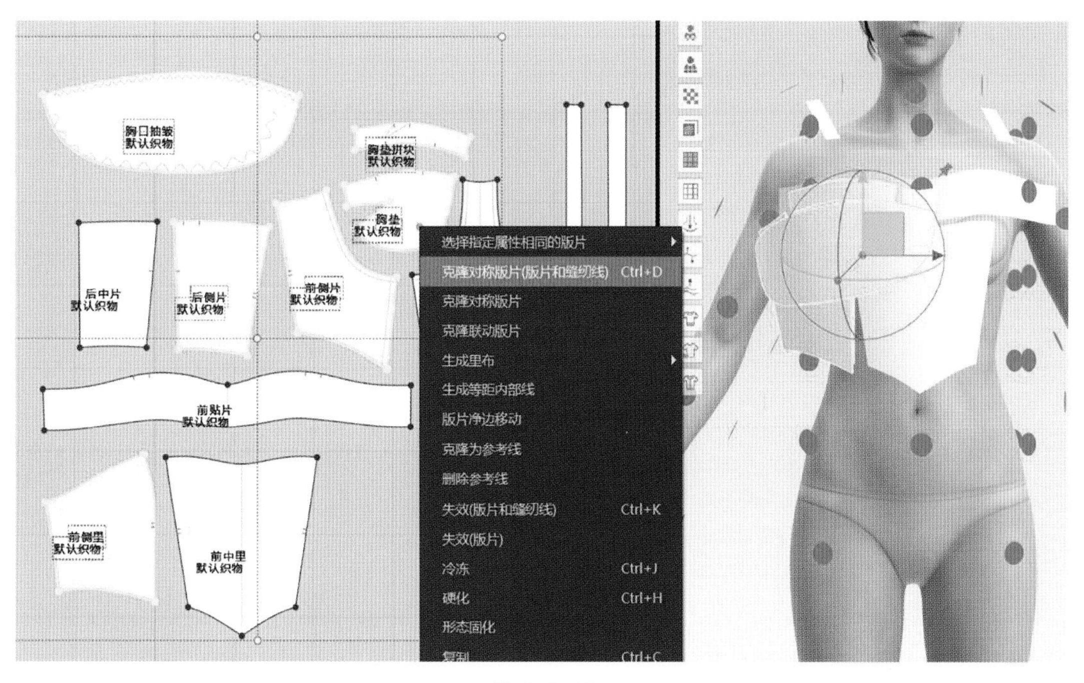

图 2-3-11

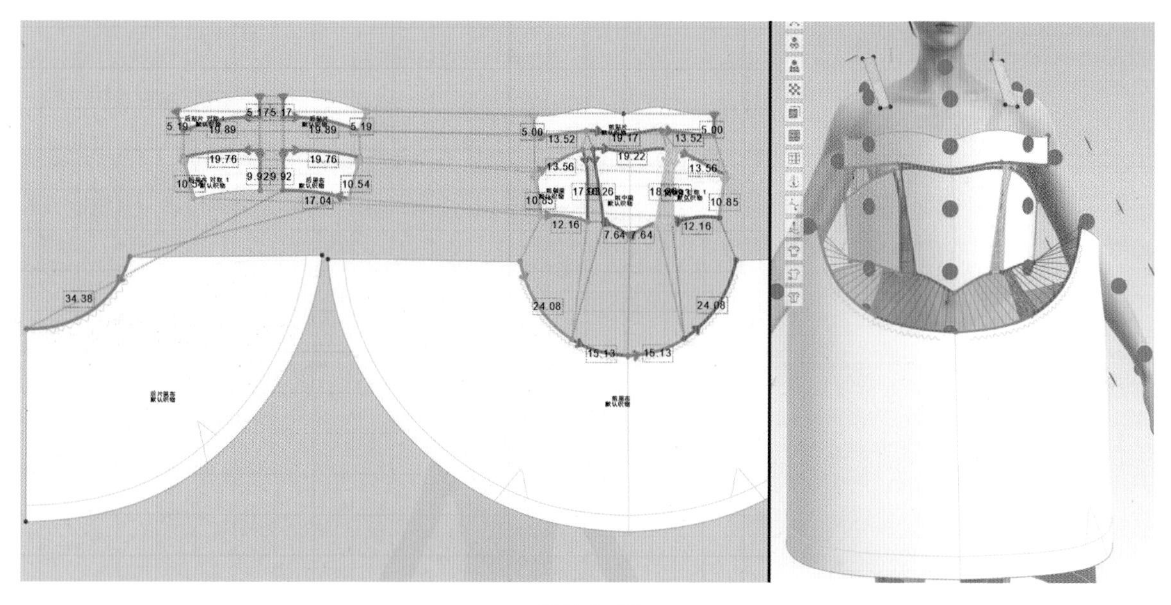

图 2-3-12

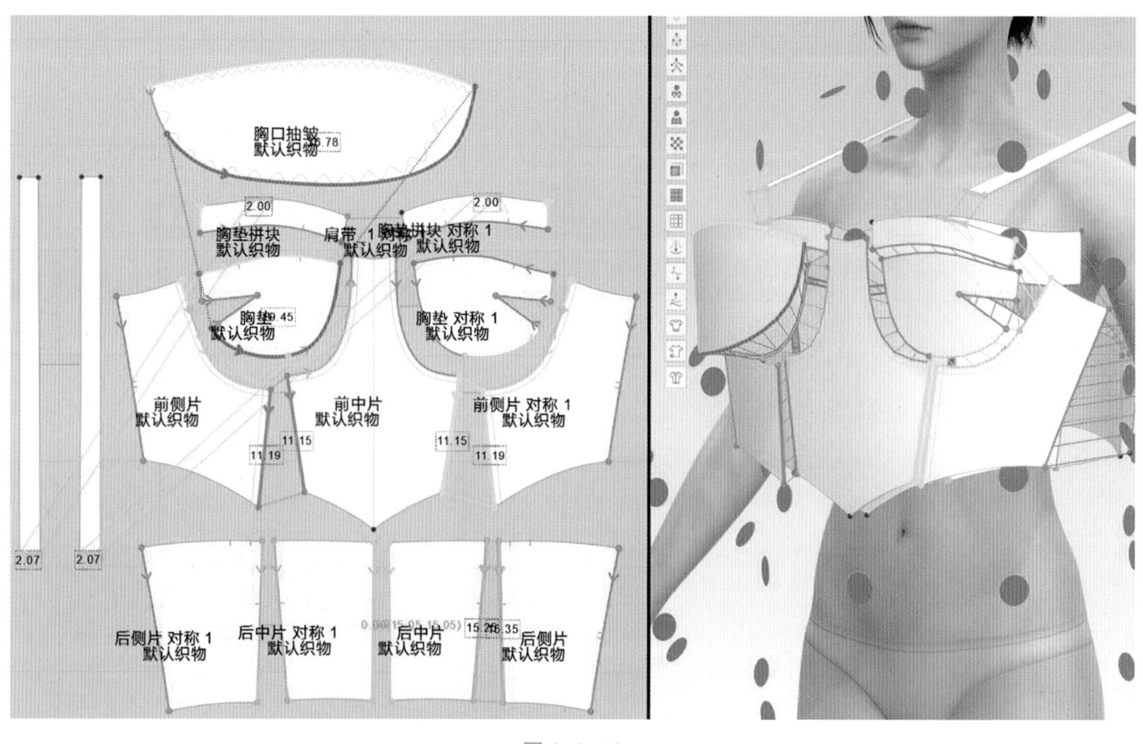

图 2-3-13

（3）裙片缝制。使用“自由缝纫”工具 自由缝纫 或快捷键“M”，连接起点与终点，添加缝纫关系。在腰节线处，上衣与裙片的里层、外层分别缝合，前后裙片的侧缝线缝合，如图 2-3-14。

（4）改变衣片缝纫线类型。使用“编辑缝纫”工具 编辑缝纫 或快捷键“B”，分别单击前中片、胸垫拼块和前贴片的上口线，将缝纫类型改为合缝，如图 2-3-15。

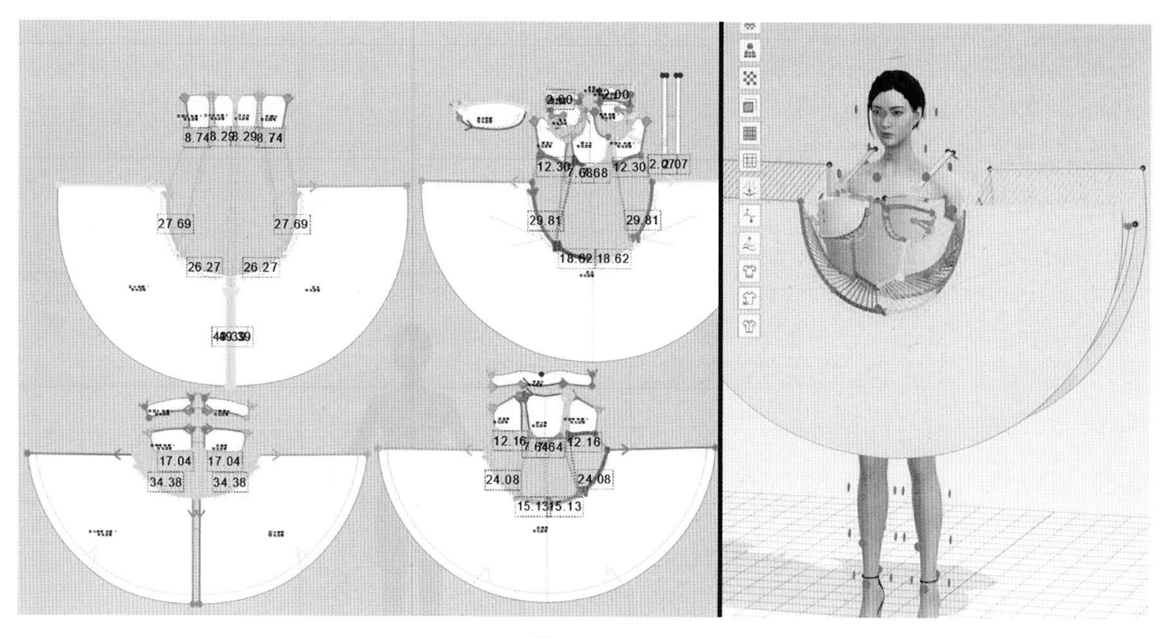

图 2-3-14

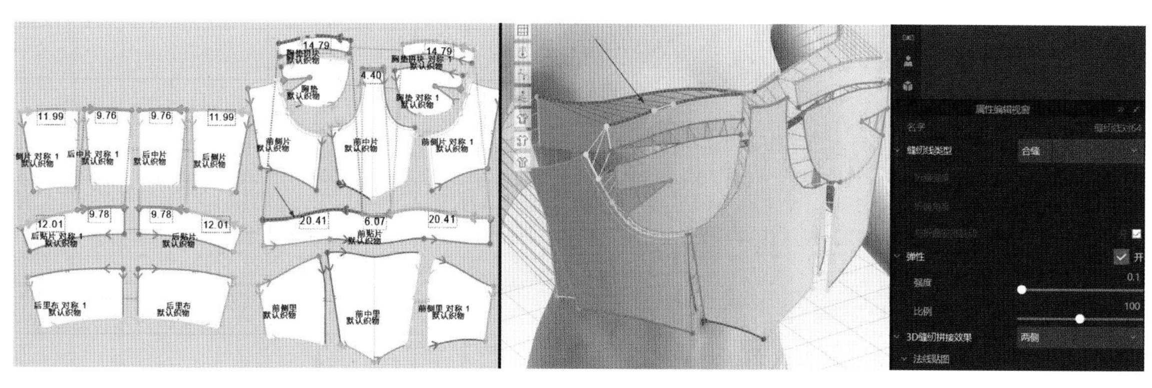

图 2-3-15

（5）罩杯抽皱片缝制。使用“自由缝纫”工具 或快捷键“M”，连接起点与终点，添加缝纫关系，进行上层罩杯抽皱片与下层胸垫的双层缝合，如图 2-3-16。

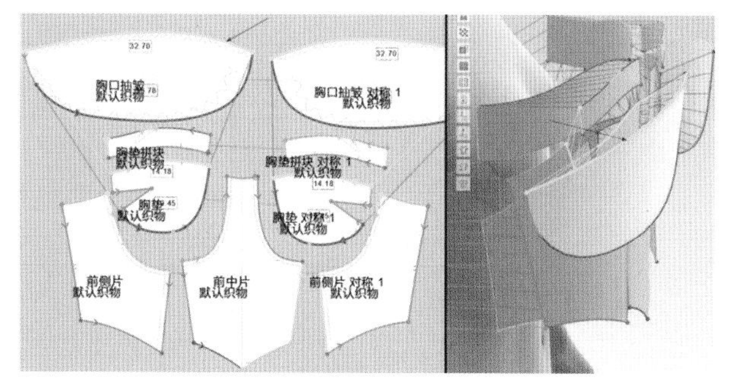

图 2-3-16

4. 工艺细节

（1）罩杯抽皱。选中需要抽皱的罩杯抽皱板片和裙片，使用“编辑板片”工具 ，按住“Shift”同时选中罩杯抽皱板片边线和裙片腰节线，在属性编辑视窗找到网格细化打开并模拟，形成抽皱效果，如图 2-3-17、图 2-3-18。

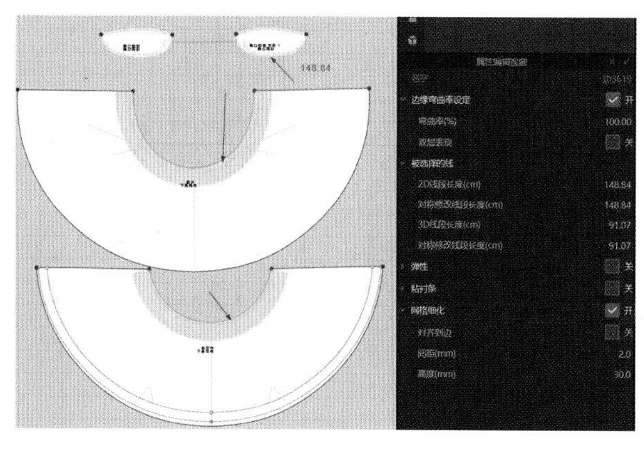

图 2-3-17

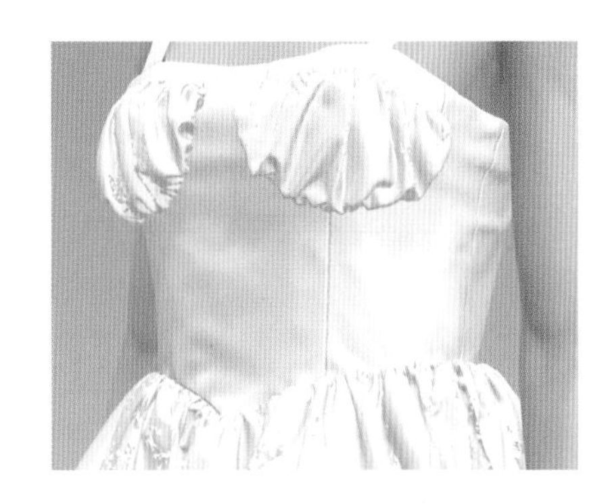

图 2-3-18

（2）前后贴片黏衬定型。使用选择/移动工具或快捷键“Q”，分别选中前贴片和后贴片，在右侧编辑织物样式，选择黏衬并打开，如图 2-3-19。

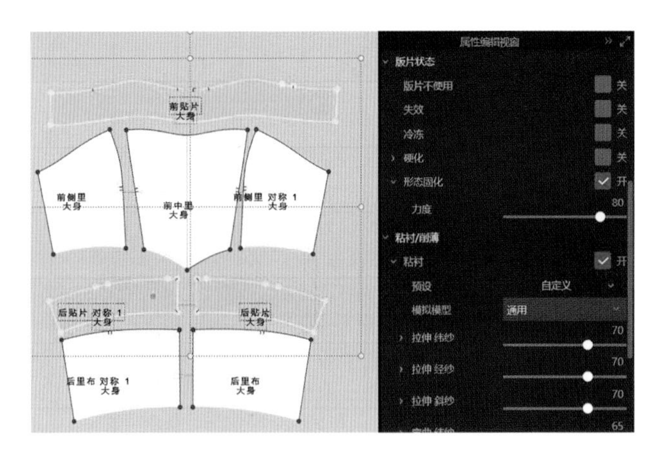

图 2-3-19

（3）装隐形拉链。选择面料资源库工具，在资源库辅料属性中找到隐形拉链头，左键双击隐形拉链头，添加到附件中，如图 2-3-20。

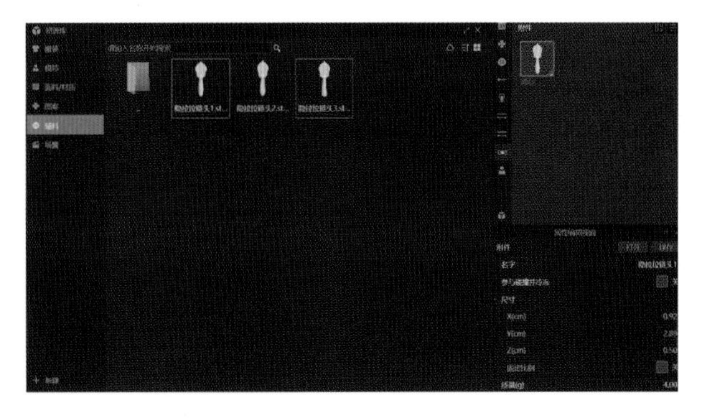

图 2-3-20

在右侧附件中，双击隐形拉链头，添加隐形拉链头到3D窗口中，移动隐形拉链头至后中缝，完成拉链头方向调整，如图 2-3-21 所示。

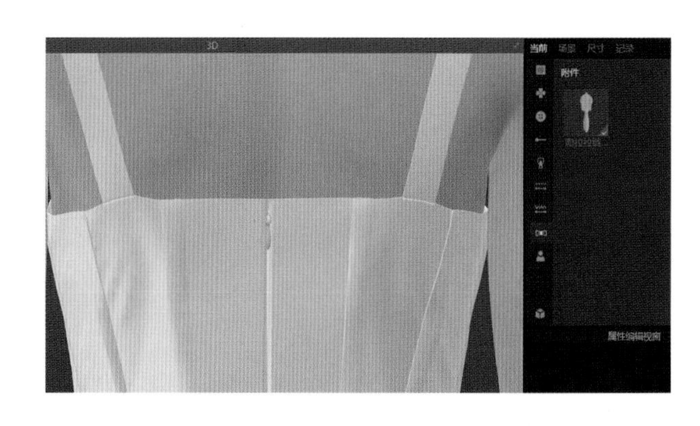

图 2-3-21

5. 缝制完成

（1）按缝纫逻辑关系完成吊带蓬蓬裙所有板片的缝合，如图 2-3-22。

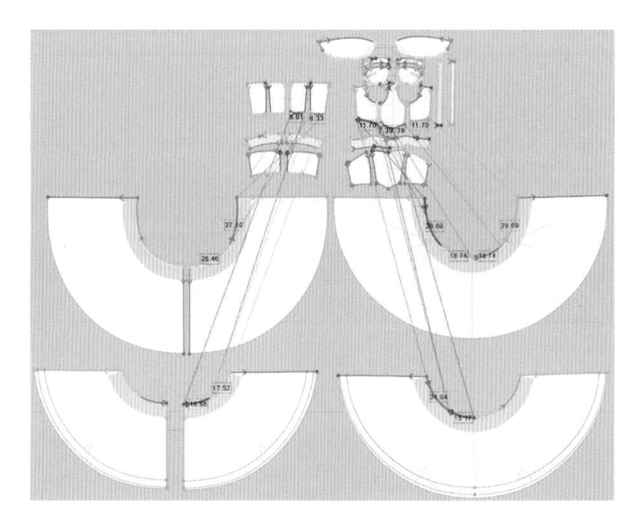

图 2-3-22

（2）3D缝制效果，如图 2-3-23。

图 2-3-23

五、面辅料属性设置

1. 面料参数设置

(1) 选择面料资源库工具，在资源库面料与属性中搜索网纱、高支棉、细棉布三种面料品类。

(2) 根据实际面料材质、厚度、柔软度及悬垂性，调整经纬纱拉伸参数和经纬纱弯曲参数。

(3) 网纱、高支棉、细棉布三种面料属性参数如图2-3-24。

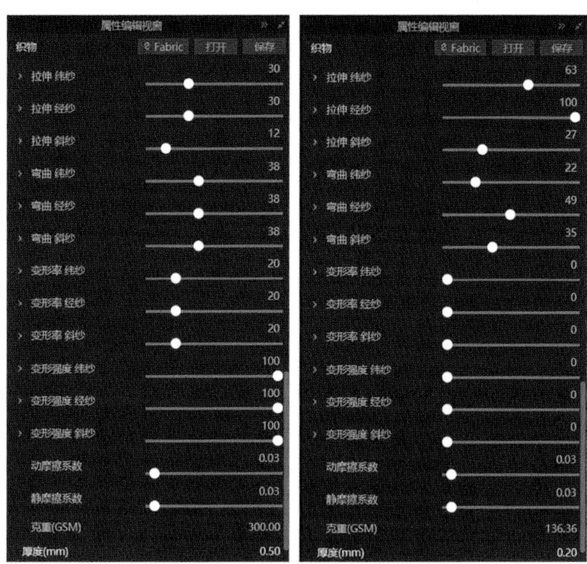

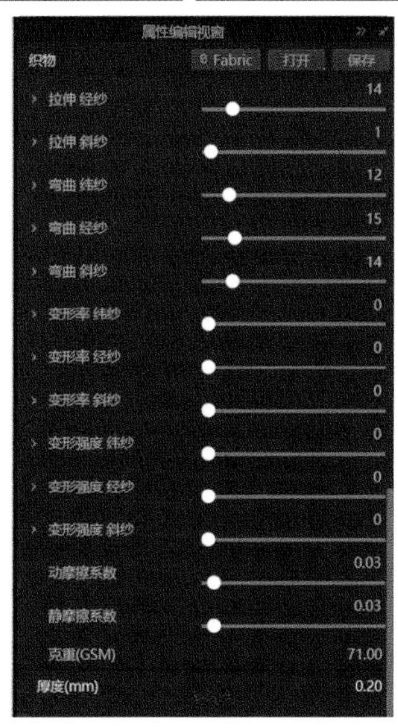

图2-3-24

2. 面料纹理及颜色设置

(1) 网纱纹理添加、透明度调整。选择面料资源库工具，找到六角网纱法线贴图，添加到右侧属性编辑视窗中，增加法线贴图强度到0.93，清晰展示网纱面料效果，如图2-3-25。

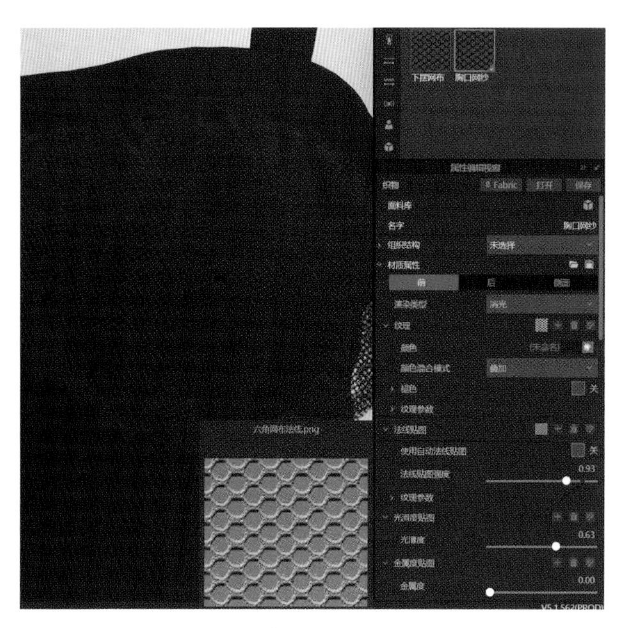

图2-3-25

(2) 面料颜色调整。在属性编辑视窗中选择颜色工具，选择颜色色号，调整面料明度、纯度，如图2-3-26。

图2-3-26

六、样板的修正

对照3D着装效果，调整3D窗口的2D样板，调整后的样板重新模拟服装穿着效果。在3D软件中修改调整后的2D样板直接可以转化为CAD文件，实现CAD样板修改与3D虚拟展示同步。

七、虚拟样衣展示

1. 离线渲染参数设置

(1) 点击离线渲染工具 离线渲染，打开渲染图片属性工具。

(2) 在编辑属性视窗中选择图片尺寸为 A4，文件格式选择 png，渲染工具选择 CPU，渲染品质选择高质量，渲染方法选择暴力渲染，如图 2-3-27、图 2-3-28。

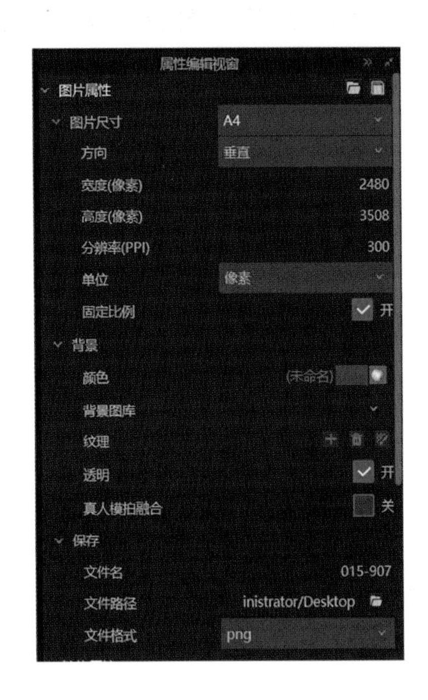

图 2-3-27

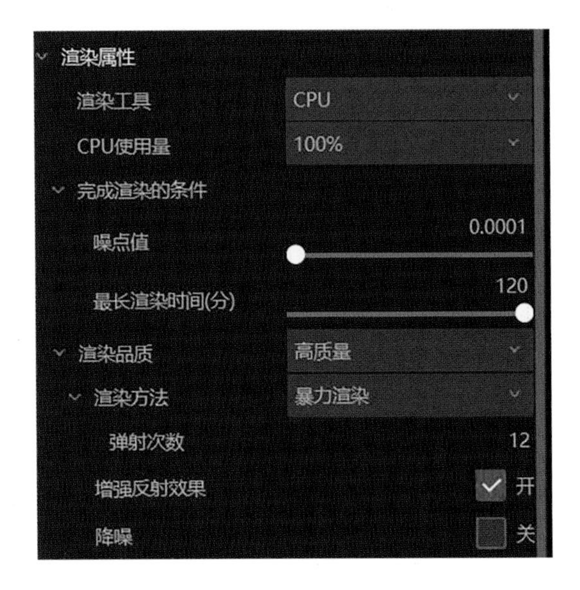

图 2-3-28

2. 3D 渲染效果图(图 2-3-29)

图 2-3-29

八、扫码观看吊带蓬蓬裙详细的 3D 设计和缝制过程视频

九、训练习题布置

练习 1：肩带、装饰罩杯和裙片腰部的细褶虚拟缝制巩固练习。

练习 2：练习吊带蓬蓬裙虚拟缝制 1 款。

任务四　玫瑰肩小礼服

一、任务要求

知识目标：

1. 掌握多条线段缝纫的操作方法
2. 掌握折叠角度的设置方法
3. 掌握褶裥的缝纫方法
4. 掌握高支棉面料的表现方法

能力目标：

应用Style3D软件完成本款玫瑰肩小礼服的缝制，完成肩部褶裥的缝制，完成腰部板片的橡筋抽褶处理，完成后中隐形拉链的缝制，完成面料3D参数设置，完成款式渲染，提升整款成衣展示能力。

学习准备：服装CAD的DXF格式板片文件。

学习重点：肩部褶裥、腰部分割线、侧缝的虚拟缝制。

学习难点：隐形拉链、橡筋抽褶、玫瑰花朵缝制。

二、款式分析

1. 款式特点

X廓形，腰节线弧线分割，腰部橡筋抽褶，高支棉面料，内装里布，肩部褶裥，加玫瑰花装饰，后中装隐形拉链（图2-4-1）。

2. 选用面料

衣身部分用加厚高支棉面料，里布用细棉布。

图2-4-1

三、服装CAD文件导入3D软件

服装CAD文件4

1. CAD样板核对修正

应用服装CAD软件，将本款立体裁剪的裁片读图导入CAD，调整CAD样板线条、文字标注，完成核对，如服装CAD文件4、图2-4-2。

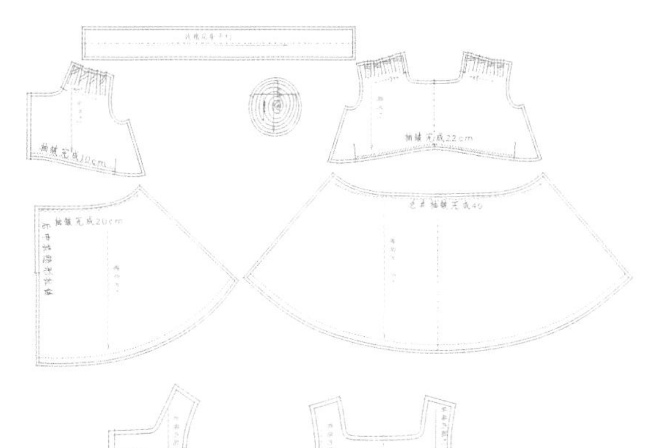

图2-4-2

CAD样板裁片部件：

（1）前衣片×1，前裙片×1。

（2）后衣片×2，后裙片×2。

（3）前领内贴×1，前片里×1。

（4）后领内贴×2，后片里×1。

（5）玫瑰花条×2，玫瑰花底盘×2。

2. CAD样板导入到3D软件

将CAD中的样板文件保存为DXF格式，导入到3D软件。

打开3D软件界面，导入DXF文件，勾选“自动调整比例”“导入板片缝边”“导入板片标注”“优化所有曲线点”“板片自动排列”“导入缝边刀口到净边”“减少断点”“根据面料名称新建面料”等属性选项，如图 2-4-3。

图 2-4-3

点击界面左上方菜单中文件，导入 DXF 格式文件，或按快捷键“Ctrl+Shift+D”，如图 2-4-4。

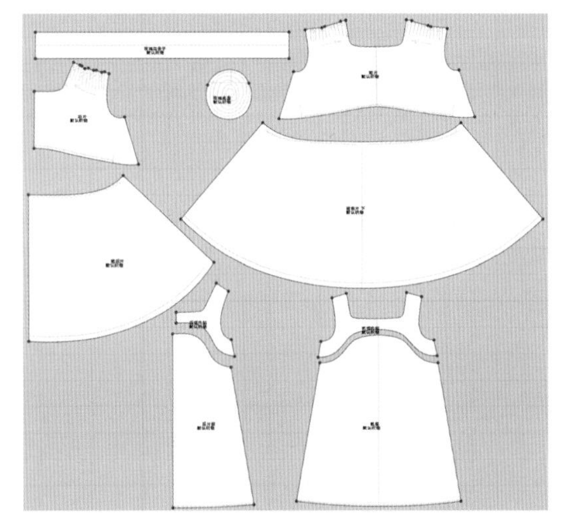

图 2-4-4

四、虚拟缝制

1. 文件导入

(1) 打开 Style3D，点击文件新建或按快捷键“Ctrl+N”，新建一个文件。

(2) 选择资源库工具，选择导入模特工具，如图 2-4-5。

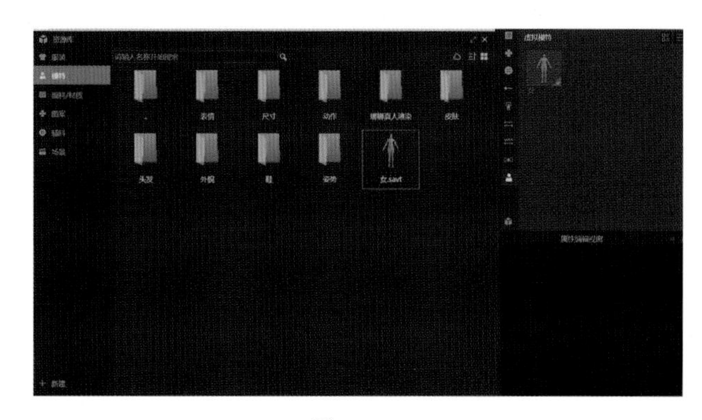

图 2-4-5

2. 板片安排、调整

(1) 2D 和 3D 同步。点击选择/移动工具，或快捷键“Q”，根据服装结构关系排列 2D 视窗所有板片。框选 2D 视窗所有板片，在 3D 视窗中用右键点击板片，选择重置 3D 安排位置，或快捷键“Ctrl+F”，2D 视窗板片和 3D 视窗板片即可同步呈现，如图 2-4-6。

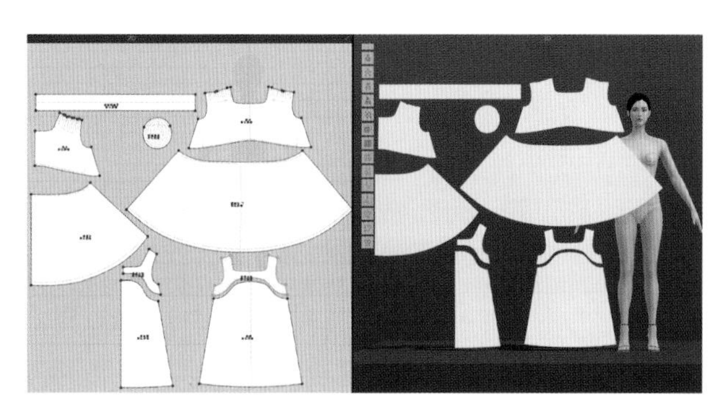

图 2-4-6

(2) 选择显示安排点工具，或快捷键“A”，显示的模特安排点用于摆放板片位置，如图 2-4-7。

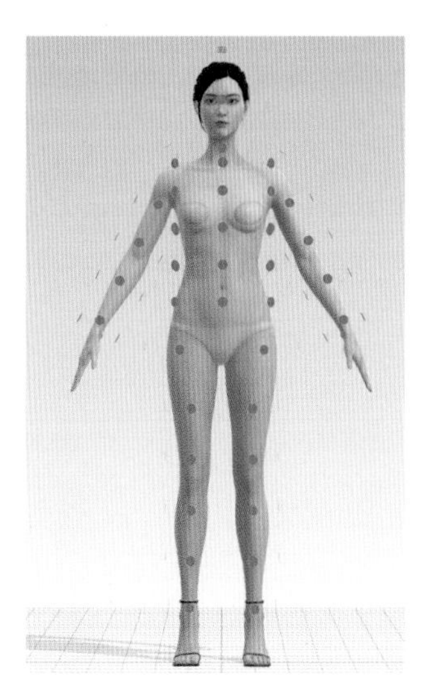

图 2-4-7

（3）安排板片。点击选择/移动工具，左键点击选中板片，鼠标放到模特安排点对应位置，点击左键，完成板片安排，如图 2-4-8。

图 2-4-8

（4）点击选择/移动工具，依次完成 3D 视窗所有板片的排列，如图 2-4-9。

（5）褶线勾勒和褶线角度设置。单击“勾勒轮廓”工具或快捷键“I”，选中肩部内部基础线，

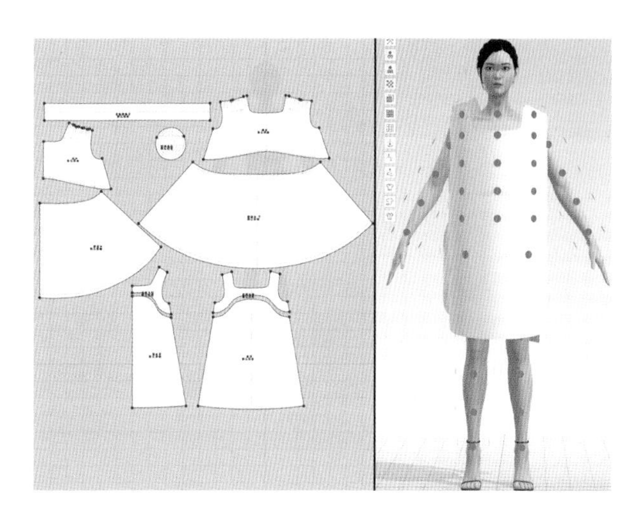

图 2-4-9

按“Enter”键完成勾勒为内部线。黄色褶线为内凹线，角度设置为 360°，红色褶线为外凸线，角度设置为 0，如图 2-4-10、图 2-4-11。

3. 样衣缝合

（1）褶裥缝制固定。单击“线缝纫”工具或快捷键“N”，完成前后衣片肩部褶裥的缝制固定，将其缝纫类型改为“合缝”，如图 2-4-12。

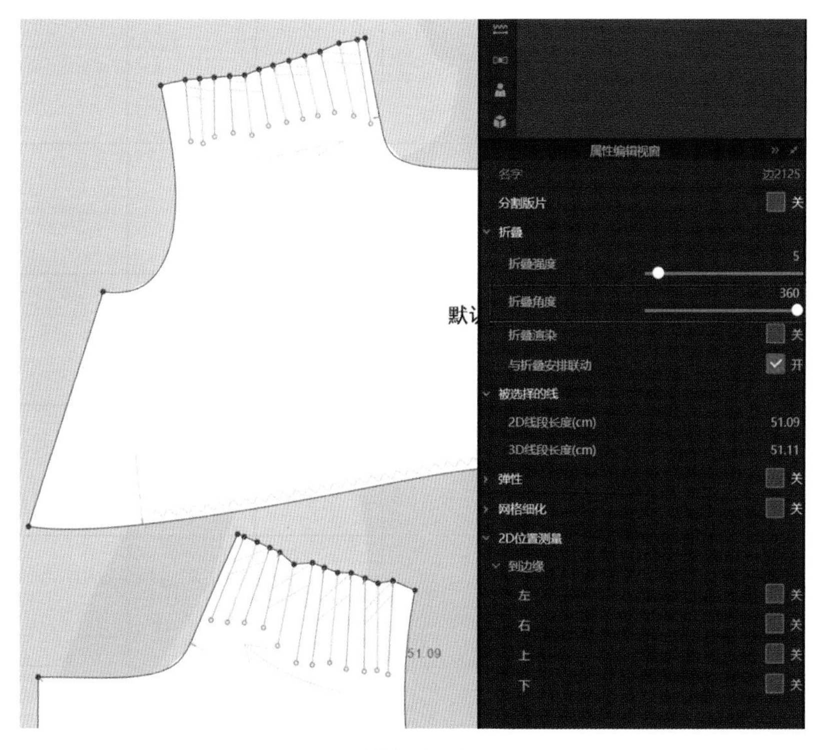

图 2-4-10

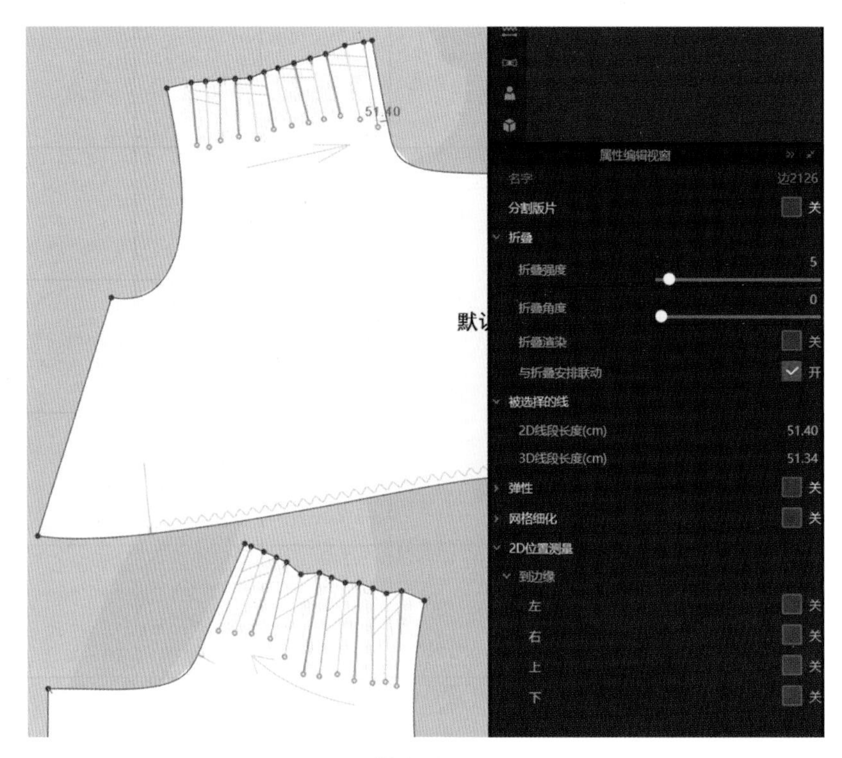

图 2-4-11

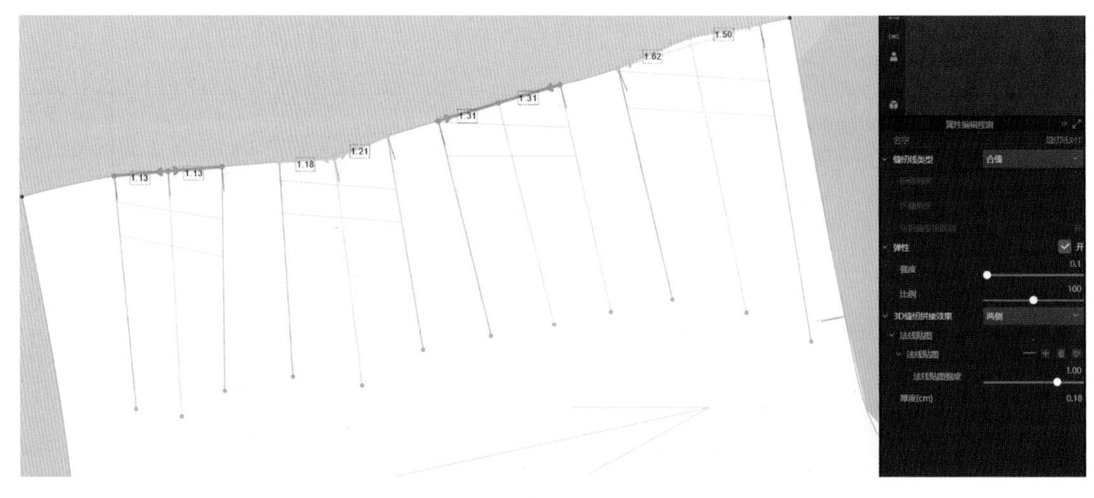

图 2-4-12

（2）衣片里布缝制。使用“线缝纫”工具或快捷键“N”，点击板片之间相互需要缝制的线，添加缝纫关系，进行前领内贴、前片里布、后领内贴、后片里布，完成前领内贴板片与前片里布的缝合，后片内贴与后片里布的缝合，再完成所有前后肩斜、侧缝线的缝合，如图 2-4-13。

（3）衣片面布缝制。先选中前后片里板片，单击右键选择“冷冻”，如图 2-4-14，再使用“自由缝纫”工具或快捷键“M”，点击前衣片、后衣片、前裙片、后裙片等板片之间相互需要缝制的线，添加缝纫关系，完成前衣片与前裙片的缝合、后衣片与后裙片的缝合、前后肩斜与侧缝线的缝合，如图 2-4-15。

（4）改变衣片缝纫线类型。面布与里布的缝合需改变缝纫线类型，前后领圈与前后袖窿弧线的缝纫类型改为合缝。使用“编辑缝纫”工具或快捷键“B”，分别单击前后片领圈线，前后袖窿弧线，将缝纫类型改为合缝，完成衣片的缝合，如图 2-4-16。

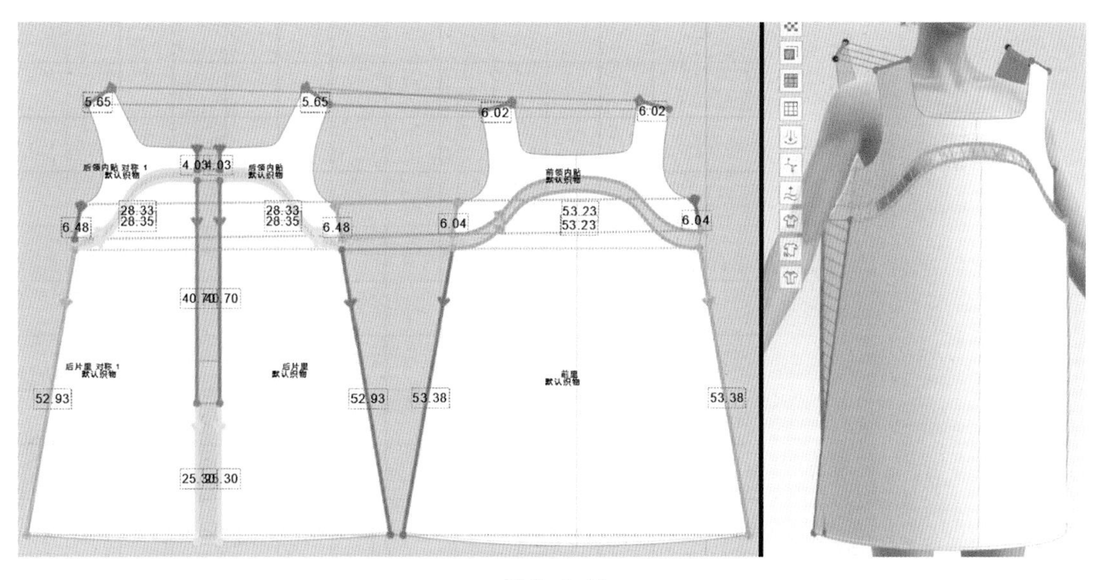

图 2-4-13

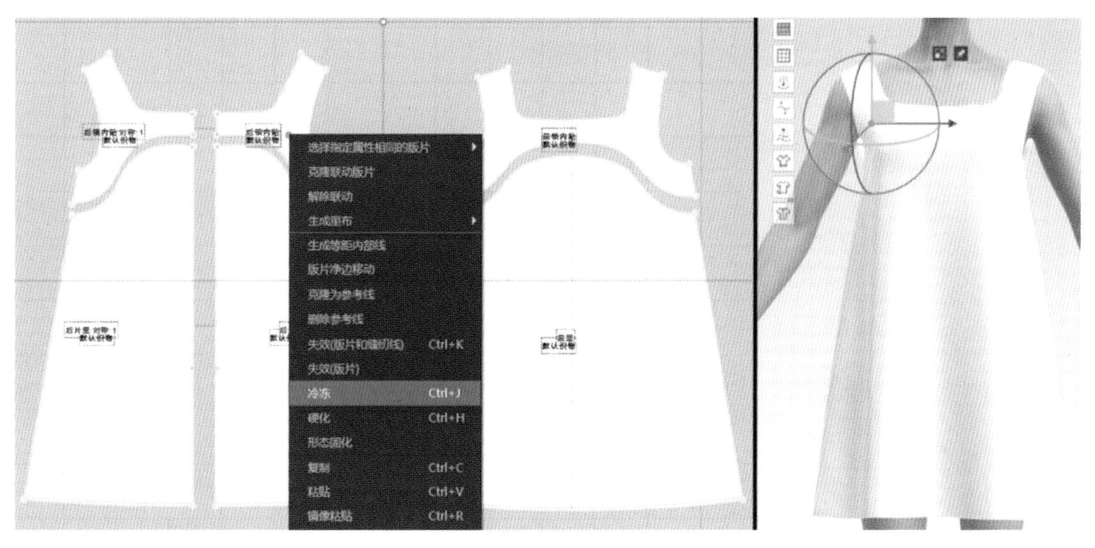

图 2-4-14

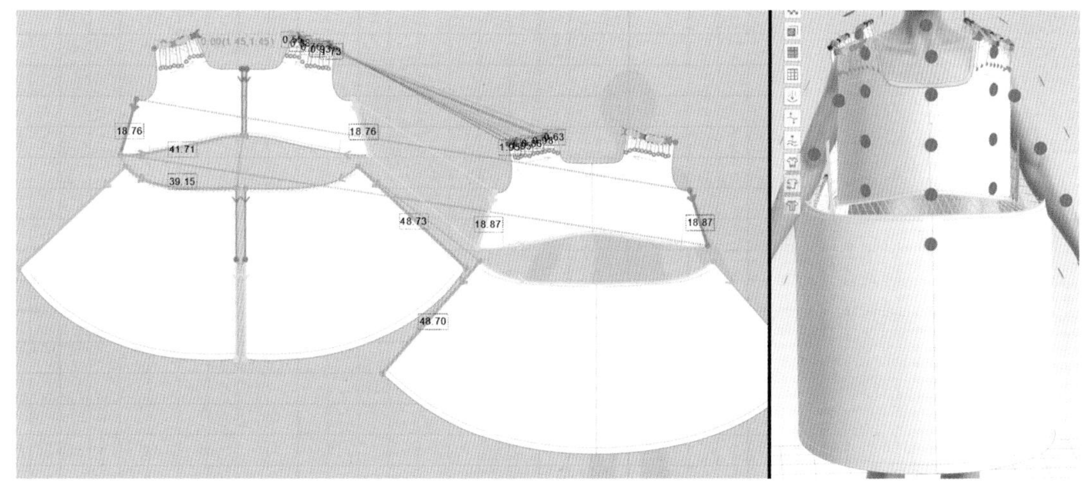

图 2-4-15

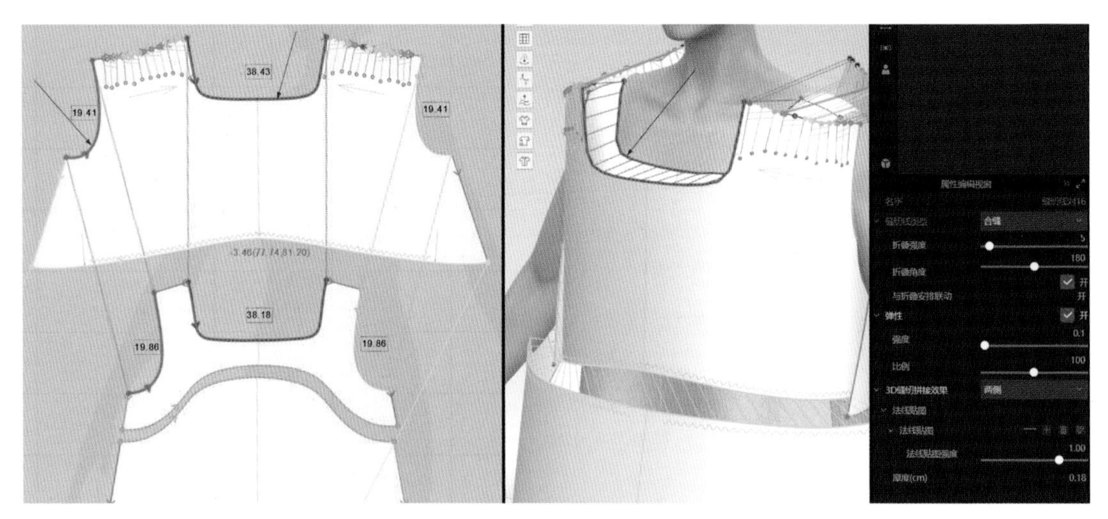

图 2-4-16

（5）肩部玫瑰花的制作。使用“自由缝纫”工具 或快捷键“M”，依次点击花瓣 A、B 点，再点 C、D 点，添加缝纫关系，完成玫瑰花板片与玫瑰花底盘的旋转缝制，如图 2-4-17。

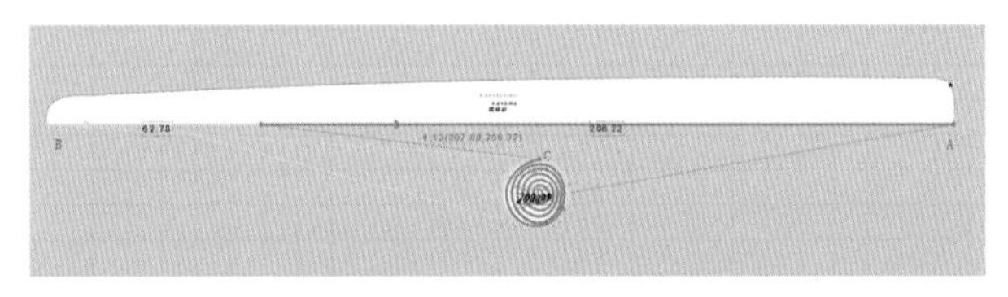

图 2-4-17

使用“编辑板片”工具 ，选中玫瑰花瓣板片上口边线。在属性编辑视窗找到网格细化并打开，比例设置为 145，如图 2-4-18，并模拟，形成花瓣效果，并添加到右侧附件中，如图 2-4-19。

（6）肩部添加玫瑰花。找到“附件”工具 ，点击打开找到相应玫瑰花附件，添加至肩部。为了防止玫瑰花滑落，选中玫瑰花单击右键，选择智能转换为附件即可，如图 2-4-20。

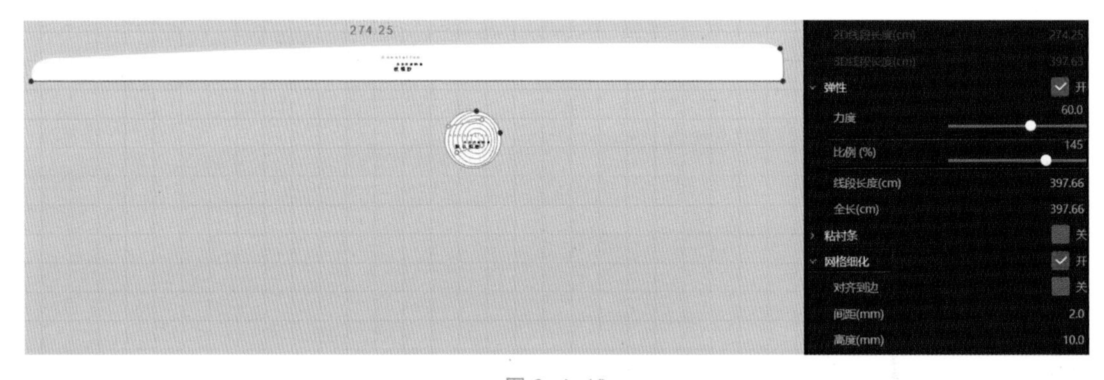

图 2-4-18

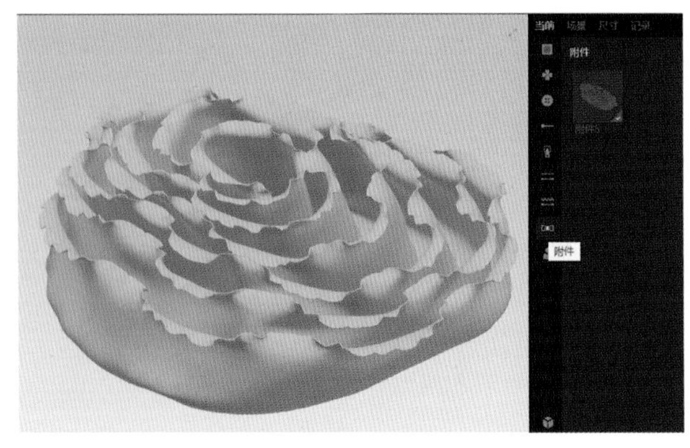

图 2-4-19

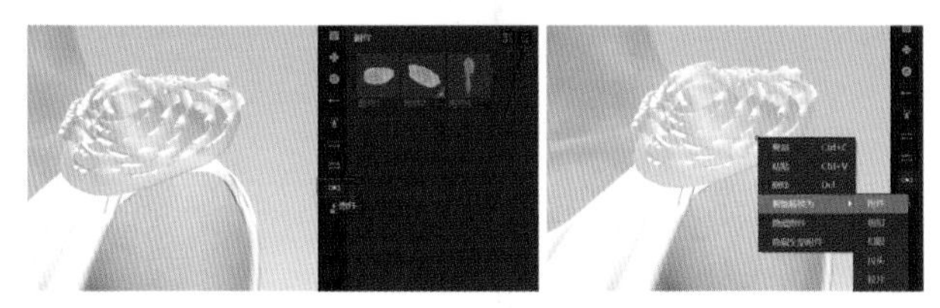

图 2-4-20

4. 工艺细节

（1）前后领内贴黏衬定型。使用选择/移动工具 或快捷键“Q”，分别选中前领内贴和后领内贴，在右侧编辑织物样式，选择黏衬并打开，如图 2-4-21。

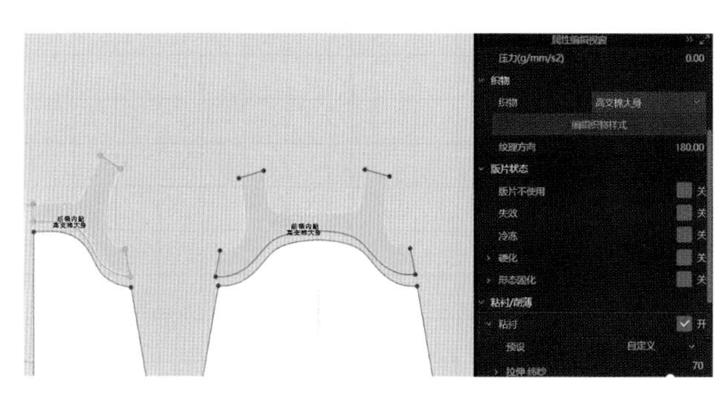

图 2-4-21

（2）腰部橡筋抽皱。使用“编辑板片”工具，按住“Shift”同时选中前后衣片、裙片的腰节线，在属性编辑视窗找到网格细化并打开，网格细化高度设为 70，呈现腰部细褶立体效果。打开弹性并设定弹性比例为 48%，完成腰部橡筋抽皱效果，如图 2-4-22。

（3）装隐形拉链。选择面料资源库工具，在资源库辅料属性中找到隐形拉链头，左键双击隐形拉链头，添加到附件中，如图 2-4-23。

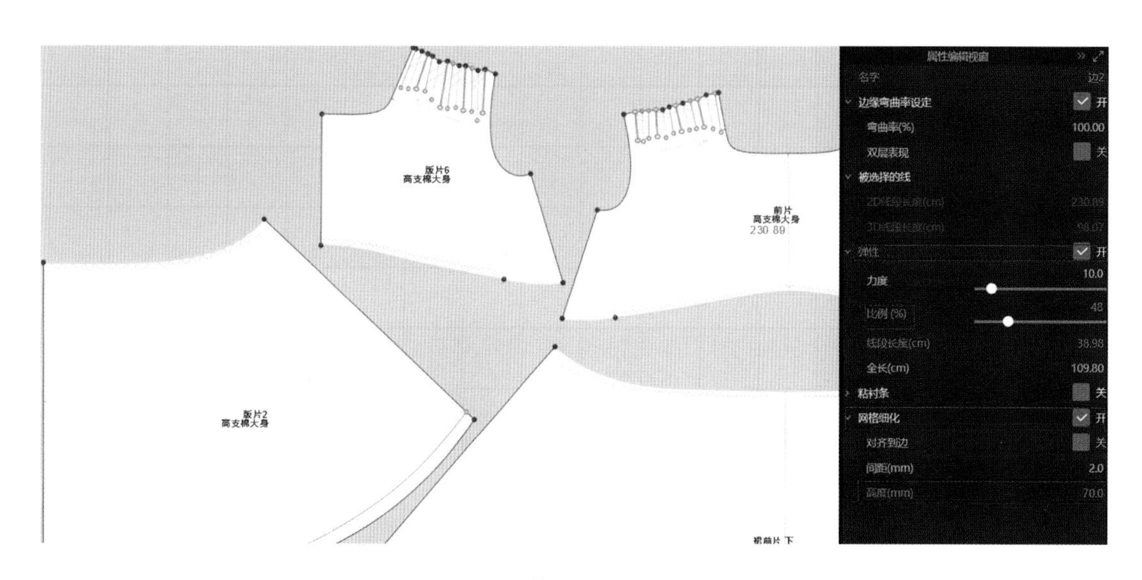

图 2-4-22

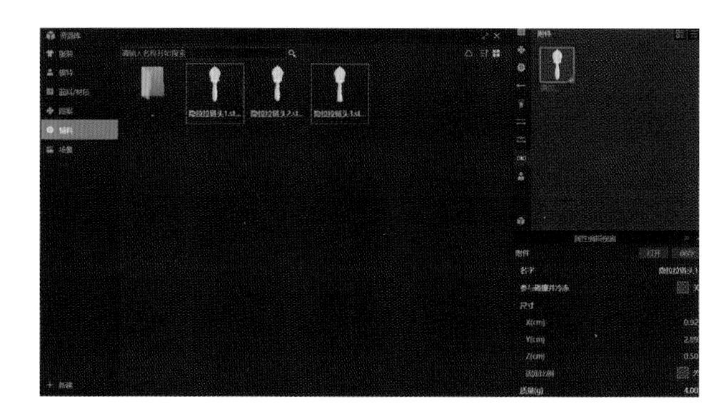

图 2-4-23

在右侧附件中，点击隐形拉链头，添加隐形拉链头到 3D 窗口中，移动隐形拉链头至后中缝，完成拉链头方向调整，如图 2-4-24。

5. 缝制完成

（1）按缝纫逻辑关系完成玫瑰肩小礼服所有板片的缝合，如图 2-4-25。

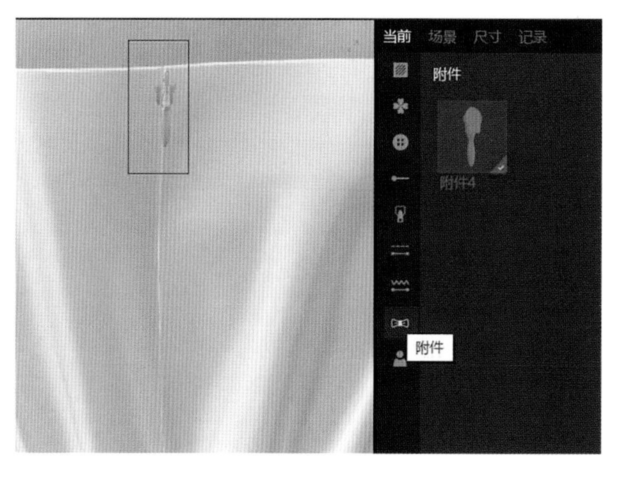

图 2-4-24

（2）3D 缝制效果，如图 2-4-26。

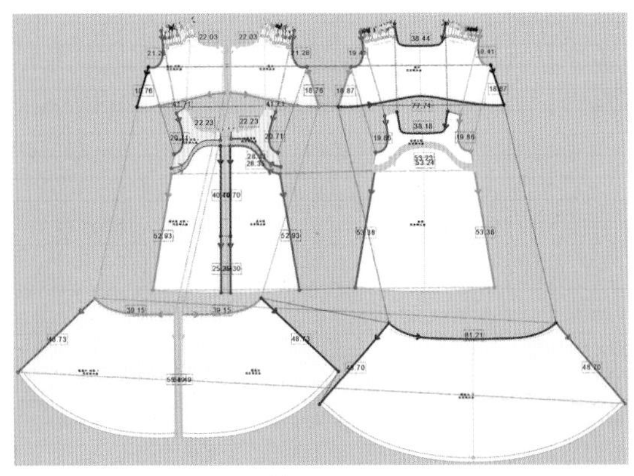

图 2-4-25

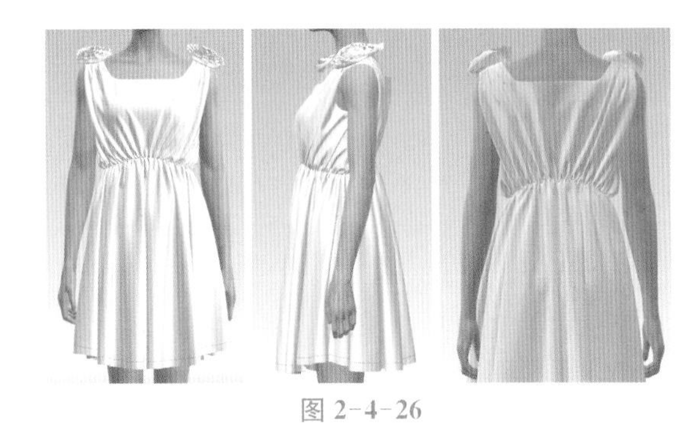

图 2-4-26

五、面辅料属性设置

1. 面料参数设置

（1）选择面料资源库工具，在资源库面料与属性中搜索高支棉、细棉布两种面料品类。

（2）根据实际面料材质、厚度、柔软度及悬垂性，调整经纬纱拉伸参数和经纬纱弯曲参数。

（3）高支棉、细棉布两种面料属性参数如图 2-4-27。

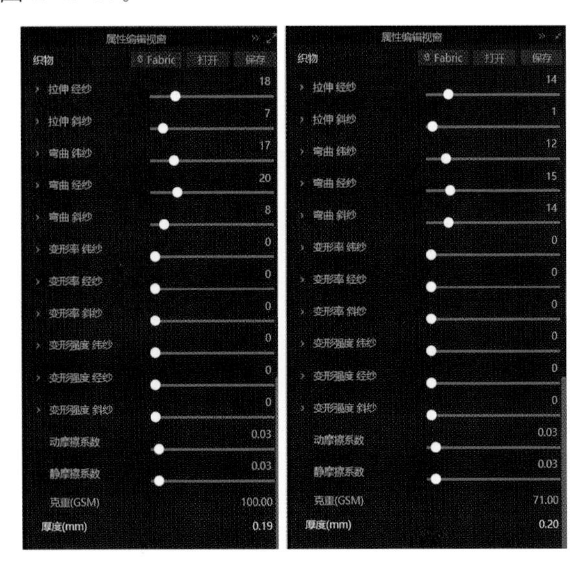

图 2-4-27

2. 面料纹理及颜色设置

（1）高支棉纹理添加、透明度调整。选择面料资源库工具，找到棉府绸贴图，添加到右侧属性编辑视窗中，增加法线贴图强度到 1.5，使得面料织物纹理清晰，如图 2-4-28。

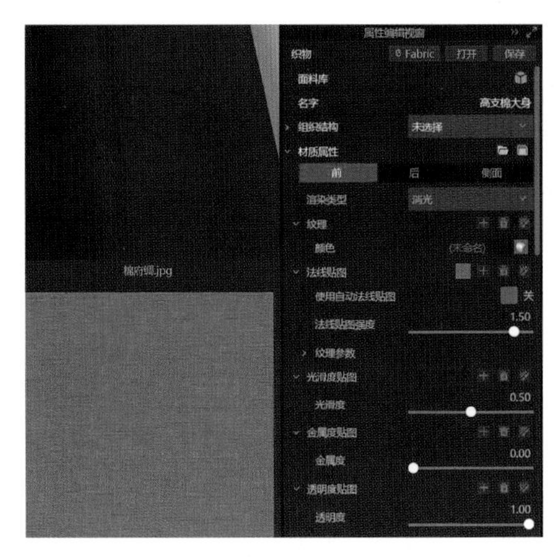

图 2-4-28

（2）面料颜色调整。在属性编辑视窗中选择颜色工具，选择颜色色号，调整面料明度、纯度，如图 2-4-29。

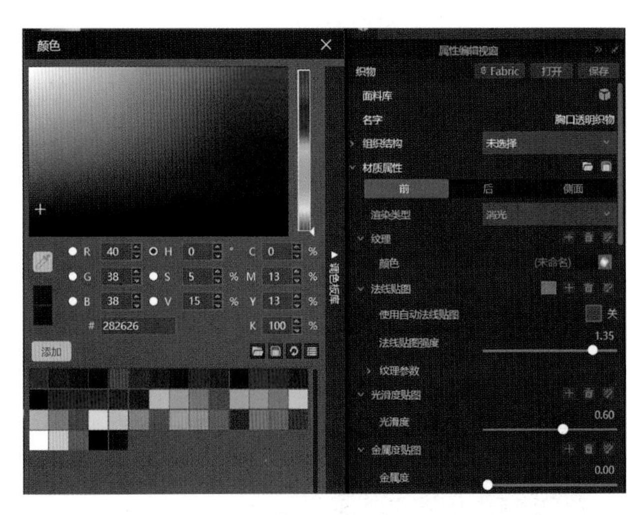

图 2-4-29

六、样板的修正

对照 3D 着装效果，调整 3D 窗口的 2D 样板，调整后的样板重新模拟服装穿着效果。在 3D 软件中修改调整后的 2D 样板，直接可以转化为 CAD 文件，实现 CAD 样板修改与 3D 虚拟展示同步。

七、虚拟样衣展示

1. 离线渲染参数设置

（1）点击离线渲染工具，打开渲染图片属性工具。

（2）在编辑属性视窗中选择图片尺寸为A4，文件格式选择png，渲染工具选择CPU，渲染品质选择高质量，渲染方法选择暴力渲染，如图2-4-30、图2-4-31。

图2-4-30

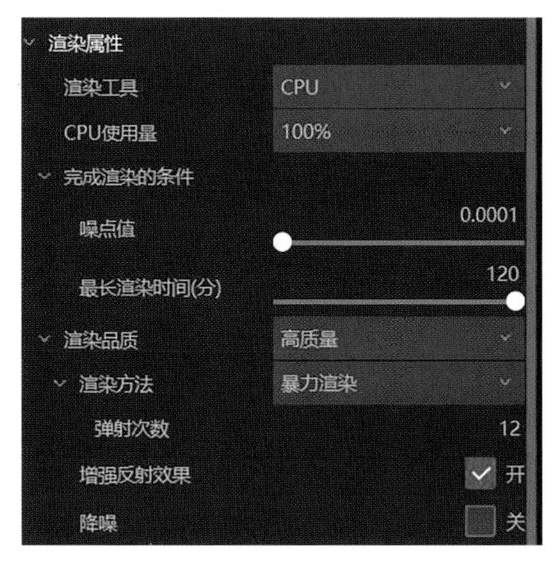

图2-4-31

2. 3D渲染效果图(图2-4-32)

图2-4-32

八、扫码观看玫瑰肩小礼服详细的3D设计和缝制过程视频

九、训练习题布置

练习1：肩部打褶、腰部橡筋抽皱设置的虚拟缝制巩固练习。

练习2：练习玫瑰肩小礼服虚拟缝制1款。

任务五　后背抽褶泡泡袖连衣裙

一、任务要求

知识目标：

1. 掌握泡泡袖的缝纫方法
2. 掌握腰部细褶设置方法
3. 掌握提花面料的表现方法
4. 掌握腰部明线的添加方法

能力目标：

应用Style3D软件完成本款后背抽褶泡泡袖连衣裙的缝制，完成肩部泡泡袖的缝制，完成腰部板片的细褶处理，完成后中蝴蝶结的添加，完成面料3D参数设置，完成款式渲染，提升整款成衣效果展示能力。

学习准备：服装CAD的DXF格式板片文件。

学习重点：泡泡袖、后腰橡筋抽褶处理。

学习难点：领口珠子设置、细褶处理、提花面料参数设置。

二、款式分析

1. 款式特点

X廓形，船形领，领口装饰钻珠，高耸泡泡袖，前腰节分割，后背镂空，后腰橡筋抽褶，提花面料，后背加蝴蝶结装饰(图2-5-1)。

2. 选用面料

衣身选用提花面料，里布选用细棉布。

图2-5-1

三、服装CAD文件导入3D软件

服装CAD文件5

1. CAD样板核对修正

应用服装CAD软件，将本款立体裁剪的裁片读图导入CAD，调整CAD样板线条，文字标注，完成核对，如服装CAD文件5、图2-5-2。

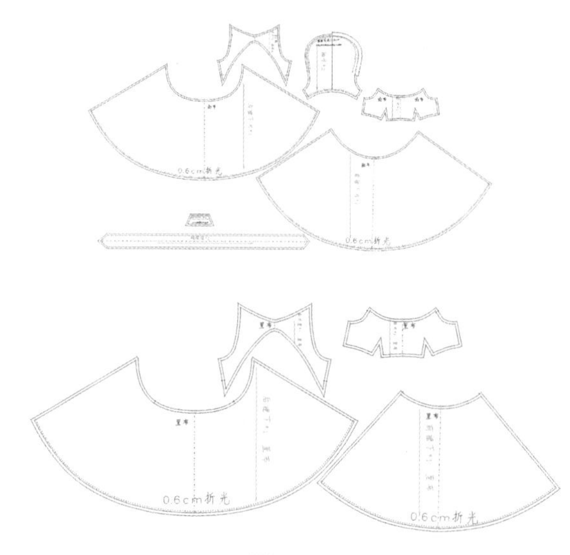

图2-5-2

CAD样板裁片部件：

(1) 前片×1，前裙片×1。

(2) 后片×1，后裙片×1。

(3) 蝴蝶结×2，蝴蝶结绑带×4，袖片×2。

(4) 前片里×1，前裙片里布×1。

(5) 后片里布×1，后裙片里布×1。

2. CAD样板导入到3D软件

将CAD中的样板文件保存为DXF格式，导入到3D软件。

打开3D软件界面，导入DXF文件，勾选“自动调整比例”“导入板片缝边”“导入板片标注”“优化所有曲线点”“板片自动排列”“导入缝边刀口到净边”“减少断点”“根据面料名称新建面料”等属性选项，如图2-5-3。

点击界面左上方菜单中文件，导入DXF格式文件，或按快捷键“Ctrl+Shift+D”，如图2-5-4。

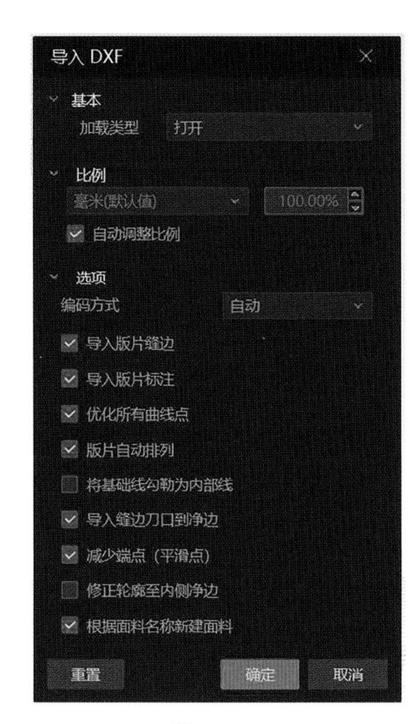

图 2-5-3

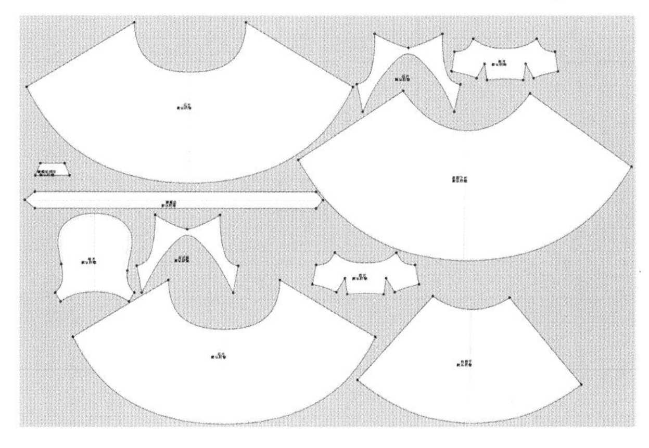

图 2-5-4

四、虚拟缝制

1. 文件导入

（1）打开 Style3D，点击文件新建或按快捷键“Ctrl＋N”，新建一个文件。

（2）选择资源库工具 ，选择导入模特工具，如图 2-5-5。

2. 板片安排、调整

（1）2D 和 3D 同步。点击选择/移动工具 或快捷键“Q”，根据服装结构关系排列 2D 视窗所有板片。框选 2D 视窗所有板片，在 3D 视窗中用右键点击板片，选择重置 3D 安排位置，或快捷键“Ctrl＋F”，2D 视窗板片和 3D 视窗板片即可同步呈现，如图 2-5-6。

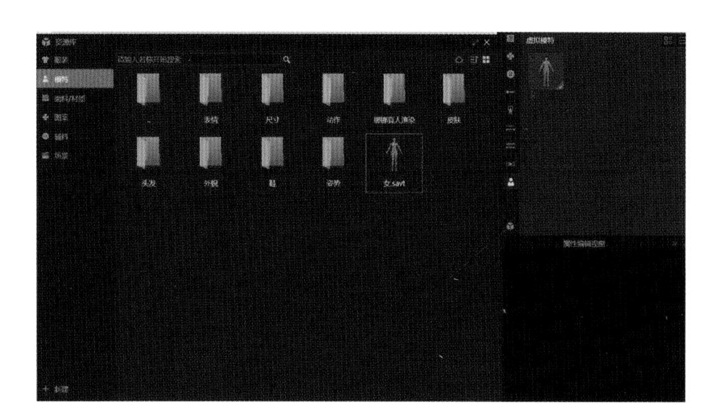

图 2-5-5

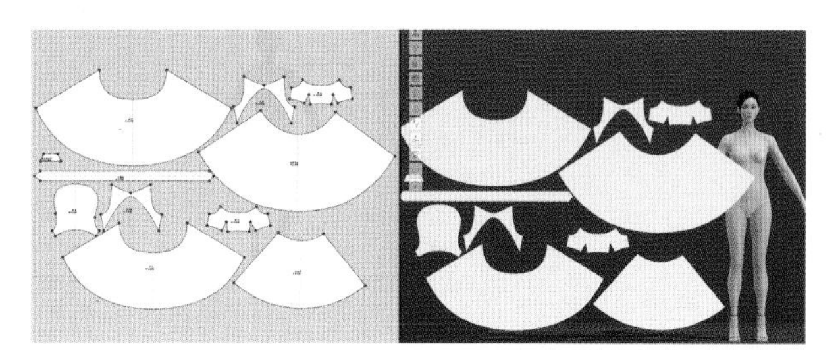

图 2-5-6

（2）选择显示安排点工具 或快捷键“A”，显示的模特安排点用于摆放板片位置，如图 2-5-7。

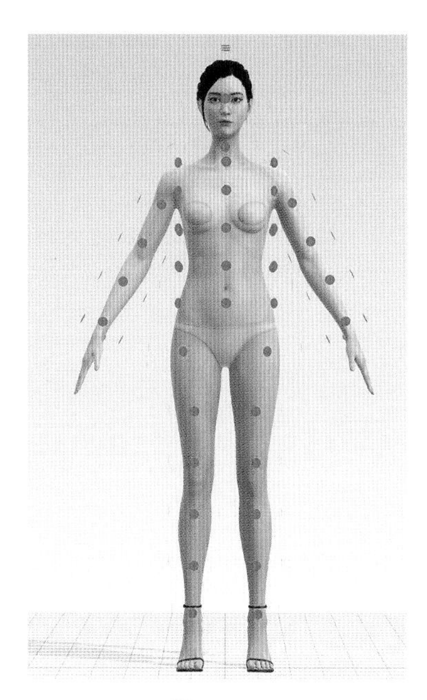

图 2-5-7

（3）安排板片。点击选择/移动工具 ，左键点击选中板片放到模特安排点对应位置，点击左键完成板片安排，如图 2-5-8。

（4）点击选择/移动工具 ，依次完成 3D 视窗所有板片的排列，如图 2-5-9。

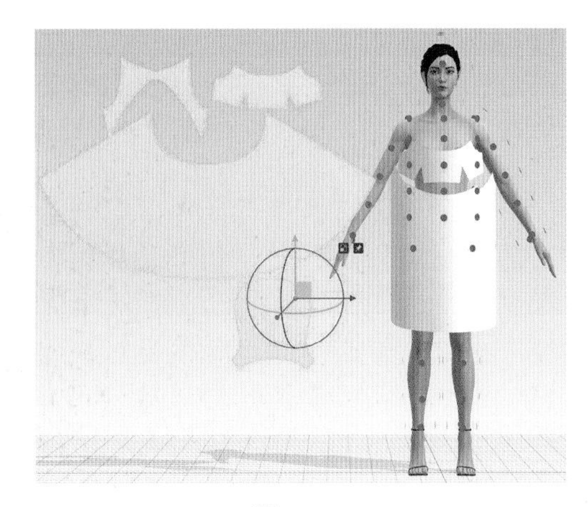

图 2-5-8

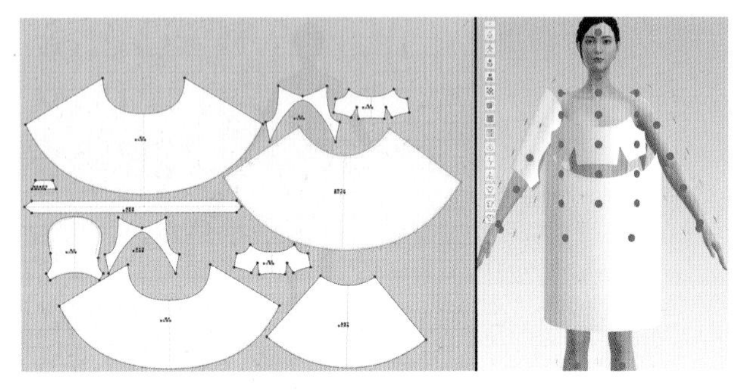

图 2-5-9

3. 样衣缝合

(1) 省道、衣片缝制。使用线缝纫工具 或快捷键"N",点击板片之间相互需要缝制的线,添加缝纫关系,进行省道、侧缝、腰线的缝合,如图 2-5-10。

(2) 袖片、领圈、袖窿缝制。使用自由缝纫工具 或快捷键"M",连接起点与终点,添加缝纫关系,进行领圈、袖山弧线、袖窿弧线的缝合,如图 2-5-11。

(3) 前后领圈与前后袖窿弧线的缝纫类型改为合缝。使用"编辑缝纫"工具 或快捷键"B",分别单击前后片领圈线,前后袖窿弧线,将缝纫类型改为合缝,完成衣片的缝合,如图 2-5-12。

(4) 蝴蝶结缝制。使用"固定针"工具 ,在已缝合的板片上添加固定针并向两侧拖拽,然后在3D视窗中把已添加固定针的位置使用定位球拖动,完成蝴蝶结打结,并选中蝴蝶结,点击右键选择冷冻,完成蝴蝶结添加至附件中,如图 2-5-13。

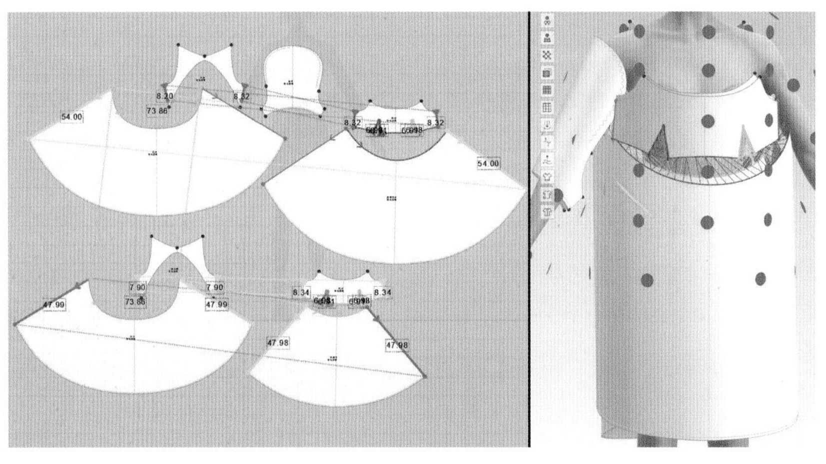

图 2-5-10

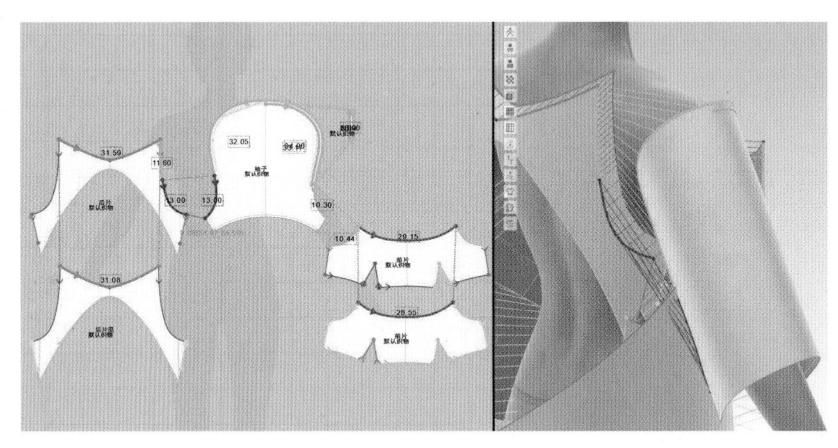

图 2-5-11

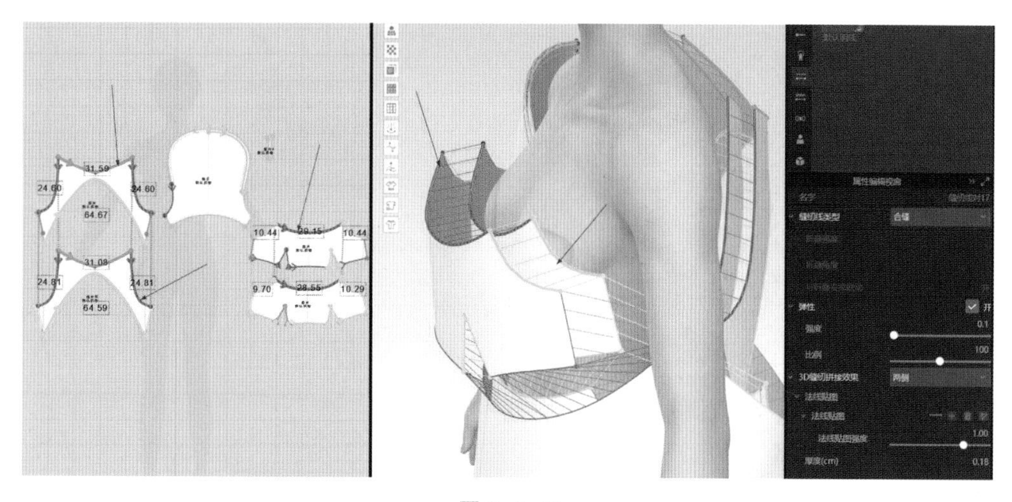

图 2-5-12

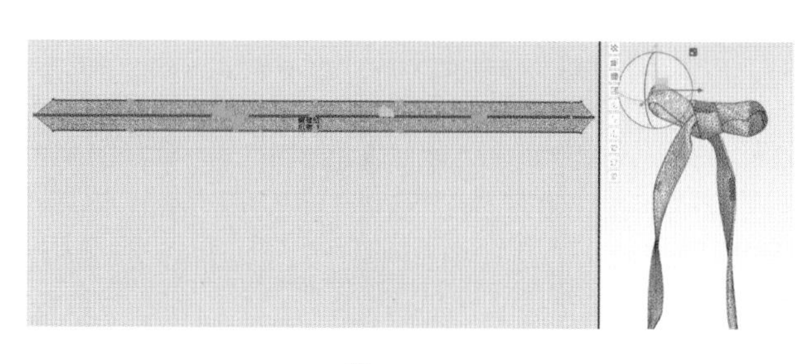

图 2-5-13

（5）后背蝴蝶结的添加。找到“附件”工具，点击打开找到相应蝴蝶结文件，完成并添加后背蝴蝶结装饰。为了防止蝴蝶结滑落，选中蝴蝶结单击右键，选择智能转换为附件即可，如图 2-5-14。

4. 工艺细节

（1）选中前后片腰节线。使用“编辑板片”工具，按住“Shift”同时选中腰节线，在属性编辑视窗找到网格细化并打开，网格细化高度从默认 30 设为 50，使得腰部细褶立体效果明显，如图 2-5-15。

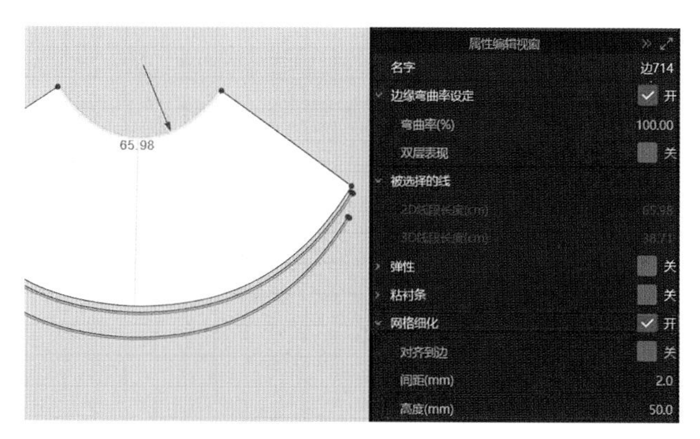

图 2-5-15

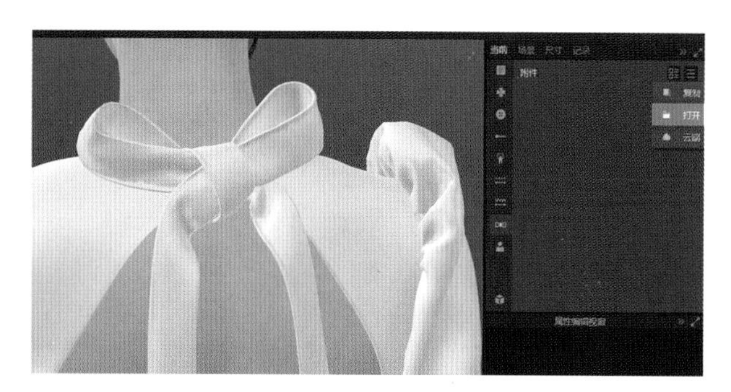

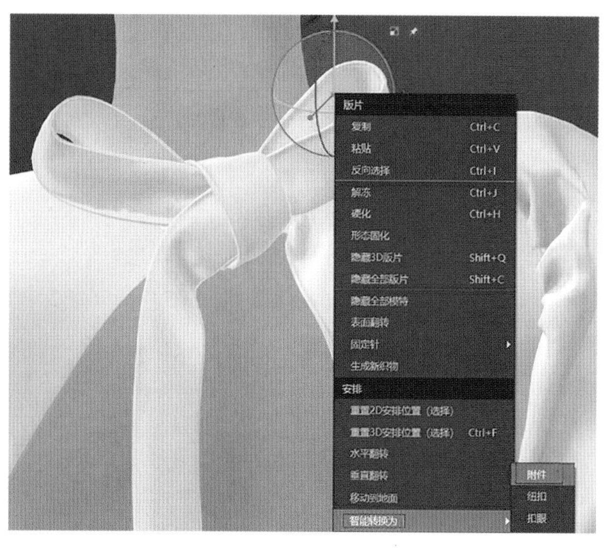

图 2-5-14

（2）后背腰部橡筋抽褶处理。设定线条弹性系数，使用“编辑板片”工具，按住“Shift”点选腰节线，在属性编辑视窗找到弹性并打开，将比例默认 80 改为 35，打开“网格细化”将高度改为 50，达到橡筋抽皱效果，如图 2-5-16。

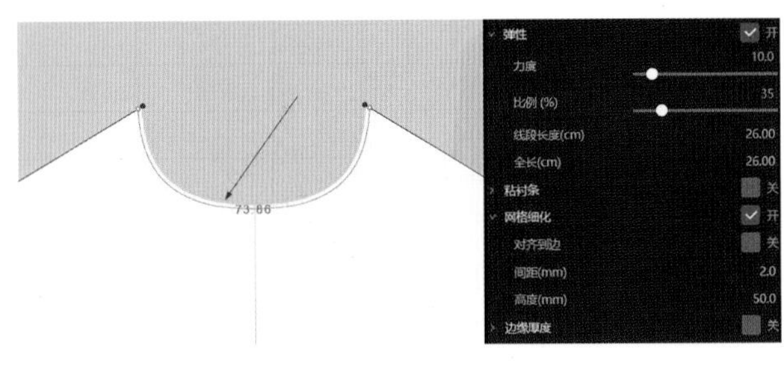

图 2-5-16

(3) 腰线明线的线迹添加。单击“勾勒轮廓”工具或快捷键“I”,选中腰线里面的内部基础线,按“Enter”键完成勾勒为内部线。选择“线段明线”工具,单击已勾勒的内部线,在右侧属性编辑视窗中,将“到边距离”默认值 0.2 改为 0,“宽度”默认值 0.03 改为 0.1,使得线迹更加明显,如图 2-5-17。

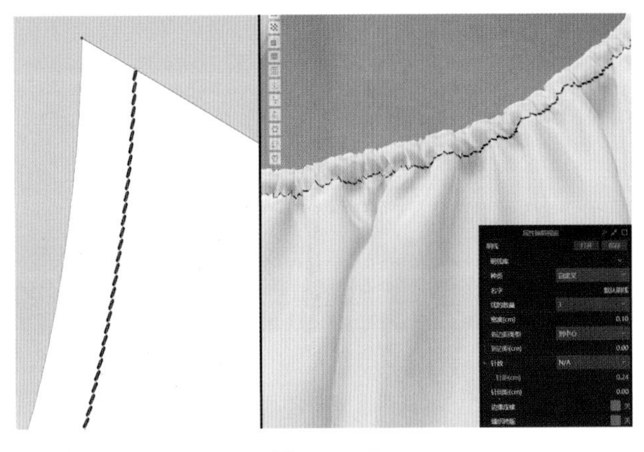

图 2-5-17

(4) 领口钻珠添加。使用“编辑明线”工具,在领圈外口线单击添加明线,在右侧属性编辑视窗中,类型选择模型,选择添加钻珠 OBJ 文件到 3D 窗口中,调整珠子大小及位置,完成珠子添加,如图 2-5-18 所示。

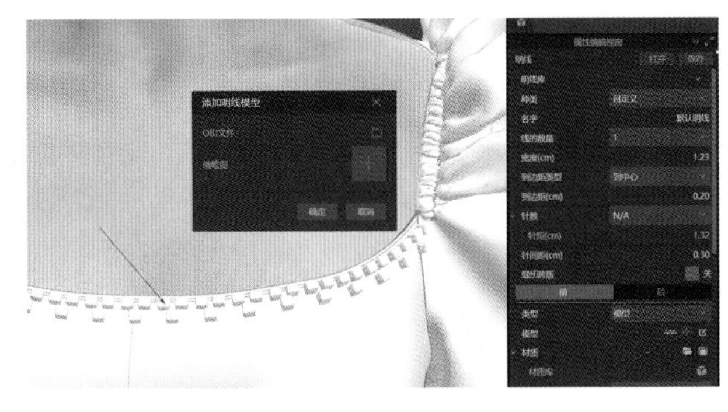

图 2-5-18

(5) 泡泡袖弹性设置。设定线条弹性系数,使用“编辑板片”工具,按住“Shift”点选袖山弧线,在属性编辑视窗找到弹性并打开,将比例默认 80 改为 52,打开“网格细化”达到橡筋抽皱效果,如图 2-5-19。

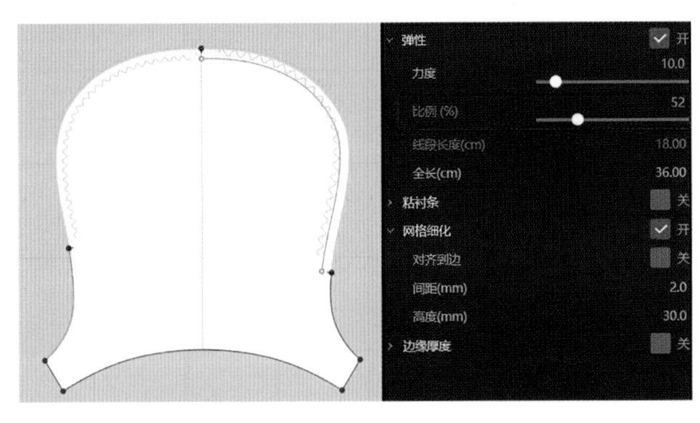

图 2-5-19

袖子明线线迹添加。单击“勾勒轮廓”工具或快捷键“I”,选中袖上弧线里面的内部基础线,按“Enter”键完成勾勒为内部线。选择“线段明线”工具,点击已勾勒的内部线,在右侧属性编辑视窗中,将“到边距离”默认值 0.2 改为 0,“宽度”默认值 0.03 改为 0.1,使得线迹更加明显,如图 2-5-20。

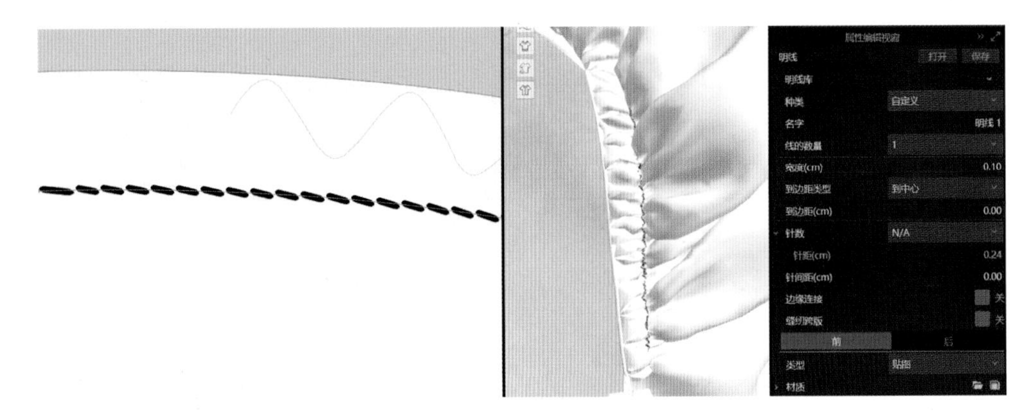

图 2-5-20

5. 缝制完成

(1) 按缝纫逻辑关系完成后背抽褶泡泡袖连衣裙所有板片的缝合,如图2-5-21。

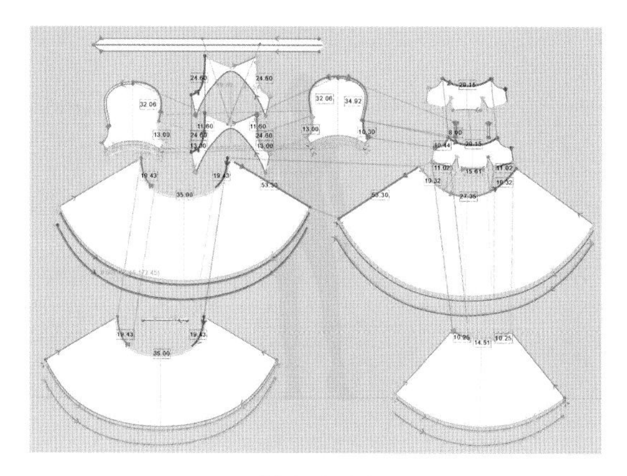

图2-5-21

(2) 3D缝制效果,如图2-5-22。

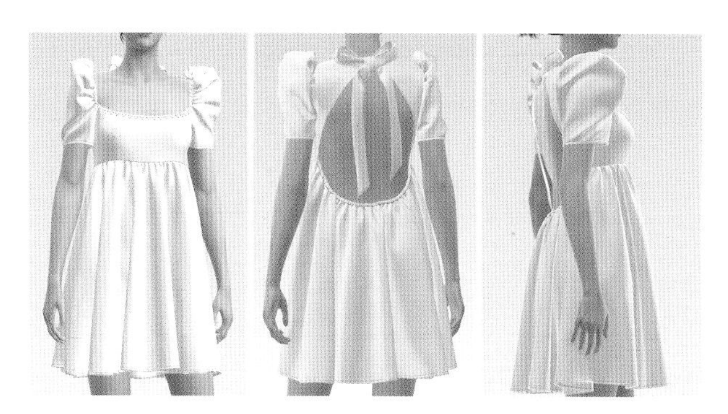

图2-5-22

五、面辅料属性设置

1. 面料参数设置

(1) 选择面料资源库工具,在资源库面料与属性中搜索提花面料、细棉布两种面料品类。

(2) 根据实际面料材质、厚度、柔软度及悬垂性,调整经纬纱拉伸参数和经纬纱弯曲参数。

(3) 提花面料、细棉布两种面料属性参数如图2-5-23。

2. 面料纹理及颜色设置

(1) 大身提花面料纹理添加。选择面料资源库工具,找到提花纹理贴图,添加到右侧属性编辑视窗中,增加法线贴图强度到1.15,使得面料织物纹理清晰,如图2-5-24。

(2) 面料颜色调整。在属性编辑视窗中选择颜色工具,选择颜色色号,调整面料明度、纯度,如图2-5-25。

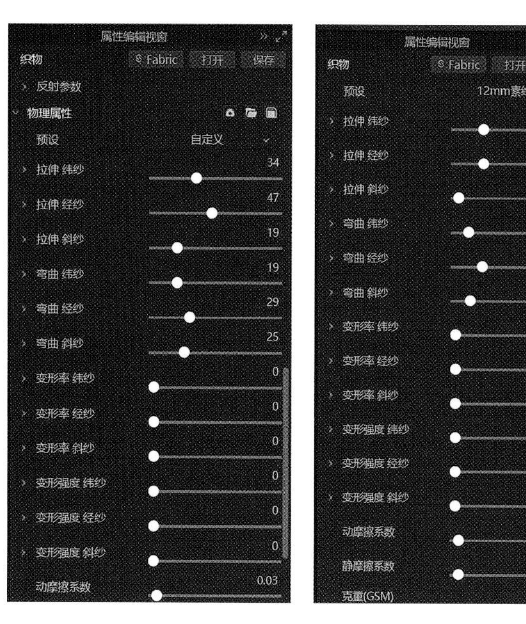

图2-5-23

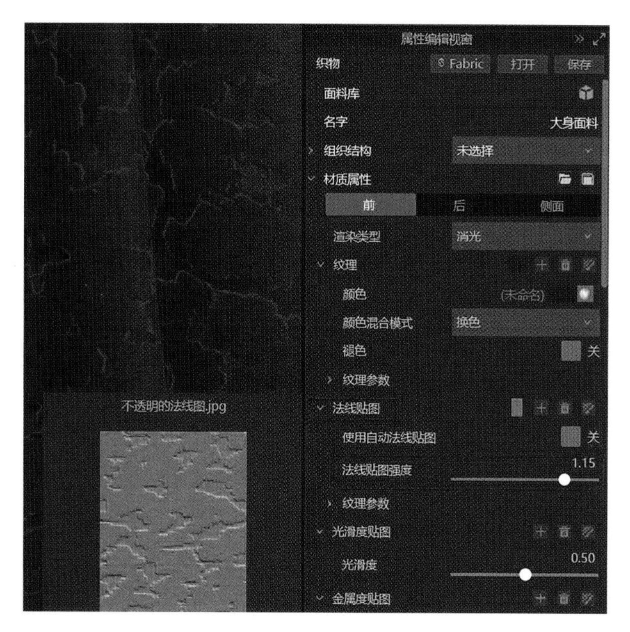

图2-5-24

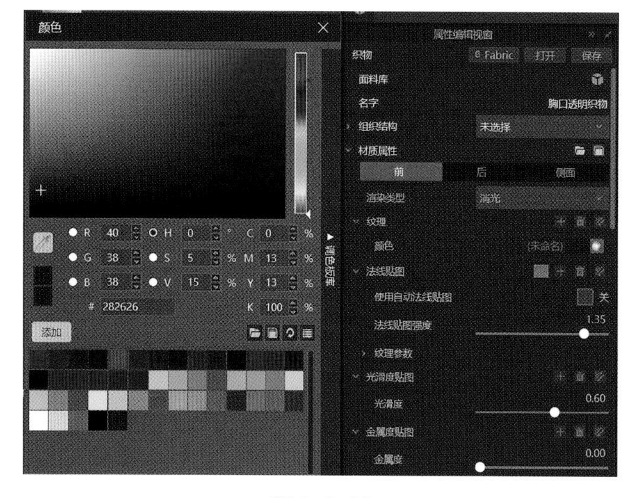

图2-5-25

六、样板的修正

对照3D着装效果，调整3D窗口的2D样板，调整后的样板重新模拟服装穿着效果。在3D软件中修改调整后的2D样板，直接可以转化为CAD文件，实现CAD样板修改与3D虚拟展示同步。

七、虚拟样衣展示

1. 离线渲染参数设置

（1）点击离线渲染工具，打开渲染图片属性工具。

（2）在编辑属性视窗中选择图片尺寸为A4，文件格式选择png，渲染工具选择CPU，渲染品质选择高质量，渲染方法选择暴力渲染，如图2-5-26、图2-5-27。

图 2-5-26

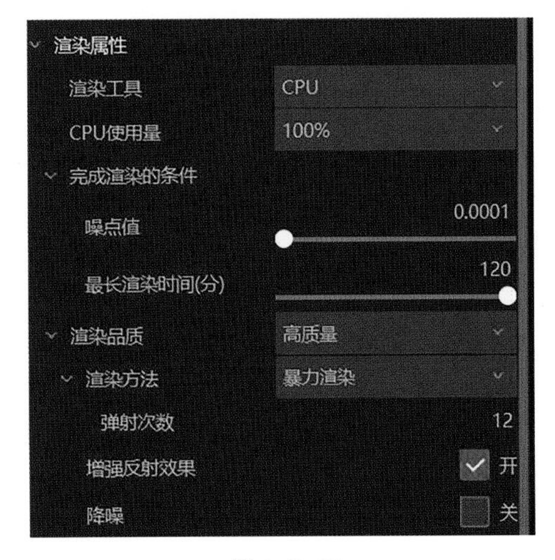

图 2-5-27

2. 3D渲染效果图（图2-5-28）

图 2-5-28

八、扫码观看后背抽褶泡泡袖连衣裙详细的设计和缝制过程视频

九、训练习题布置

练习1：泡泡袖、腰部碎褶的虚拟缝制巩固练习。

练习2：练习后背抽褶泡泡袖连衣裙虚拟缝制1款。

任务六　四层塔裙

一、任务要求

知识目标：

1. 掌握多层荷叶边缝纫的操作方法
2. 掌握网布面料的表现方法
3. 掌握细褶表现处理方法

能力目标：

应用Style3D软件完成本款四层塔裙的缝制，完成领口荷叶边板片和前后裙片下摆荷叶边细褶处理，完成侧面隐形拉链的缝制，完成网纱面料及梭织面料3D参数设置，完成款式渲染，提升整款成衣效果展示的能力。

学习准备：服装CAD的DXF格式板片文件。

学习重点：细褶处理、荷叶边、样板内部线勾勒。

学习难点：款式设计调整、面料更换、样板调整、网纱和欧根纱面料参数调整。

二、款式分析

1. 款式特点

大方形领，领口欧根纱荷叶边装饰，腰部收省，四层塔裙，装饰网纱荷叶边，侧缝装隐形拉链（图2-6-1）。

2. 选用面料

衣身部分用高支棉面料，裙片外层荷叶边用网纱面料，领口荷叶边欧根纱。

图 2-6-1

三、服装CAD文件导入3D软件

服装CAD文件6

1. CAD样板核对修正

应用服装CAD软件，将本款立体裁剪的裁片读图导入CAD，调整CAD样板线条、文字标注，完成核对，如服装CAD文件6、图2-6-2所示。

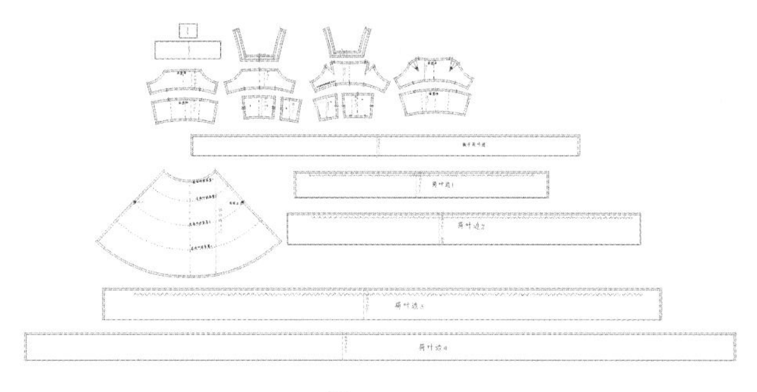

图 2-6-2

CAD样板裁片部件：

(1) 前衣上片×1，前衣侧片×2，前中上片×1，前中下片×1，前肩带×2。

(2) 后衣上片×1，后衣侧片×2，后中上片×1，后中下片×1，后肩带×2。

(3) 前片里布×1，前下片里不×1，领口荷叶边×1。

(4) 后上片里布×1，后下片里布×1，下摆荷叶边1×1。

(5) 前后裙片×2，下摆荷叶边2×1，下摆荷叶边3×1，下摆荷叶边4×1。

2. CAD样板导入到3D软件

将CAD中的样板文件保存为DXF格式，导入到3D软件。

打开3D软件界面，导入DXF文件，勾选“自动调整比例”“导入板片缝边”“导入板片标注”“优化所有曲线点”“板片自动排列”“导入缝边刀口到净边”“减少断点”“根据面料名称新建面料”等属性选项，如图2-6-3。

点击界面左上方菜单中文件，导入DXF格式文件，或按快捷键“Ctrl+Shift+D”，如图2-6-4。

图 2-6-3

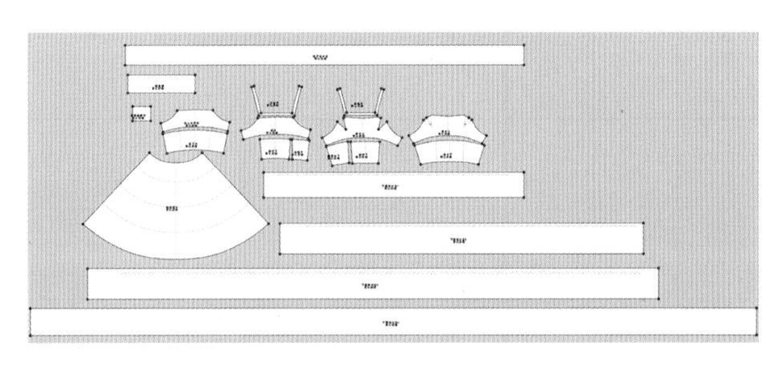

图 2-6-4

四、虚拟缝制

1. 文件导入

（1）打开 Style3D，点击文件新建或按快捷键“Ctrl＋N”，新建一个文件。

（2）选择资源库工具，选择导入模特工具，如图 2-6-5。

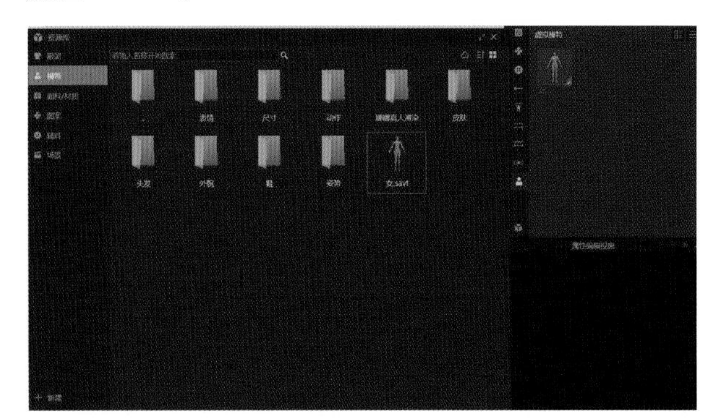

图 2-6-5

2. 板片安排、调整

（1）2D 和 3D 同步。点击选择/移动工具或快捷键“Q”，根据服装结构关系排列 2D 视窗所有板片。框选 2D 视窗所有板片，在 3D 视窗中用右键点击板片，选择重置 3D 安排位置，或快捷键“Ctrl＋F”，2D 视窗板片和 3D 视窗板片即可同步呈现，如图 2-6-6。

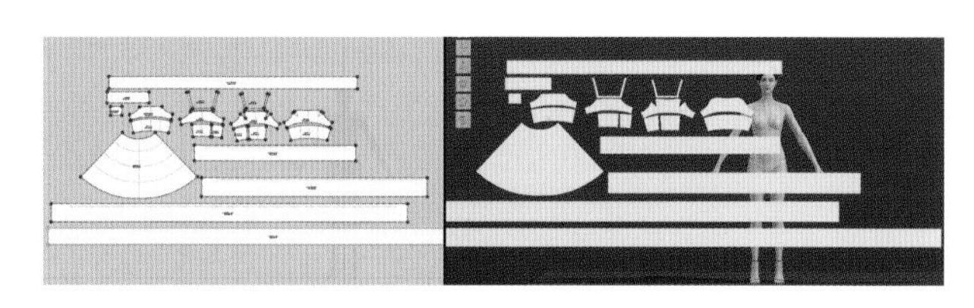

图 2-6-6

（2）选择显示安排点工具或快捷键“A”，显示的模特安排点用于摆放板片位置，如图 2-6-7。

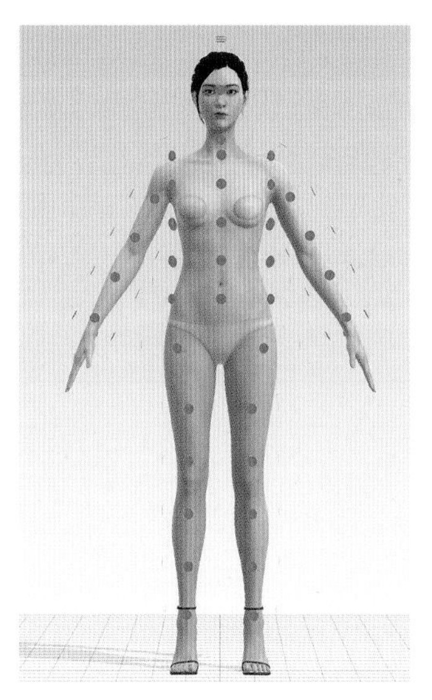

图 2-6-7

（3）安排板片。点击选择/移动工具，左键点击选中板片，鼠标放到模特安排点对应位置，点击左键，完成板片安排，如图 2-6-8。

（4）点击选择/移动工具，依次完成 3D 视窗所有板片的排列，如图 2-6-9。

（5）板片安排及对称。点击选择/移动工具，调整定位球中的红色、蓝色、绿色三维坐标轴，或点击绿色方形区域进行整体移动，按着装结构关系，将前后板片位置调整好。同时选中前衣侧片、后衣侧片、在 3D 窗口点击右键，选择克隆对称板片（板片与线缝纫），如图 2-6-10、图 2-6-11。

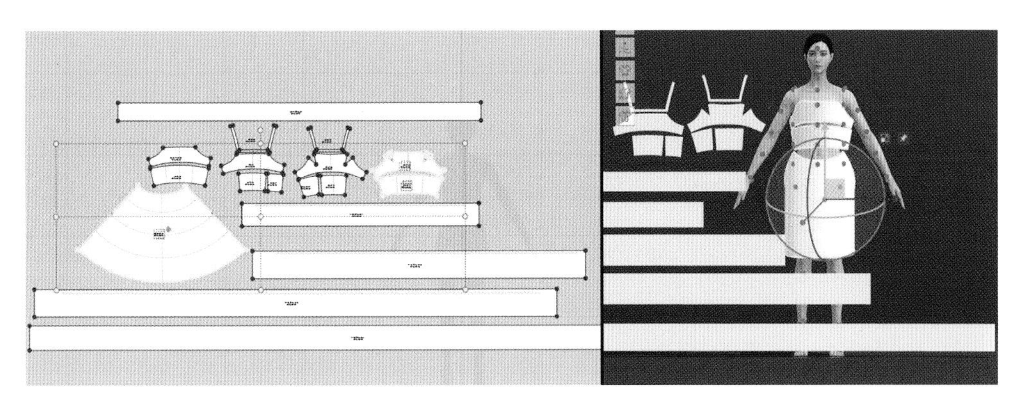

图 2-6-8

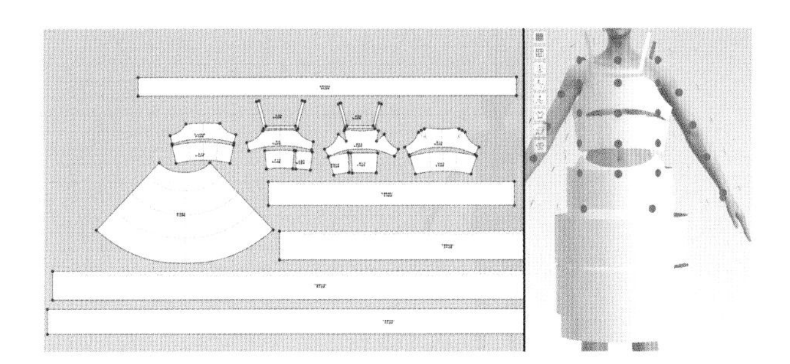

图 2-6-9

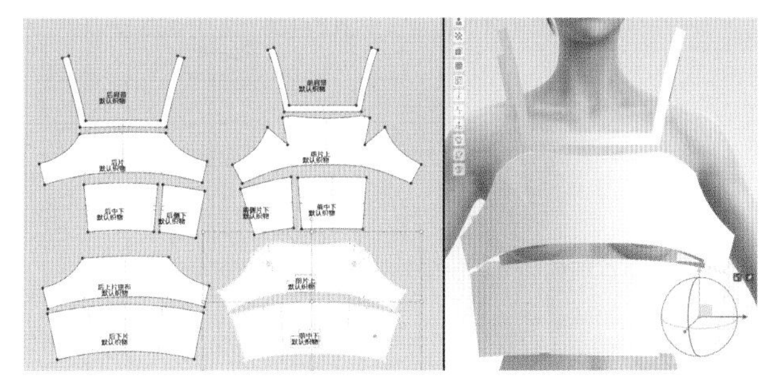

图 2-6-10

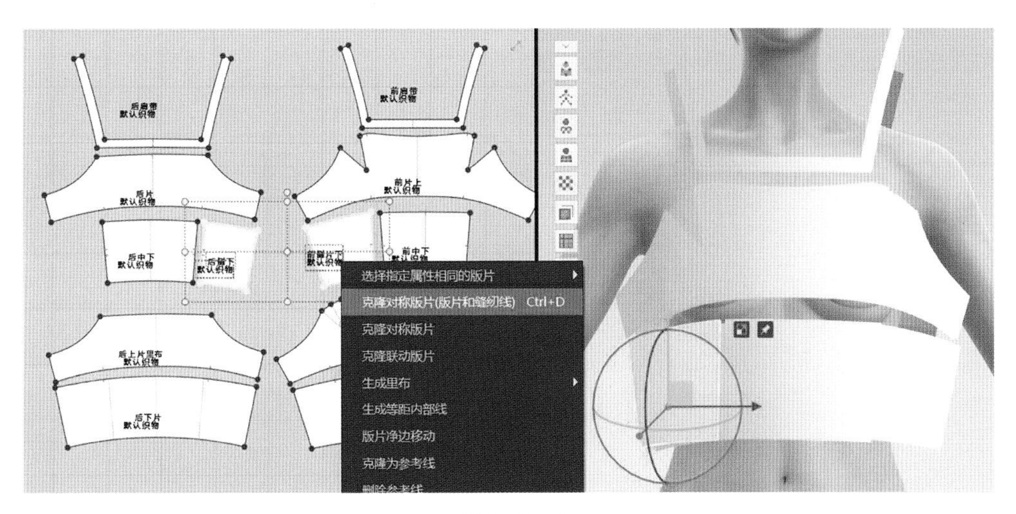

图 2-6-11

3. 样衣缝合

（1）省道剪切。点击编辑板片工具或快捷键“Z”，选择前片胸省中点，点击左键并按住鼠标将其拖至省尖点，完成省道的剪切，再依次完成所有省道的剪切，如图 2-6-12。

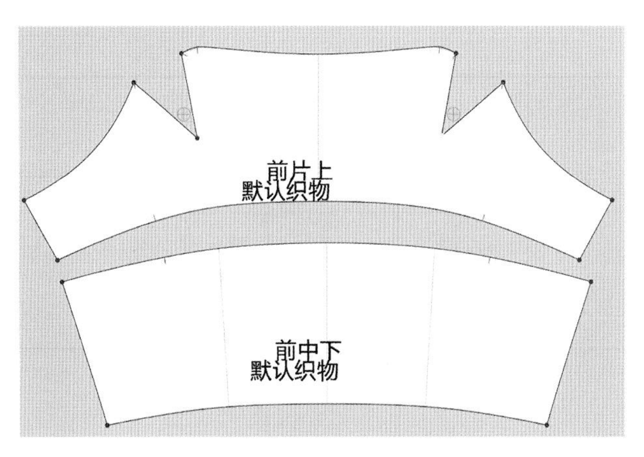

图 2-6-12

（2）里布板片缝制。使用“自由缝纫”工具或快捷键“M”，连接起点与终点，添加缝纫关系，进行前中上片、前中下片、后中上片与后中下片的缝合及前片里与后片里侧缝线缝合。将前裙里腰节线分别与前中里和后中里的腰节线缝合，如图 2-6-13。

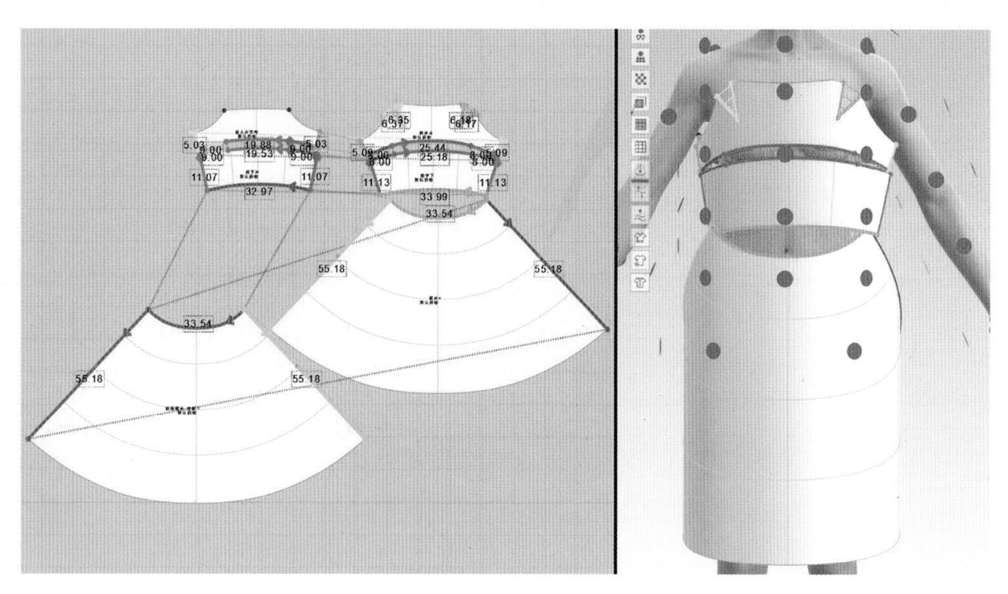

图 2-6-13

（3）面布板片缝制。使用“线缝纫”工具或快捷键“N”，点击板片之间相互需要缝制的线，添加缝纫关系，进行前衣上片、前中片、前衣侧片、后衣上片、后中片、后衣侧片的缝合，再完成所有面布板片的缝合，如图 2-6-14。

（4）方形领口荷叶边缝制。使用“自由缝纫”工具或快捷键“M”，连接荷叶边板片和前后领圈线的起点与终点，添加缝纫关系，进行前肩带、后肩带、荷叶边板片的缝合，如图 2-6-15。

将前肩带、后肩带板片冷冻，在领口荷叶边板片上单击右键选择“移动到外面”，如图 2-6-16。

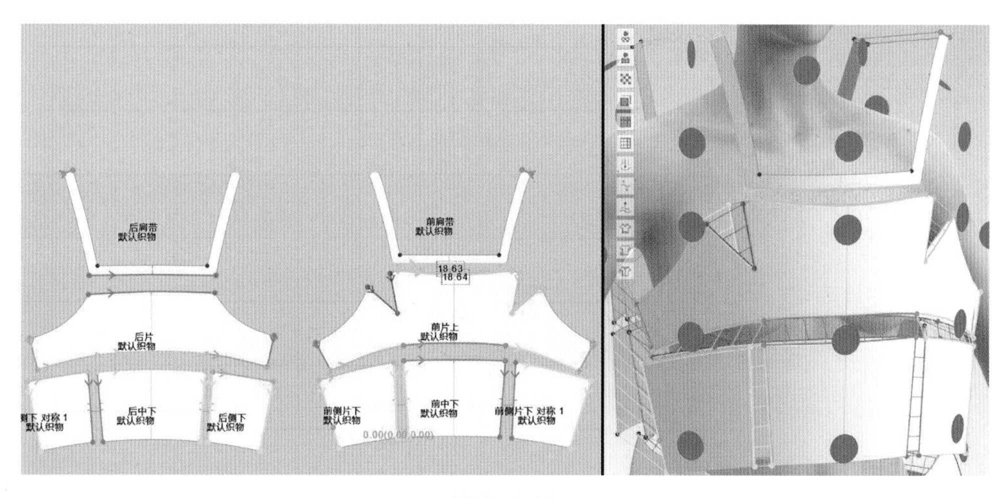

图 2-6-14

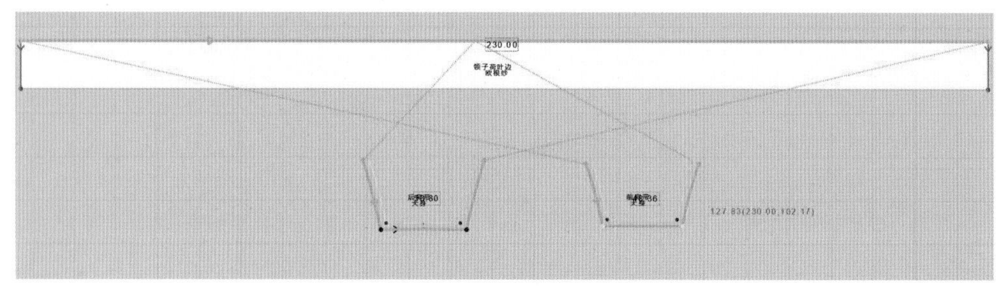

图 2-6-15

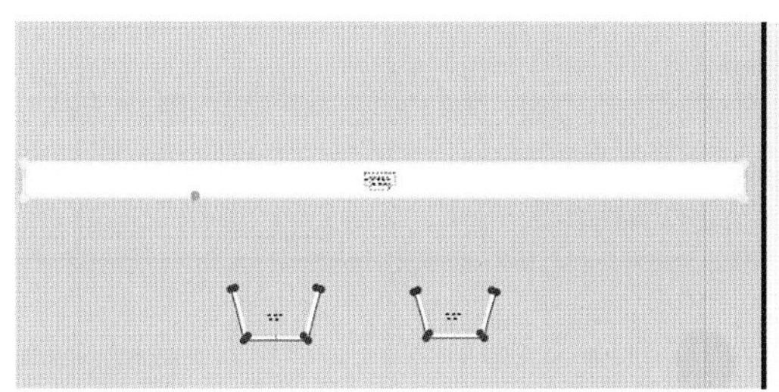

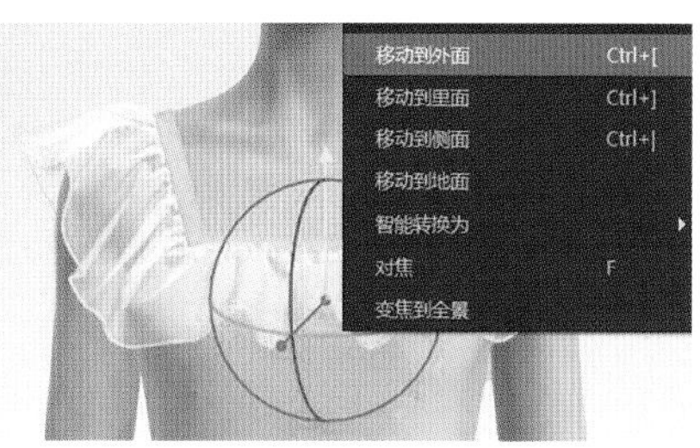

图 2-6-16

（5）前后裙片内部基础线勾勒。单击“勾勒轮廓”工具或快捷键“I”，选中前后片内部基础线，按“Enter”键完成勾勒为内部线，样板上面自动显示内部线的长度，如图 2-6-17。

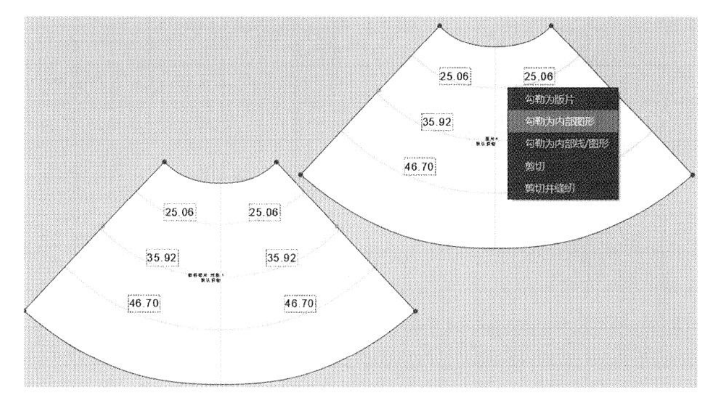

图 2-6-17

（6）前后裙片和外层荷叶边的缝制。使用“自由缝纫”工具或快捷键“M”，连接起点与终点，添加缝纫关系，进行前后裙片的侧缝线、上衣与裙片腰节线的缝合，完成所有荷叶边板片与裙片的缝制，如图 2-6-18。

（7）领口、袖窿、腰节线的缝纫类型改为合缝。使用“编辑缝纫”工具或快捷键“B”，分别单击前中片、前后领圈线、前后袖窿和腰节线，将缝纫类型改为合缝，完成前片和后片缝合，如图 2-6-19。

（8）腰部蝴蝶结的添加。在资源库中找到“附件”工具。点击打开找到相应蝴蝶结文件，完成添加腰部蝴蝶结装饰，如图 2-6-20。选中腰部蝴蝶结单击右键，选择智能转换为附件即可，如图 2-6-21。

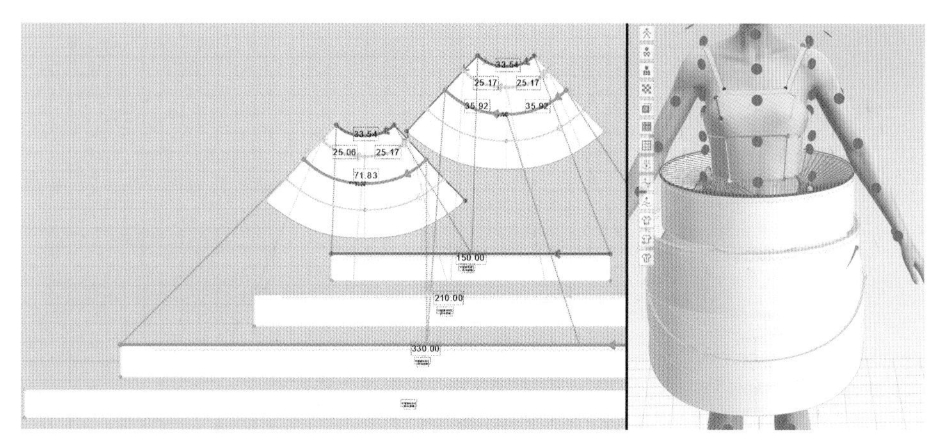

图 2-6-18

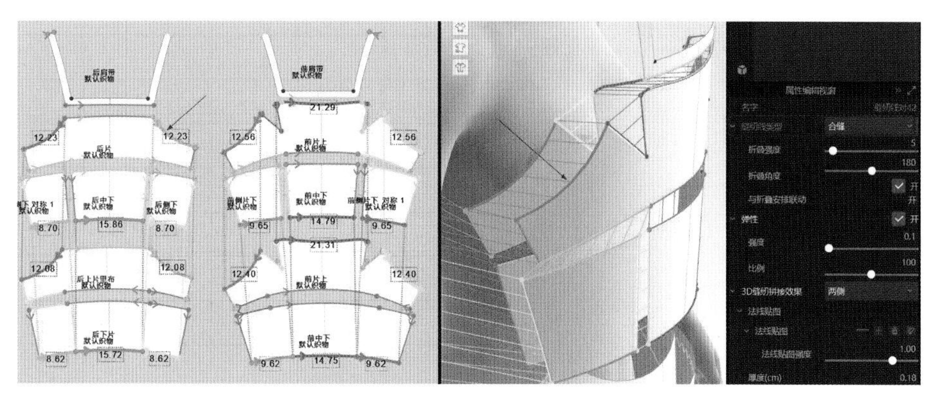

图 2-6-19

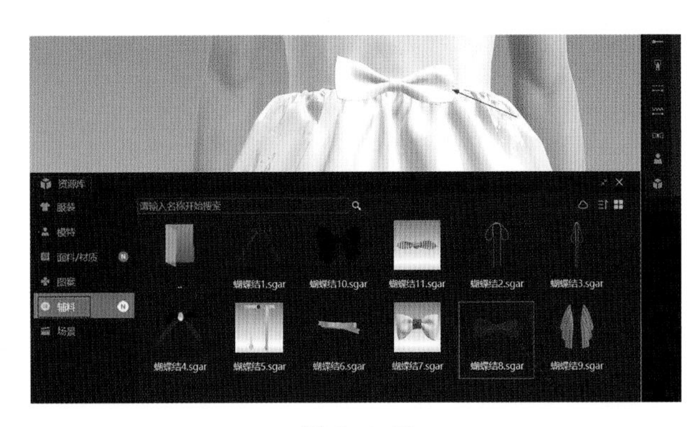

图 2-6-20

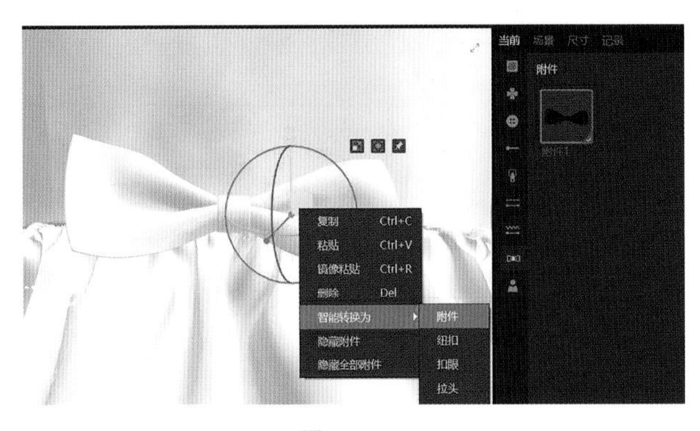

图 2-6-21

4. 工艺细节

(1) 肩带板片黏衬定型。使用选择/移动工具 或快捷键“Q”，分别选中前贴片和后贴片，在右侧编辑织物样式，选择黏衬并打开，如图 2-6-22。

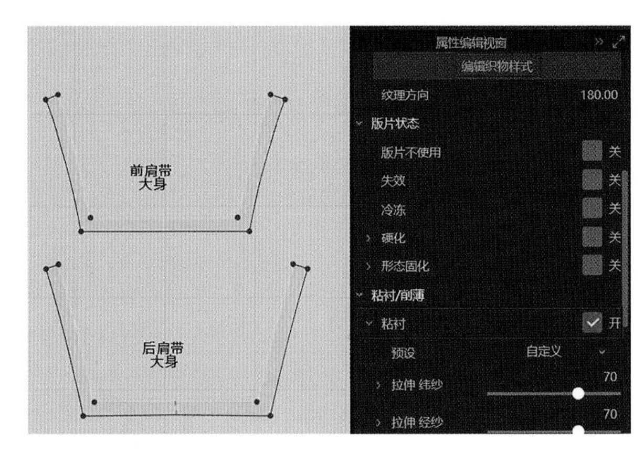

图 2-6-22

(2) 选中荷叶边板片的边线，使用“编辑板片”工具 ，按住“Shift”同时选中荷叶边上边线，在属性编辑视窗找到网格细化并打开，将高度改为50，使得荷叶边褶皱更加细碎，如图 2-6-23。

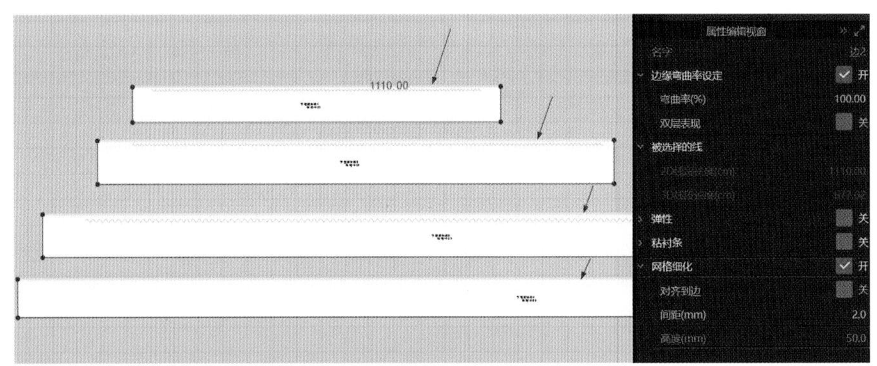

图 2-6-23

(3) 装隐形拉链。选择面料资源库工具 ，在资源库辅料属性中找到隐形拉链头，左键双击隐形拉链头，添加到附件中，如图 2-6-24。

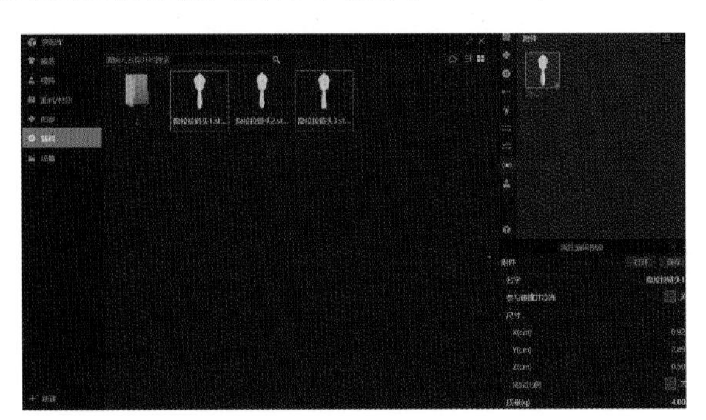

图 2-6-24

在右侧附件中，双击隐形拉链头，添加隐形拉链头到3D窗口中，移动隐形拉链头至后侧缝，完成拉链头方向调整，如图 2-6-25。

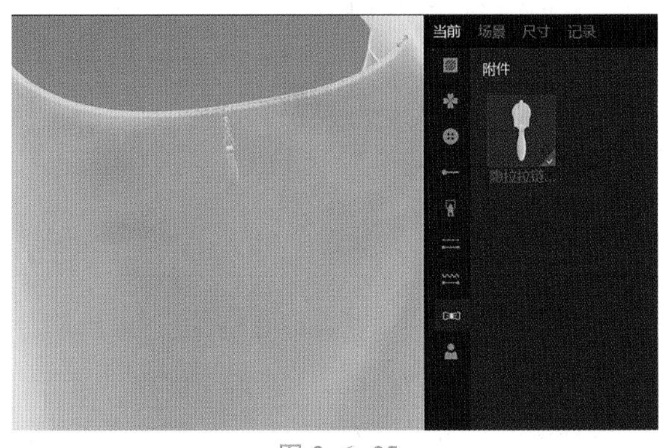

图 2-6-25

5. 缝制完成

（1）按缝纫逻辑关系完成四层塔裙所有板片的缝合，如图2-6-26。

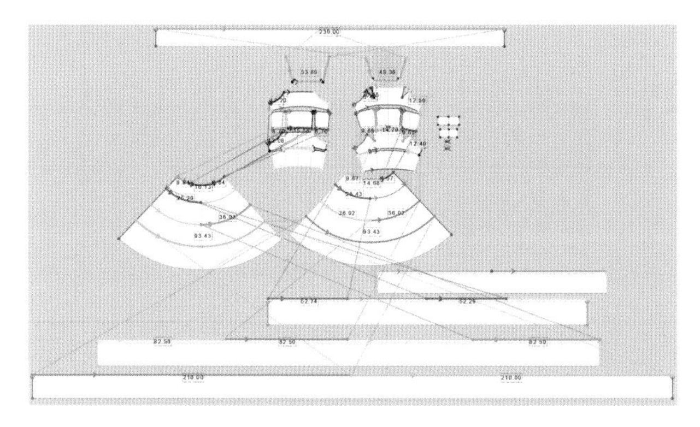

图 2-6-26

（2）3D缝制效果（图2-6-27）

图 2-6-27

五、面辅料属性设置

1. 面料参数设置

（1）选择面料资源库工具，在资源库面料与属性中搜索欧根纱、网布、高支棉三种面料品类。

（2）根据实际面料材质、厚度、柔软度及悬垂性，调整经纬纱拉伸参数和经纬纱弯曲参数。在“弯曲”参数设定中数值越大面料越硬挺，越不容易起皱。在“变形强度”参数变形设定中，抗弯曲强度数值越小，面料越软。

（3）本款欧根纱、网纱、高支棉三种面料属性参数如图2-6-28。

2. 面料纹理及颜色设置

（1）网布纹理添加、透明度调整。选择面料资源库工具，找到六角网布法线贴图，添加到右侧属性编辑视窗中，增加法线贴图强度到1，使得网布织物纹理清晰，如图2-6-29。

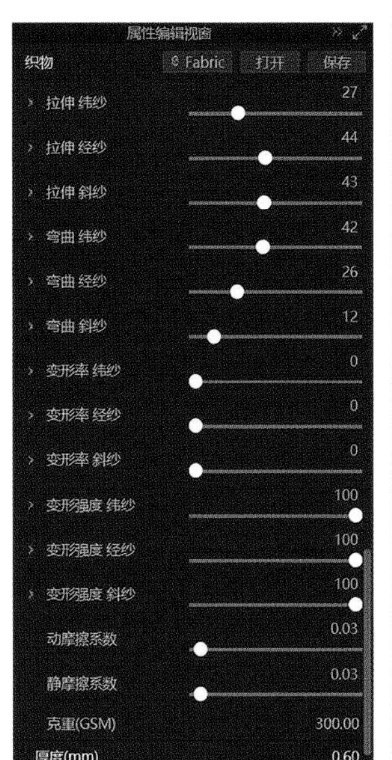

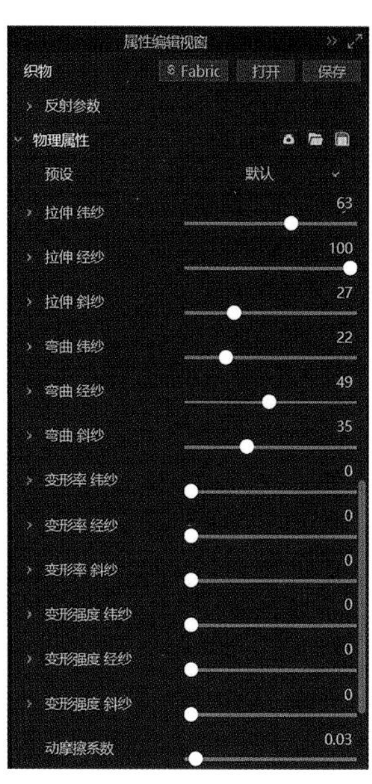

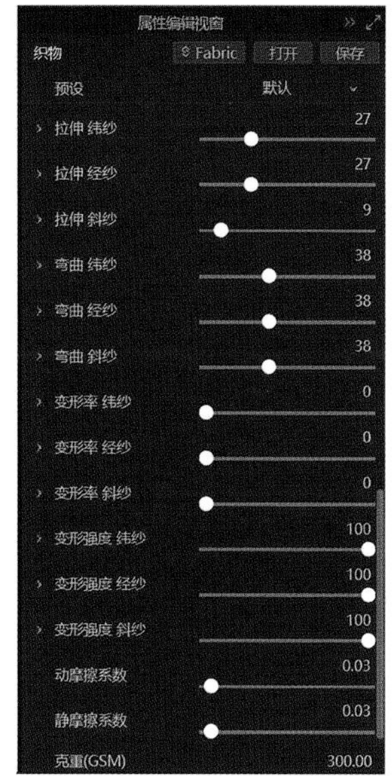

图 2-6-28

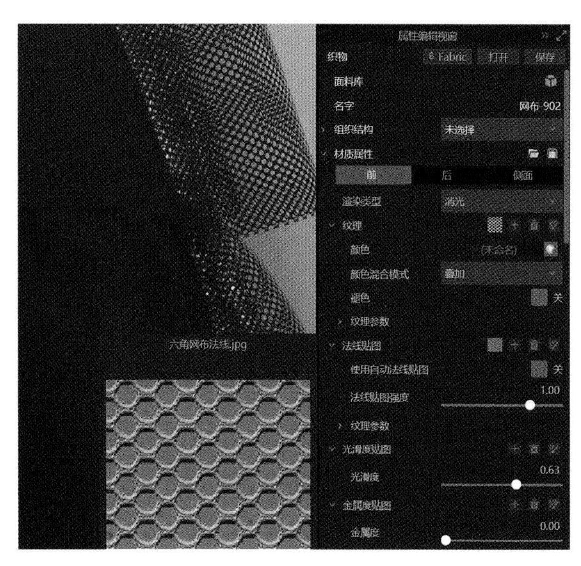

图 2-6-29

（2）面料颜色调整。在属性编辑视窗中选择颜色工具，选择颜色色号，调整面料明度、纯度，如图 2-6-30。

图 2-6-30

六、款式设计、面料及样板调整

通过 3D 着装图分析是否达到设计效果。

例如，在原款式中，四层塔裙与领子荷叶边选用同样的欧根纱面料，塔裙呈现效果太蓬，服装效果显示不佳，如图 2-6-31。

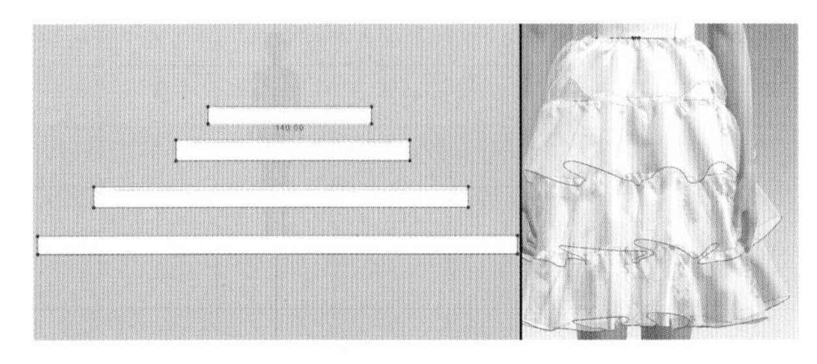

图 2-6-31

使用选择/移动工具，在右侧“织物”视窗选中“网纱”面料，单击右键选择“应用到选中板片”，如图 2-6-32。

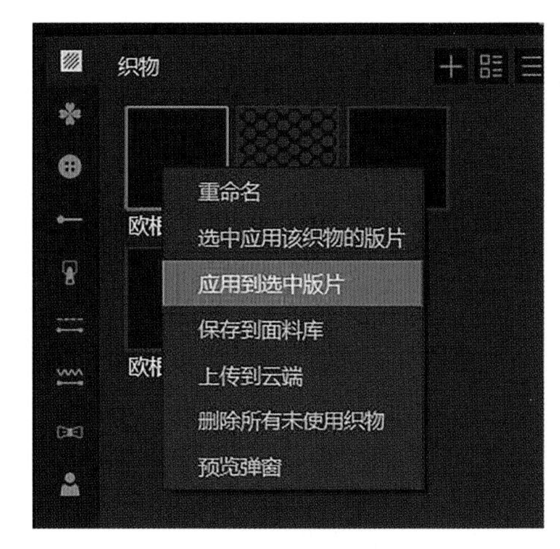

图 2-6-32

选中塔裙板片，重新选用“网纱”面料替换“欧根纱”面料，如图 2-6-33。

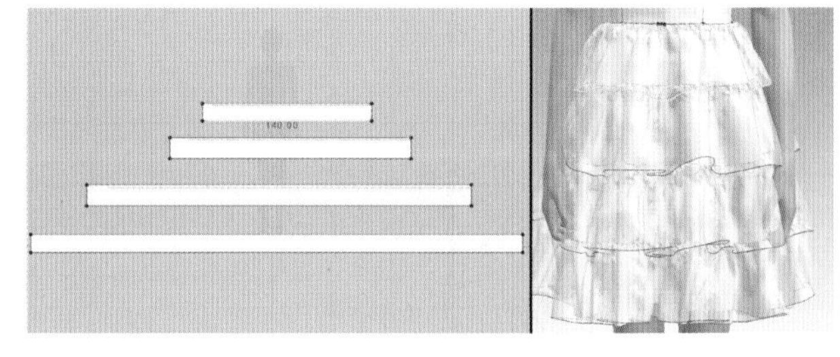

图 2-6-33

3D 视窗效果显示，改成网纱面料后，四层塔裙荷叶边裙量偏少，使用“编辑板片”工具，选中塔裙板片进行修改。左击拖动并右击，弹出“移动距离”框，将荷叶边长度的“距离”增加 10 cm，如图 2-6-34。

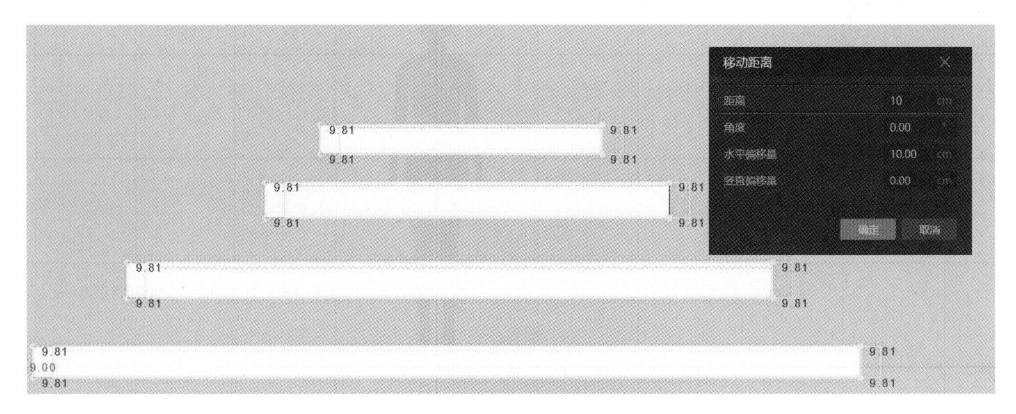

图 2-6-34

完成 2D 样板荷叶边长度调整后，在 3D 视窗重新模拟服装穿着，达到设计预期效果，如图 2-6-35。

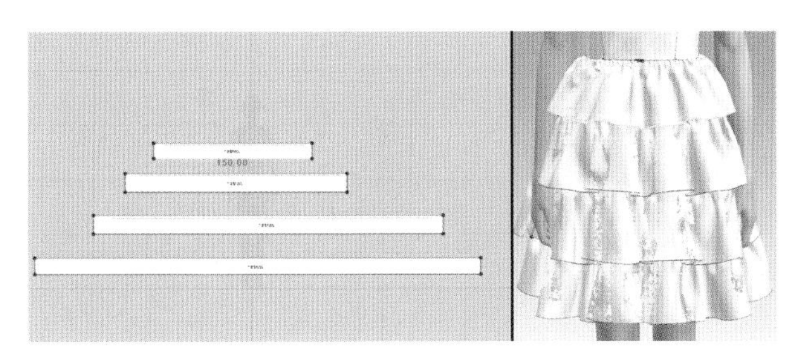

图 2-6-35

七、虚拟样衣展示

1. 离线渲染参数设置

(1) 点击离线渲染工具 离线渲染 ，打开渲染图片属性工具 。

(2) 在编辑属性视窗中选择图片尺寸为 A4，文件格式选择 png，渲染工具选择 CPU，渲染品质选择高质量，渲染方法选择暴力渲染，如图 2-6-36、图 2-6-37。

图 2-6-36

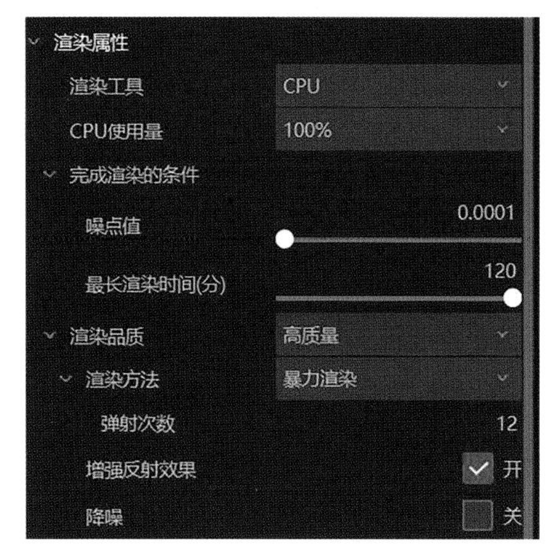

图 2-6-37

2. 3D 渲染效果图(图 2-6-38)

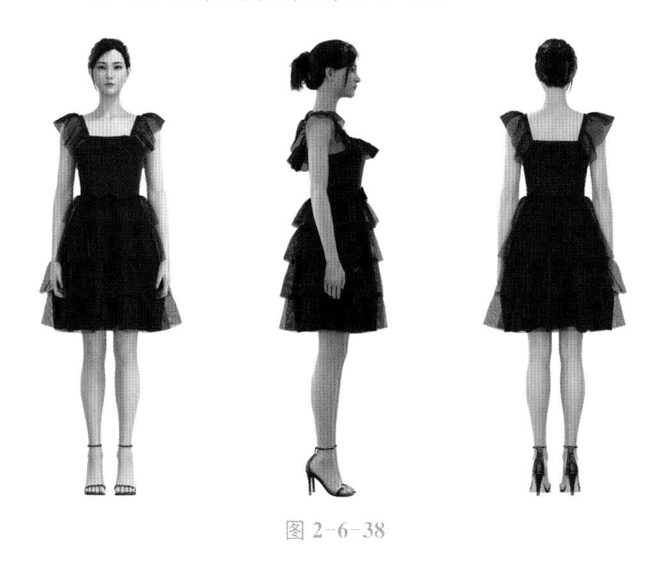

图 2-6-38

八、扫码观看四层塔裙详细的 3D 设计和缝制过程视频

九、训练习题布置

练习 1：肩带、荷叶边、网布面料虚拟缝纫工艺巩固练习。

练习 2：通过款式效果，调整板片。

练习 3：练习四层塔裙虚拟缝制 1 款。

任务七　娃娃领褶边连衣裙

一、任务要求

知识目标：

1. 掌握多层荷叶边缝纫的操作方法
2. 掌握透明提花面料的表现方法
3. 掌握细褶表现处理的方法

能力目标：

应用Style3D软件完成本款娃娃领褶边连衣裙的缝制，完成领口荷叶边和前后裙片下摆装饰褶皱处理，完成侧面隐形拉链的缝制，完成提花面料及梭织面料3D参数设置，完成款式渲染，提升整款成衣效果展示能力。

学习准备：服装CAD的DXF格式板片文件。

学习重点：荷叶边、板片内部基础线勾勒、板片冷冻。

学习难点：下摆装饰褶皱、板片层数设置、透明提花面料参数调整。

二、款式分析

1. 款式特点

X廓形，娃娃领，领边装饰荷叶边，无袖，衣身腰部分割，前片设胸腰省，后片设腰背省，前后裙片外层装饰自然形态的条形褶皱，侧缝装隐形拉链(图2-7-1)。

2. 选用面料

衣身选用半透明提花面料，领面选用高支棉，荷叶边选用欧根纱，里布选用细棉布。

图2-7-1

三、服装CAD文件导入3D软件

服装CAD文件7

1. CAD样板核对修正

应用服装CAD软件，将本款立体裁剪的裁片读图导入CAD，调整CAD样板线条、文字标注，完成核对，如服装CAD文件7、图2-7-2所示。

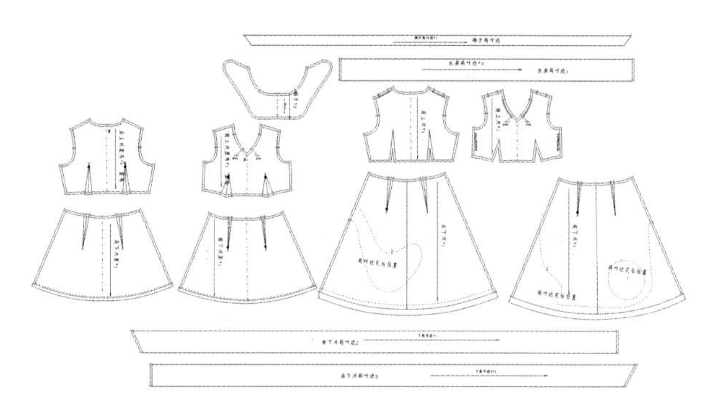

图2-7-2

CAD样板裁片部件：

(1) 前上片×1，前下片×1，后上片×1，后下片×1。

(2) 前上片里×1，前下片里×1，后上片里×1，后下片里×1。

(3) 领子×2，领子荷叶边×1。

(4) 衣身荷叶边1×1，前下荷叶边2×1，后下荷叶边3×1。

2. CAD样板导入到3D软件

将CAD中的样板文件保存为DXF格式，导入到3D软件。

打开3D软件界面，导入DXF文件，勾选“自动调整比例”“导入板片缝边”“导入板片标注”“优化所有曲线点”“板片自动排列”“导入缝边刀口到净边”“减少断点”“根据面料名称新建面料”等属性选项，如图2-7-3。

点击界面左上方菜单中文件，导入DXF格式文件，或按快捷键“Ctrl+Shift+D”，如图2-7-4。

图 2-7-3

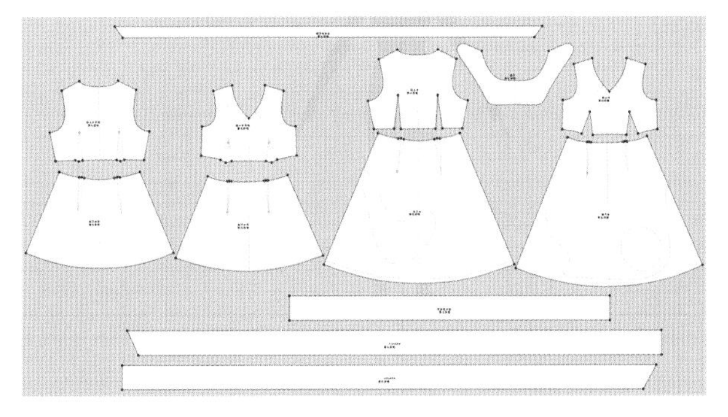

图 2-7-4

四、虚拟缝制

1. 文件导入

（1）打开 Style3D，点击文件新建或按快捷键“Ctrl+N”新建一个文件。

（2）选择资源库工具，选择导入模特工具，如图 2-7-5。

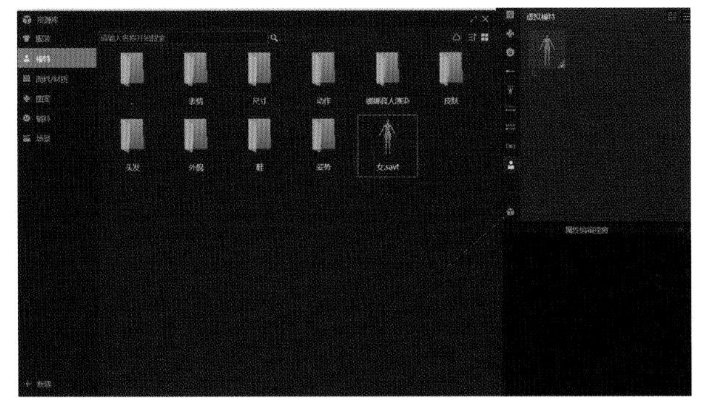

图 2-7-5

2. 板片安排、调整

（1）2D 和 3D 同步。点击选择/移动工具或快捷键“Q”，根据服装结构关系排列 2D 视窗所有板片。框选 2D 视窗所有板片，在 3D 视窗中用右键点击板片，选择重置 3D 安排位置，或快捷键“Ctrl+F”，2D 视窗板片和 3D 视窗板片即可同步呈现，如图 2-7-6。

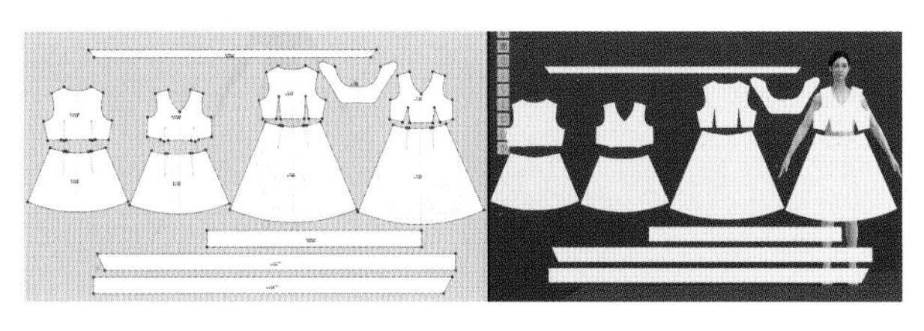

图 2-7-6

（2）选择显示安排点工具或快捷键“A”，显示的模特安排点用于摆放板片位置，如图 2-7-7。

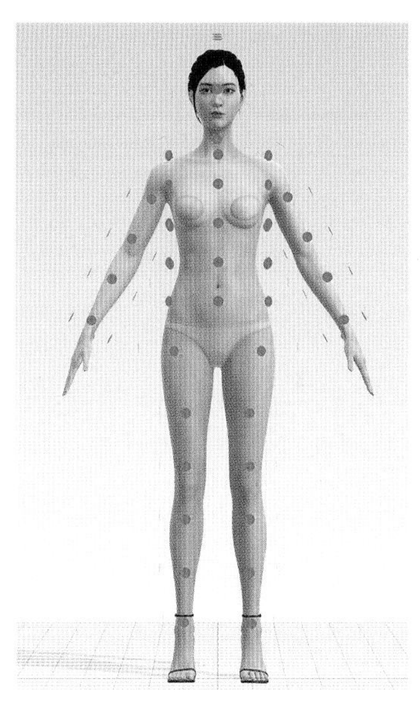

图 2-7-7

（3）安排板片。点击选择/移动工具，点击左键选中板片，拖到模特安排点对应位置，点击左键，完成板片安排，如图 2-7-8。

图 2-7-8

(4) 点击选择/移动工具，依次完成 3D 视窗所有板片的排列，如图 2-7-9。

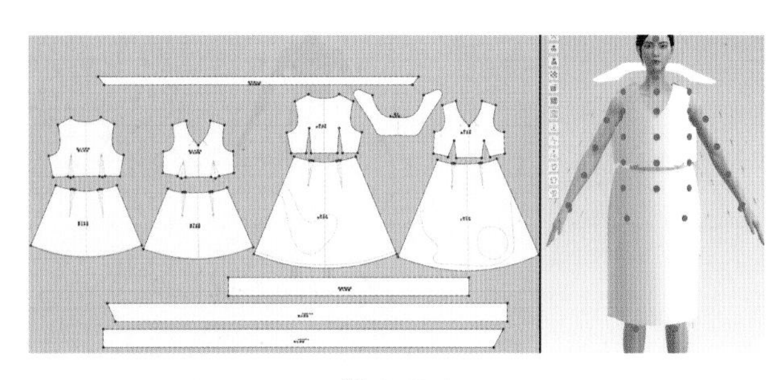

图 2-7-9

(5) 冷冻板片。点击选择/移动工具，在 2D 视窗选中领子荷叶边板片、衣身荷叶边板片，在 3D 视窗中点击右键选择冷冻板片，如图 2-7-10。

图 2-7-10

3. 样衣缝合

(1) 省道剪切。点击编辑板片工具或快捷键“Z”，选择前片腰省中点，左键点击并按住鼠标将其拖至省尖点，完成省道的剪切，再依次完成所有省道的剪切，如图 2-7-11。

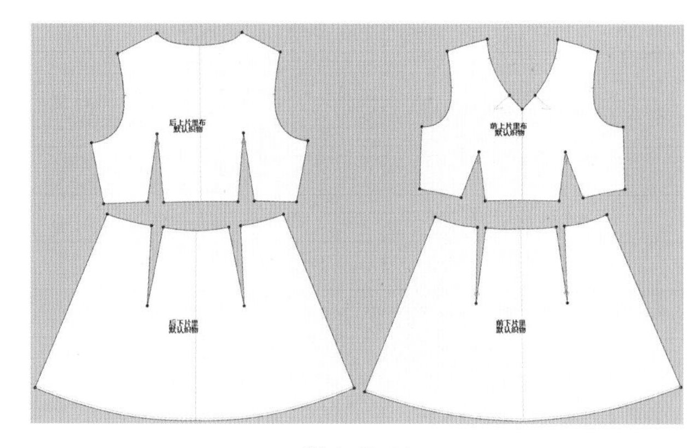

图 2-7-11

(2) 里布板片缝制。使用“线缝纫”工具或快捷键“N”，点击板片之间相互需要缝制的线，添加缝纫关系，进行前上片与前下片缝合、后上片与后下片缝合、腰省缝合、肩斜线缝合、侧缝线缝合。将前后裙腰节线分别与前中片和后中片的腰节线缝合，如图 2-7-12。

(3) 面布板片缝制。使用“自由缝纫”工具或快捷键“M”，连接板片之间相互需要缝制的线，添加缝纫关系，进行前上片与前下片缝合、后上片与后下片缝合、腰省缝合、肩斜线缝合、侧缝线缝合。将前后裙腰节线分别与前中片和后中片的腰节线缝合，如图 2-7-13。

(4) 前后裙片内部基础线勾勒。单击“勾勒轮廓”工具或快捷键“I”，选中前后片内部基础线，按“Enter”键完成勾勒为内部线，如图 2-7-14。

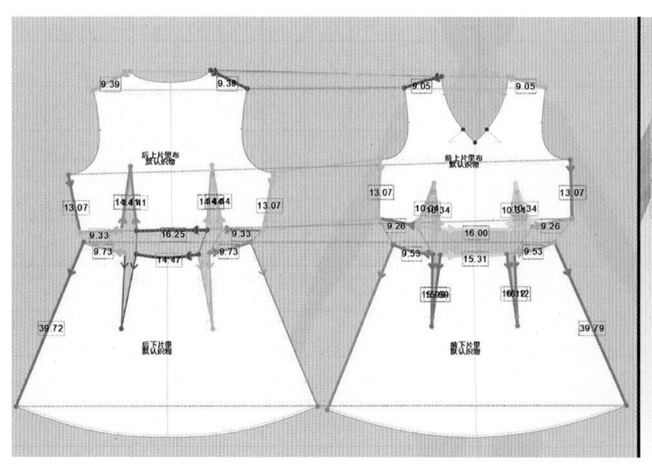

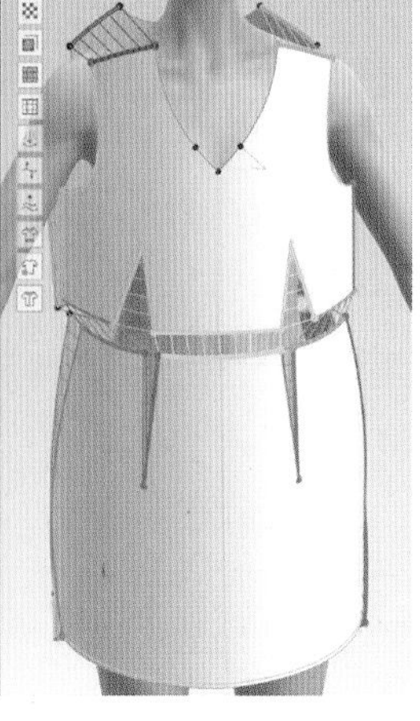

图 2-7-12

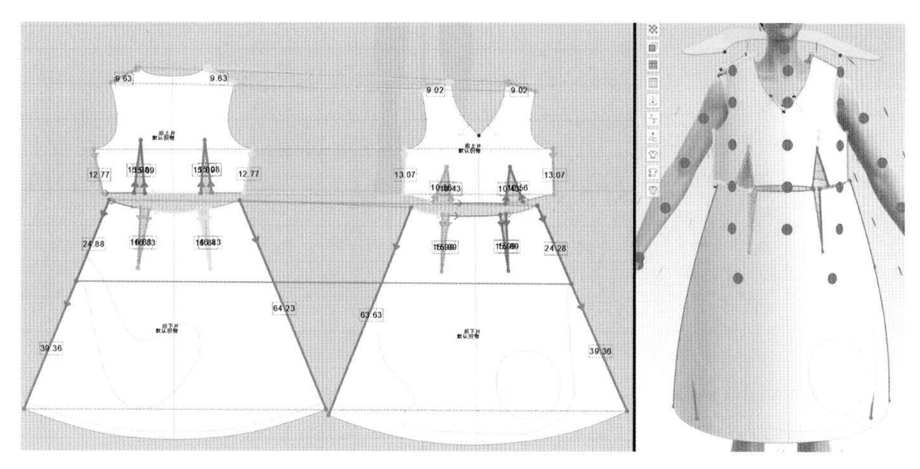

图 2-7-13

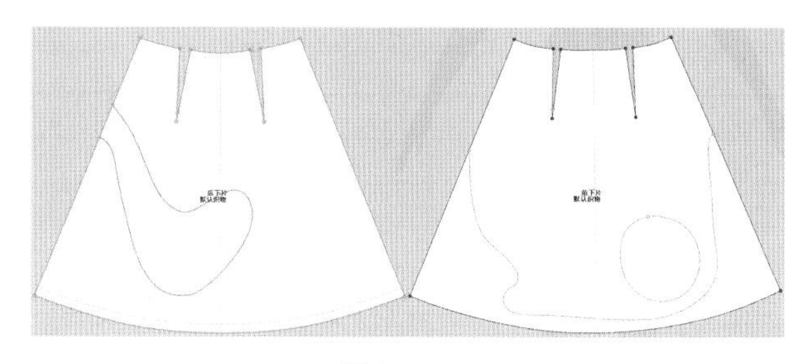

图 2-7-14

（5）前后裙片的荷叶边缝制。使用“自由缝纫”工具或快捷键“M”，连接起点与终点，添加缝纫关系，完成荷叶边板片与裙片的缝制。选中荷叶边板片，在右侧属性视窗中找到“层次”，并将默认数值0改为1，使荷叶边的板片模拟呈现在裙片外层，如图2-7-15。

（6）改变面布与里布在领口、袖窿、腰节线处的缝纫类型。使用“编辑缝纫”工具或快捷键“B”，分别单击前后领圈、前后袖窿和前后腰节的缝纫线，将缝纫类型改为合缝，完成上衣面布与里布的缝合，如图2-7-16。

（7）领子的缝制。使用“自由缝纫”工具或快捷键“M”，连接起点与终点，添加缝纫关系，完成领子与前后领圈线的缝合，如图2-7-17。

（8）领子荷叶边的缝制。选中领子板片，点击鼠标右键选择冷冻。使用“自由缝纫”工具或快捷键“M”，连接荷叶边与领边的起点与终点，添加缝纫关系，完成领子荷叶边的缝合。选中领子荷叶边，点击鼠标右键，选择移动到外面，并模拟，如图2-7-18。

4. 工艺细节

（1）修改线条弹性系数，防止缝合线拉长。使用“编辑板片”工具，按住“Shift”同时点选袖窿、腰节，在属性编辑视窗找到弹性并打开，将比例默认80改为100，保持尺寸稳定，如图2-7-19。

（2）选中荷叶边板片的边线，使用“编辑板片”工具，按住“Shift”同时选中荷叶边上边线，在属性编辑视窗找到“网格细化”并打开，设置高度为30，使得荷叶边抽褶更加细腻，如图2-7-20。

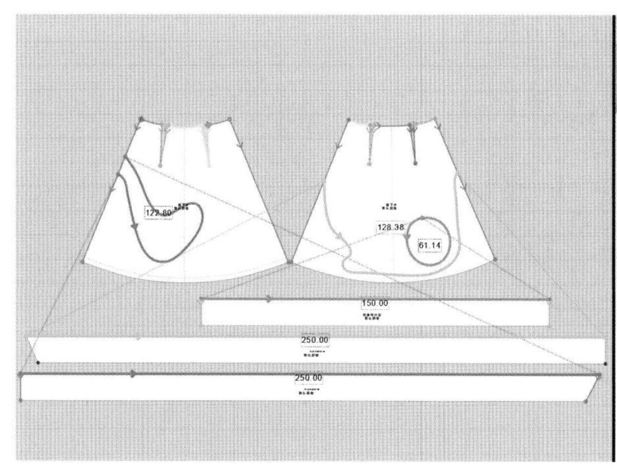

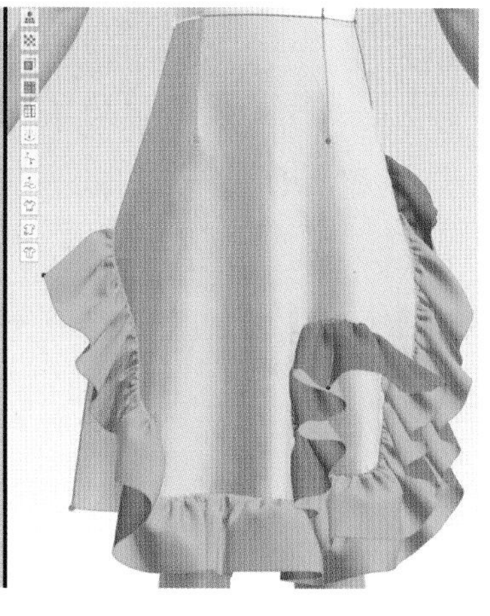

图 2-7-15

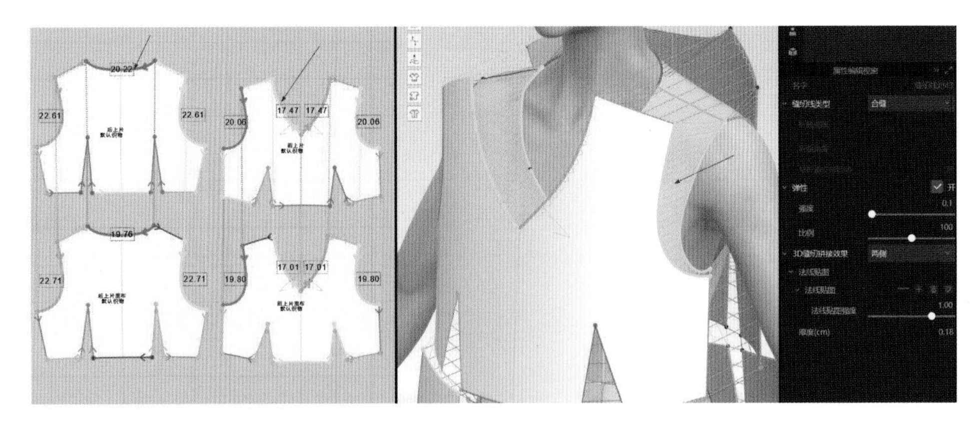

图 2-7-16

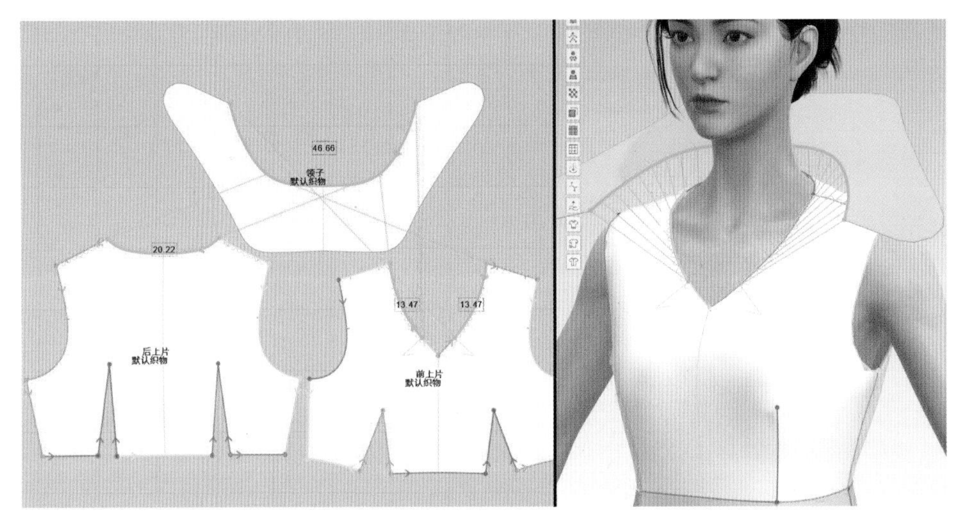

图 2-7-17

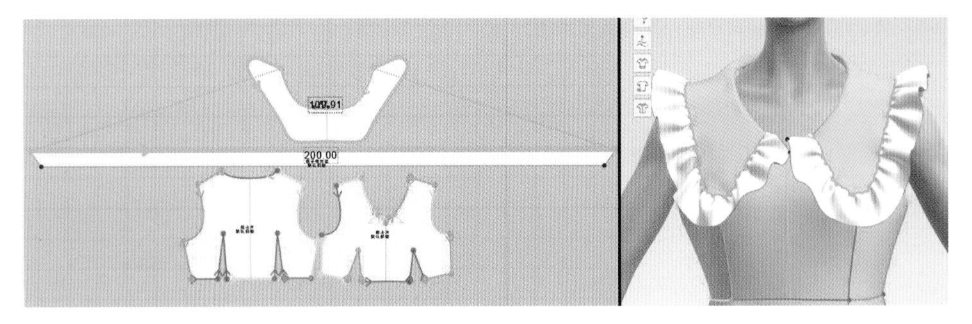

图 2-7-18

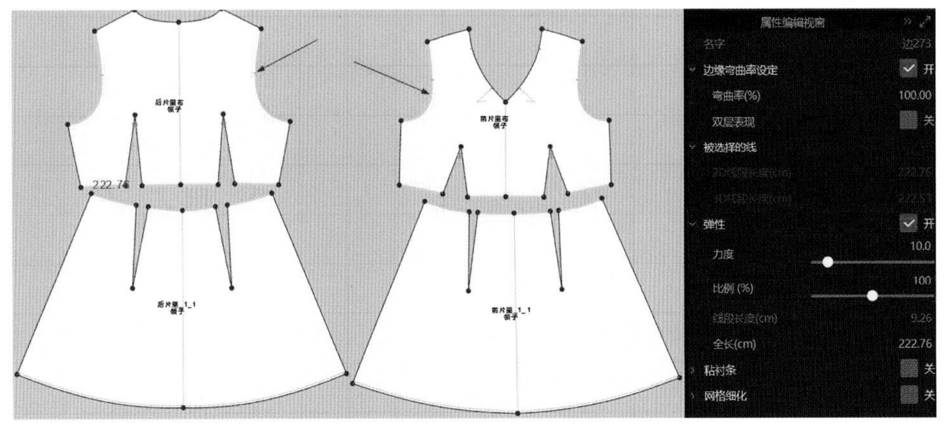

图 2-7-19

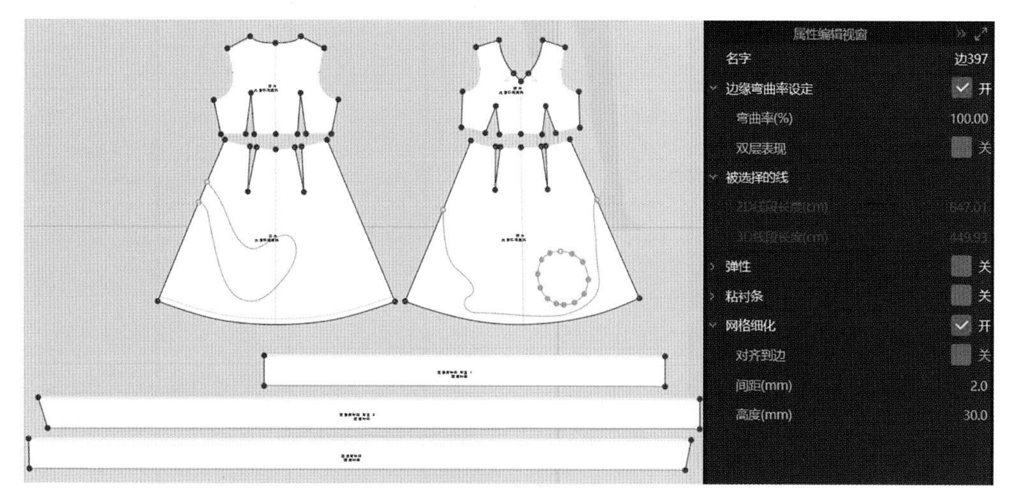

图 2-7-20

(3) 装隐形拉链。选择面料资源库工具，在资源库辅料属性中找到隐形拉链头，左键双击隐形拉链头，添加到附件中，如图 2-7-21。

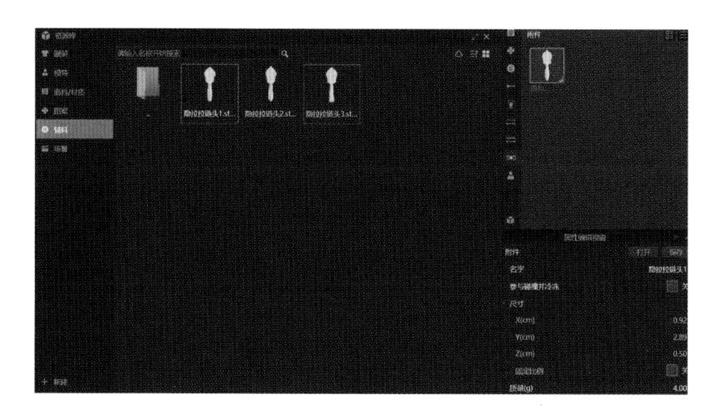

图 2-7-21

在右侧附件中，鼠标双击隐形拉链头，添加隐形拉链头到3D窗口中，移动隐形拉链头至后侧缝，完成拉链头方向调整，如图 2-7-22。

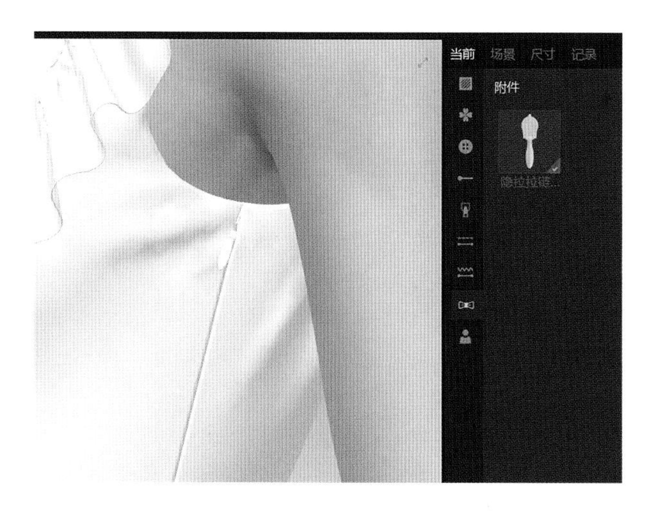

图 2-7-22

5. 缝制完成

(1) 按缝纫逻辑关系完成娃娃领褶边连衣裙所有板片的缝合，如图 2-7-23。

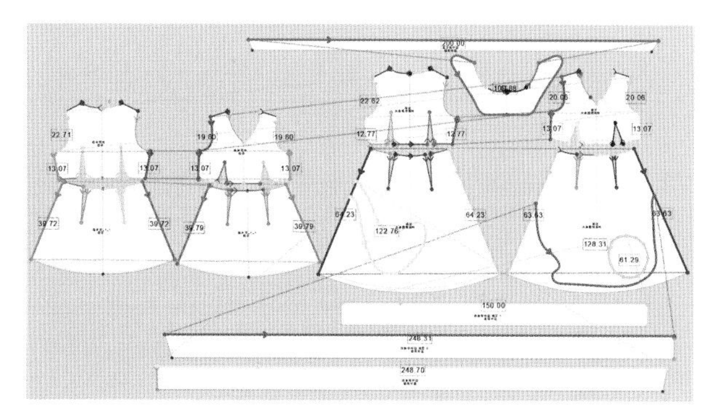

图 2-7-23

(2) 3D缝制效果，如图 2-7-24。

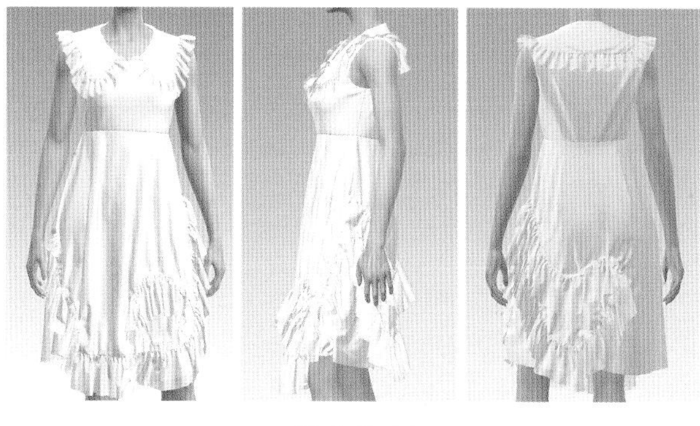

图 2-7-24

五、面辅料属性设置

1. 面料参数设置

(1) 选择面料资源库工具，在资源库面料与属性中搜索半透明提花面料、高支棉、欧根纱、细棉布四种面料品类。

（2）根据实际面料材质、厚度、柔软度及悬垂性，调整经纬纱拉伸参数和经纬纱弯曲参数。

（3）半透明提花面料、欧根纱、高支棉、细棉布四种面料属性参数如图 2-7-25。

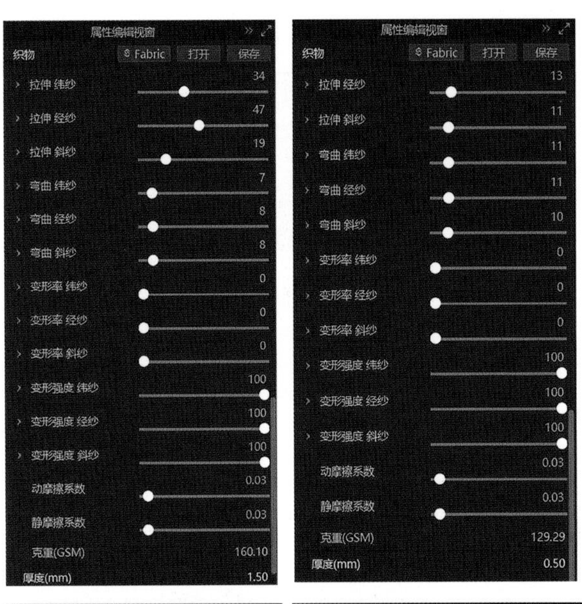

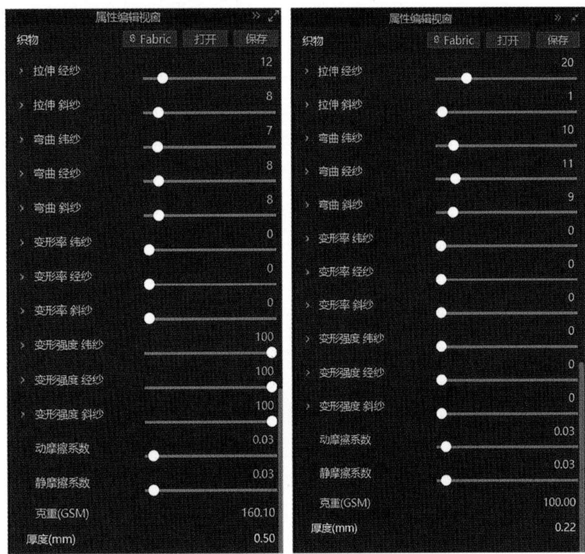

图 2-7-25

2. 面料纹理及颜色设置

（1）提花面料纹理添加、透明度调整。选择面料资源库工具，找到提花纹理法线贴图，添加到右侧属性编辑视窗中，增加法线贴图强度到 1.3，清晰展示半透明提花面料效果，如图 2-7-26。

（2）面料颜色调整。在属性编辑视窗中选择颜色工具，选择颜色色号，调整面料明度、纯度，如图 2-7-27。

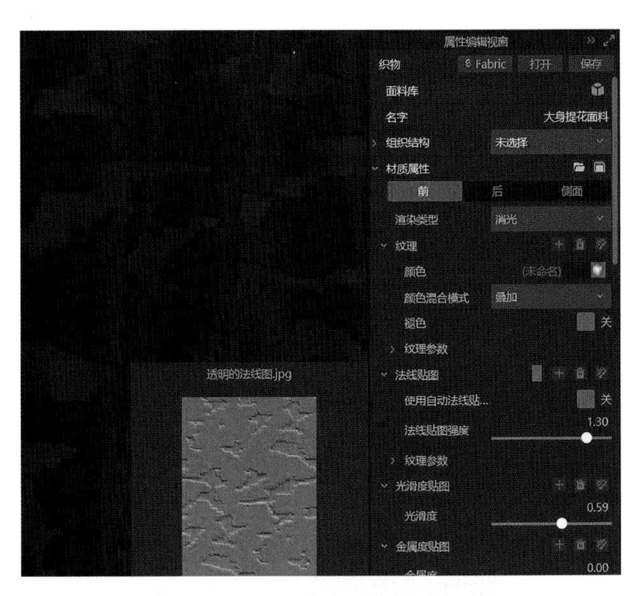

图 2-7-26

图 2-7-27

六、样板的修正

对照 3D 着装效果，调整 3D 窗口的 2D 样板，调整后的样板重新模拟服装穿着效果。在 3D 软件中修改调整后的 2D 样板，直接可以转化为 CAD 文件，实现 CAD 样板修改与 3D 虚拟展示同步。

七、虚拟样衣展示

1. 离线渲染参数设置

（1）点击离线渲染工具，打开渲染图片属性工具。

（2）在编辑属性视窗中选择图片尺寸为 A4，文件格式选择 png，渲染工具选择 CPU，渲染品质选择高质量，渲染方法选择暴力渲染，如图2-7-28、图2-7-29。

图2-7-28

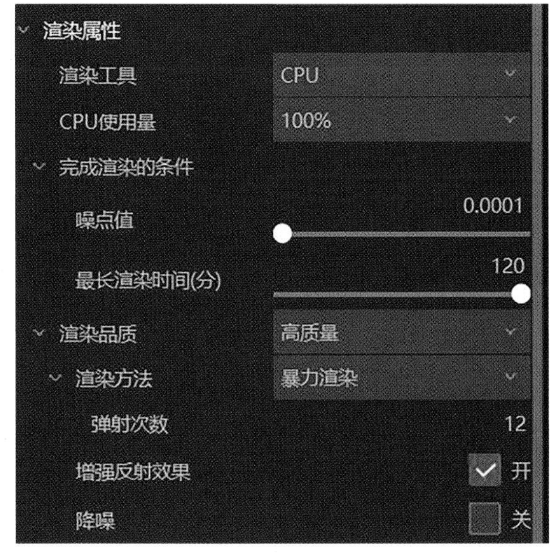

图2-7-29

2. 3D渲染效果图(图2-7-30)

图2-7-30

八、扫码观看娃娃领褶边连衣裙详细的3D设计和缝制过程视频

九、训练习题布置

练习1：领子、领子荷叶边、半透明提花面料款式虚拟缝纫巩固练习。

练习2：练习娃娃领褶边连衣裙裙虚拟缝制1款。

任务八　鱼骨网纱小礼服

一、任务要求

知识目标：

1. 掌握鱼骨工艺的 3D 缝制方法
2. 掌握网纱及 PU 面料的表现方法
3. 掌握肩部绑带 3D 缝制方法
4. 掌握动态走秀视频制作方法

能力目标：

应用 Style3D 软件完成本款鱼骨网纱小礼服的缝制，完成肩部绑带的缝制，完成后中隐形拉链的缝制，完成网纱面料及 PU 面料 3D 参数设置，完成款式渲染，提升整款成衣效果展示的能力。

学习准备：服装 CAD 的 DXF 格式板片文件

学习重点：动态走秀视频制作，胸罩、腰部分割线、鱼骨、侧缝的虚拟缝制。

学习难点：隐形拉链缝制、肩部绑带缝制、网纱面料参数调整。

二、款式分析

1. 款式特点

X 廓形，衣身多线条分割，网纱面料，内装鱼骨，胸部装罩杯，抹胸外加 PU 拼块。腰节斜线对称分割，大裙摆，后中装隐形拉链（图 2-8-1）。

2. 选用面料

衣身部分用加厚高弹网纱面料，抹胸部位用 PU 面料，裙子用中厚斜纹 TR 面料。里布选用细棉布。

图 2-8-1

三、服装 CAD 文件导入 3D 软件

服装 CAD 文件 8

1. CAD 样板核对修正

应用服装 CAD 软件，将本款立体裁剪的裁片读图导入 CAD，调整 CAD 样板线条、文字标注，完成核对，如服装 CAD 文件 8、图 2-8-2。

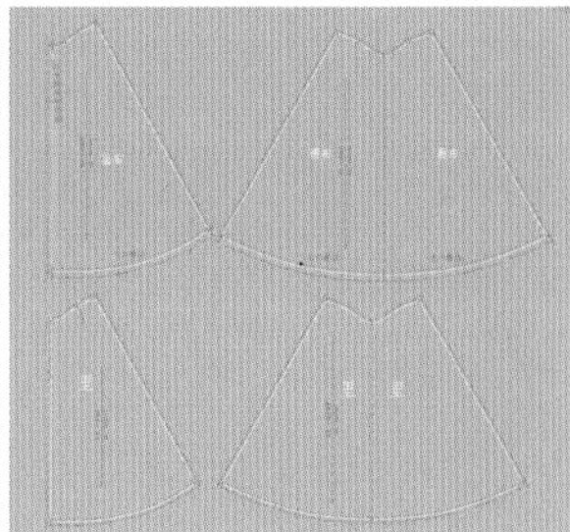

图 2-8-2

CAD 样板裁片部件：

(1) 前中上衣片×2，前上衣拼片×2，前侧片×2。

(2) 前后侧缝拼片×2，后中拼片×2，后中上衣片×2。

(3) 胸罩里×1，胸罩侧里×2，前罩杯×2，前侧罩杯×2。

(4) 上罩杯×2，上罩杯外层×2，肩带×2。

(5) 前裙片×1，后裙片×2，前裙片里×1，后裙片里×2。

2. CAD 样板导入到 3D 软件

将 CAD 中的样板文件保存为 DXF 格式，导入到 3D 软件。

打开 3D 软件界面，导入 DXF 文件，勾选"自动调整比例""导入板片缝边""导入板片标注""优化所有曲线点""板片自动排列""导入缝边刀口到净边""减少断点""根据面料名称新建面料"等属性选项，如图 2-8-3。

点击界面左上方菜单中文件，导入 DXF 格式文件，或按快捷键"Ctrl+Shift+D"，如图 2-8-4。

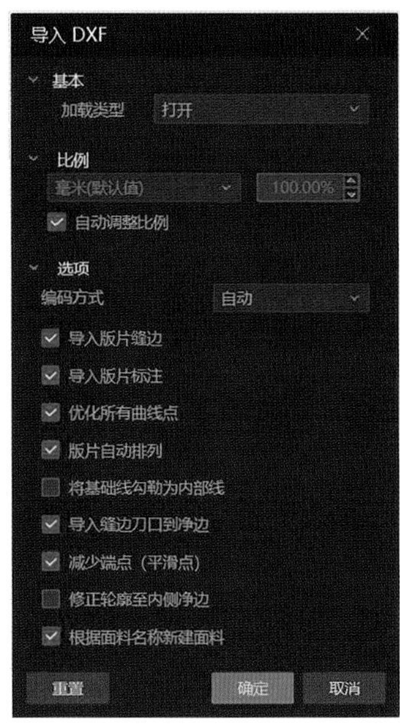

图 2-8-3

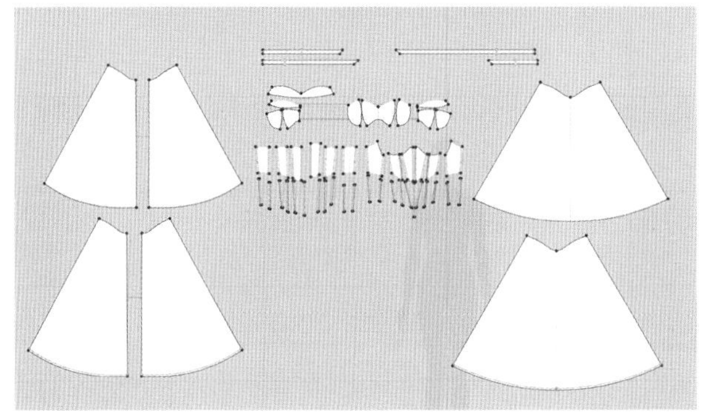

图 2-8-4

四、虚拟缝制

1. 文件导入

（1）打开 Style3D，点击文件新建或按快捷键“Ctrl+N”，新建一个文件。

（2）选择资源库工具，选择导入模特工具，如图 2-8-5。

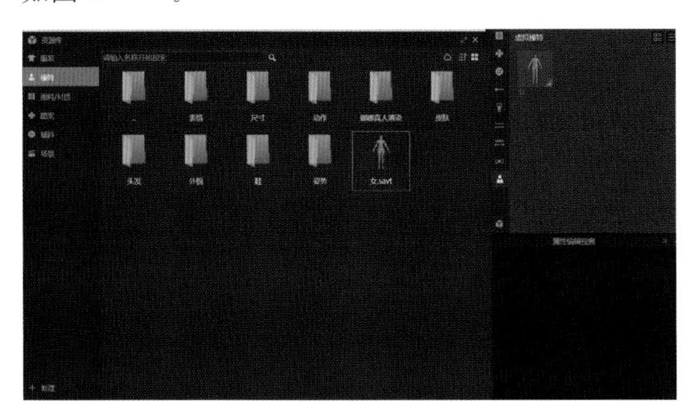

图 2-8-5

2. 板片安排、调整

（1）2D 和 3D 同步。点击选择/移动工具 或快捷键“Q”，根据服装结构关系排列 2D 视窗所有板片。框选 2D 视窗所有板片，在 3D 视窗中用右键点击板片，选择重置 3D 安排位置，或快捷键“Ctrl+F”，2D 视窗板片和 3D 视窗板片即可同步呈现，如图 2-8-6。

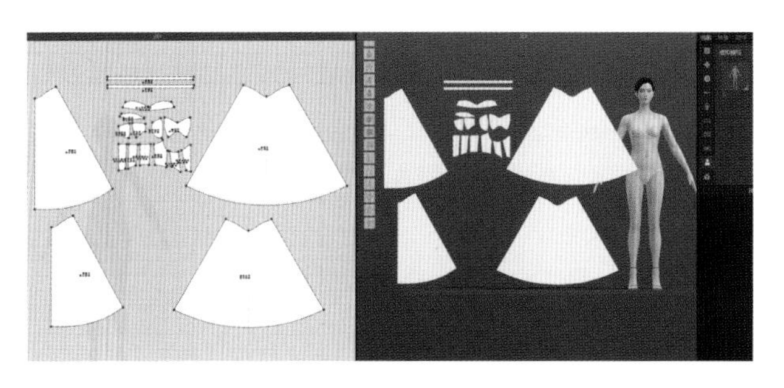

图 2-8-6

（2）选择显示安排点工具 或快捷键“A”，显示的模特安排点用于摆放板片位置，如图 2-8-7。

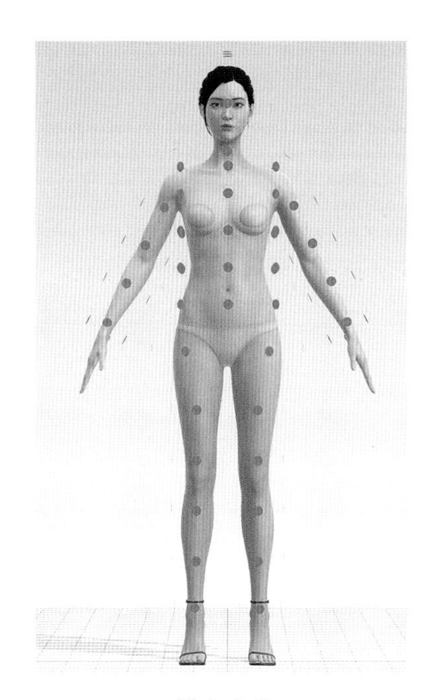

图 2-8-7

（3）安排板片。点击选择/移动工具，鼠标左键点击选中板片，鼠标放到模特安排点对应位置，点击左键，完成板片安排，如图 2-8-8。

（4）点击选择/移动工具，依次完成 3D 视窗所有板片的排列，如图 2-8-9。

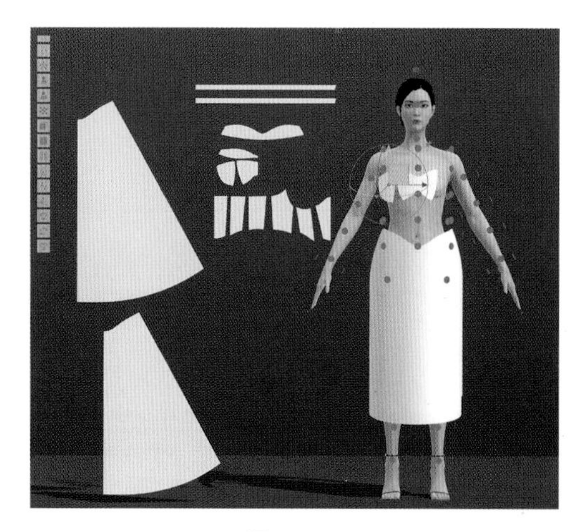

图 2-8-8

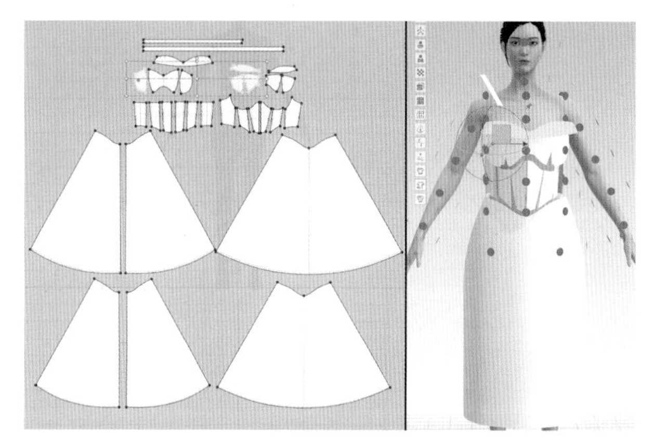

图 2-8-9

（5）板片安排及对称。点击选择/移动工具，调整定位球中的红色、蓝色、绿色三维坐标轴，或点击绿色方形区域进行整体移动，按着装结构关系，将前后板片位置调整好。同时选中前中上衣片、前上衣拼片、前侧片、前罩杯、前侧罩杯、前上罩杯等对称板片，在 3D 窗口点击右键，选择克隆对称板片（板片与线缝纫），如图 2-8-10、图 2-8-11。

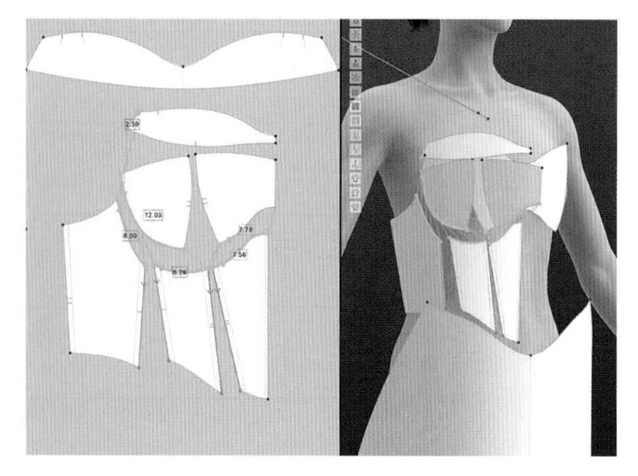

图 2-8-10

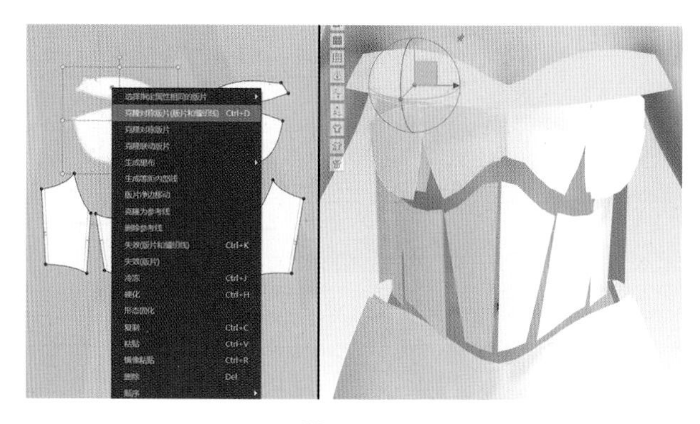

图 2-8-11

3. 样衣缝合

（1）鱼骨板片勾勒。单击“勾勒轮廓”工具或快捷键“I”，选择前中衣片、前侧衣片、后侧衣片、后中衣片六块板片的内部线，按“Enter”键完成内部线勾勒。按住“Shift”键同时选中板片内部三条线，鼠标右击选择勾勒板片，如图 2-8-12。

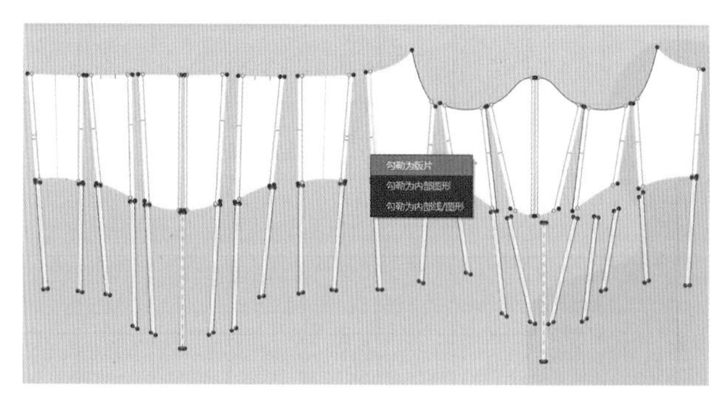

图 2-8-12

（2）罩杯、衣片缝制。使用“线缝纫”工具或快捷键“N”，点击板片之间相互需要缝制的线，添加缝纫关系，进行罩杯的前中片、前侧片、前上片的缝合，完成外层 PU 材质板片与罩杯的缝合，再完成所有衣片的缝合，如图 2-8-13。

（3）裙片缝制。使用“自由缝纫”工具或快捷键“M”，连接起点与终点，添加缝纫关系，进行前后裙片的侧缝线、上衣与裙片腰节线的缝合，如图 2-8-14。

（4）罩杯 PU 外层与罩杯的缝纫类型改为合缝。使用“编辑缝纫”工具或快捷键“B”，分别单击前上罩杯外层、胸罩里和胸罩侧里，将缝纫类型改为合缝，完成罩杯缝合，如图 2-8-15。

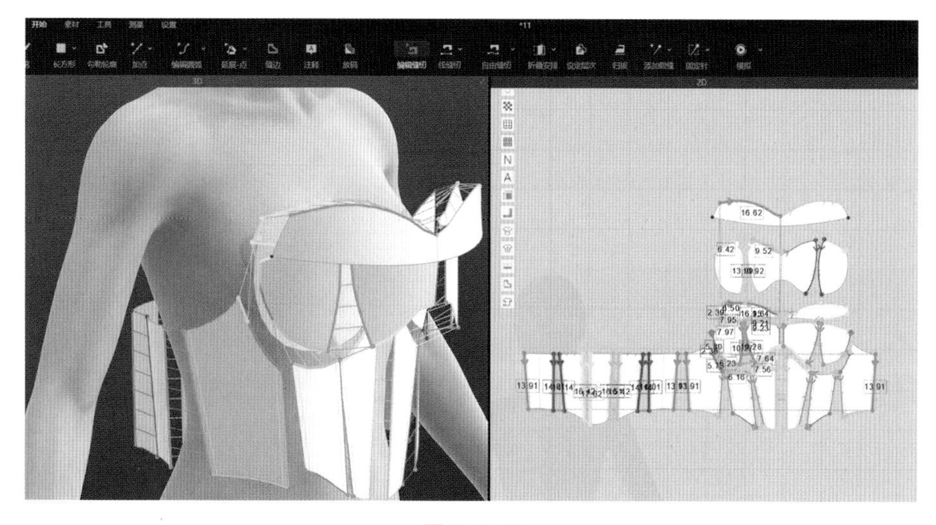

图 2-8-13

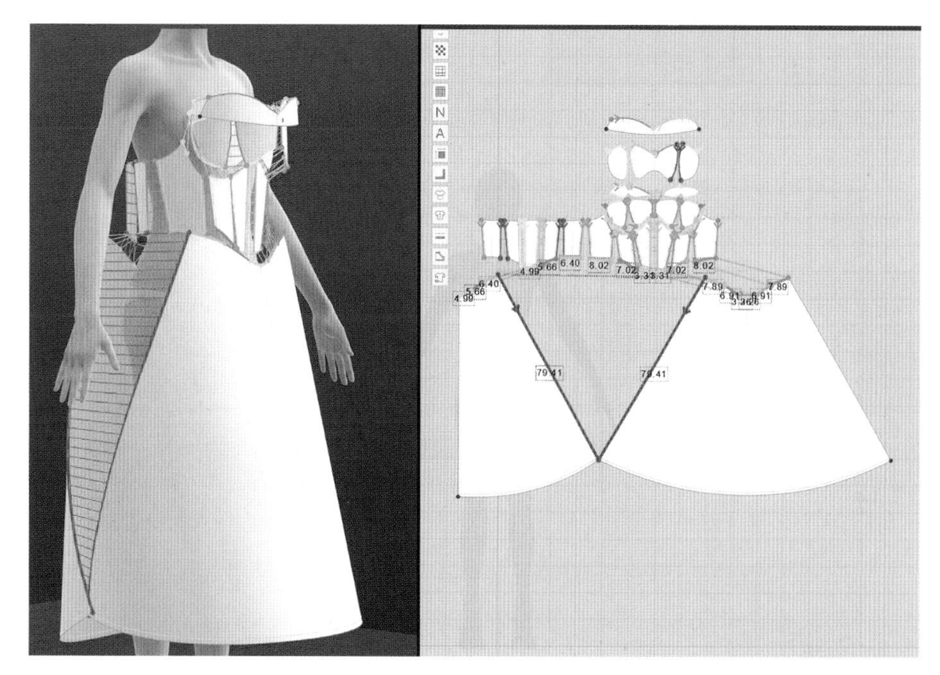

图 2-8-14

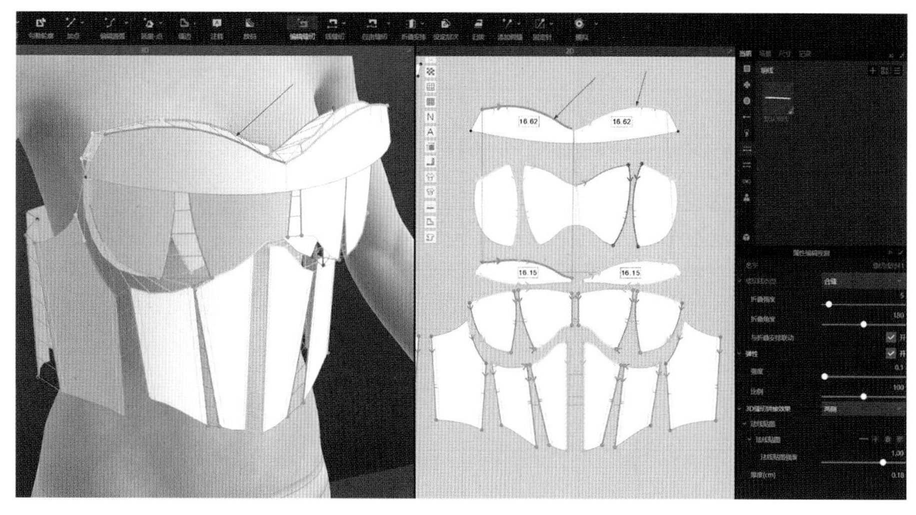

图 2-8-15

（5）肩部绑带缝制。选中“固定针”工具，在肩带板片上增加固定针，用定位球拖动固定针穿绕板片，在属性编辑视窗中，选择肩带板片粒子间距改为 3，额外渲染厚度改为 0.5，调整肩带造型，完成肩带绑定，如图 2-8-16。

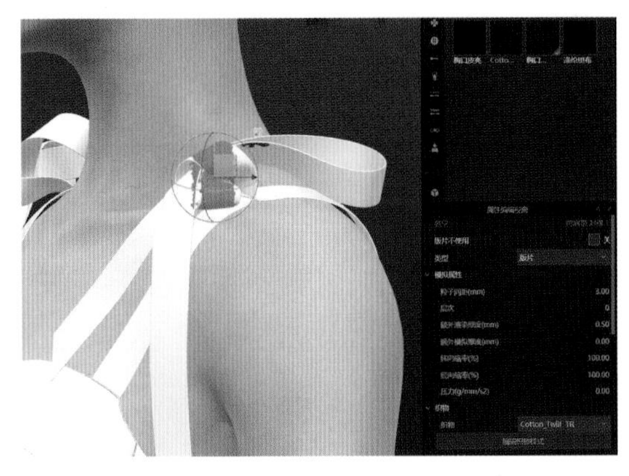

图 2-8-16

4. 工艺细节

（1）鱼骨黏衬定型。使用选择/移动工具或快捷键“Q”，分别选中勾勒后的新板片，在右侧编辑织物样式，选择黏衬并打开，如图 2-8-17。

（2）修改线条弹性系数，防止缝合线拉长。使用“编辑板片”工具，按住“Shift”同时点选板片所有内部线，在属性编辑视窗找到弹性并打开，将比例 80 改为 100，如图 2-2-18。

（3）装隐形拉链。选择面料资源库工具，在资源库辅料属性中找到隐形拉链头，鼠标左键双击隐形拉链头，添加到附件中，如图 2-8-19。

（4）在右侧附件中，鼠标双击隐形拉链头，添加隐形拉链头到 3D 窗口中，移动隐形拉链头至后中缝，完成拉链头方向调整，如图 2-8-20。

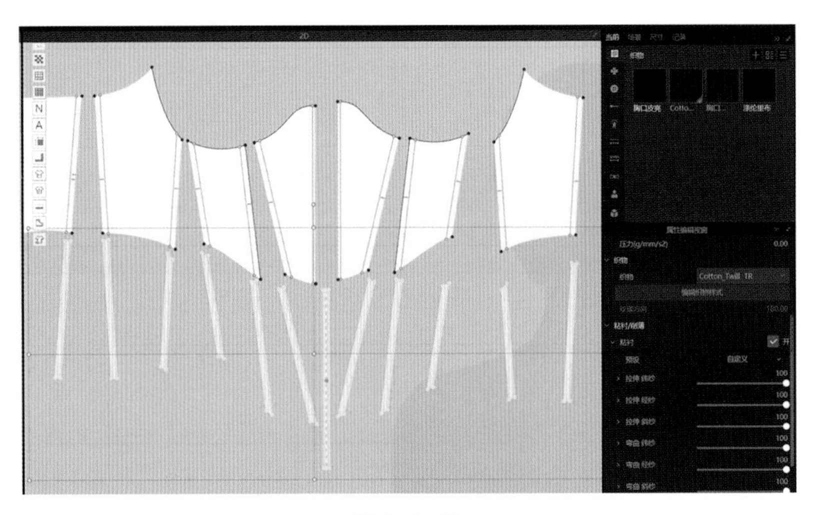

图 2-8-17

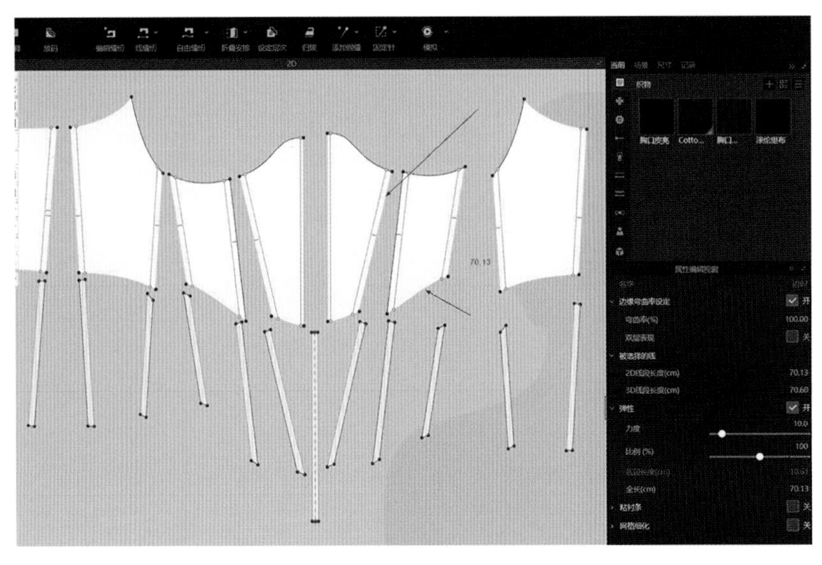

图 2-8-18

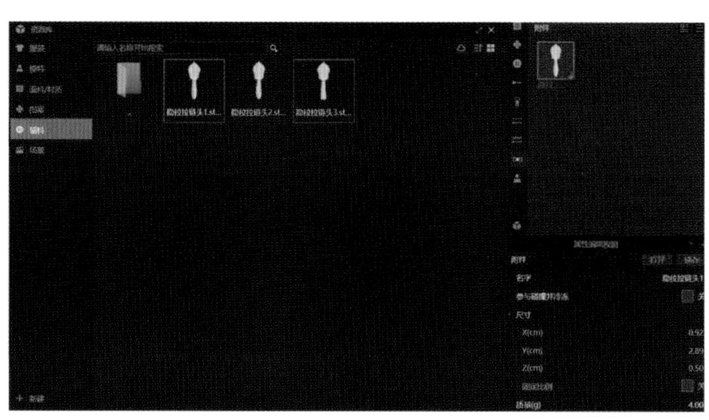

图 2-8-19

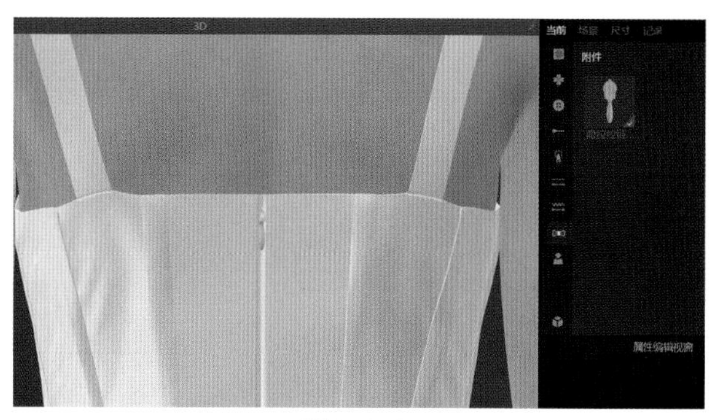

图 2-8-20

5. 缝制完成

(1) 按缝纫逻辑关系完成鱼骨网纱小礼服所有板片的缝合，如图 2-8-21。

(2) 3D缝制效果，如图 2-8-22。

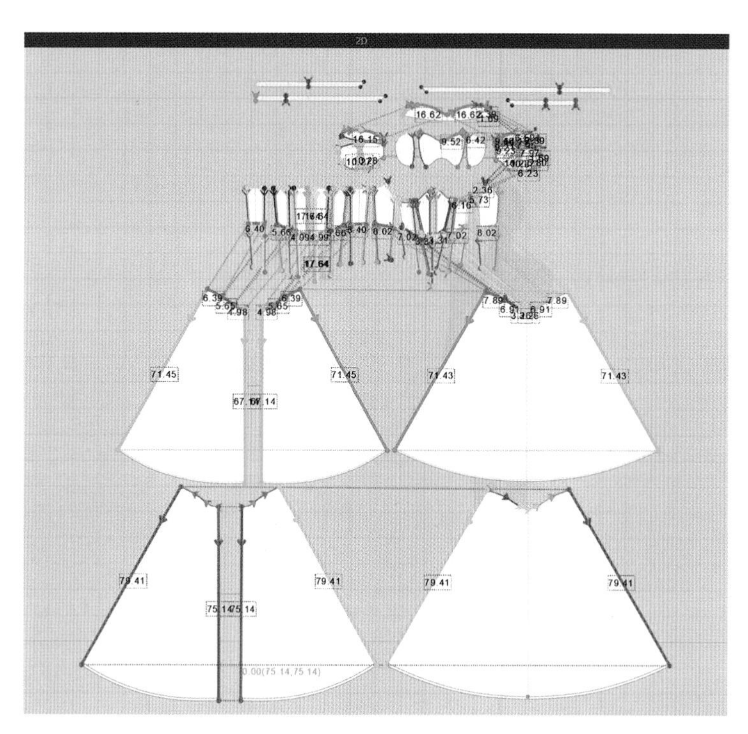

图 2-8-21

图 2-8-22

五、面辅料属性设置

1. 面料参数设置

(1)选择面料资源库工具，在资源库面料与属性中搜索弹力网纱、斜纹TR、PU三种面料品类。

(2)根据实际面料材质、厚度、柔软度及悬垂性，调整经纬纱拉伸参数和经纬纱弯曲参数。

(3)弹力网纱、斜纹TR、PU三种面料属性参数如图2-8-23。

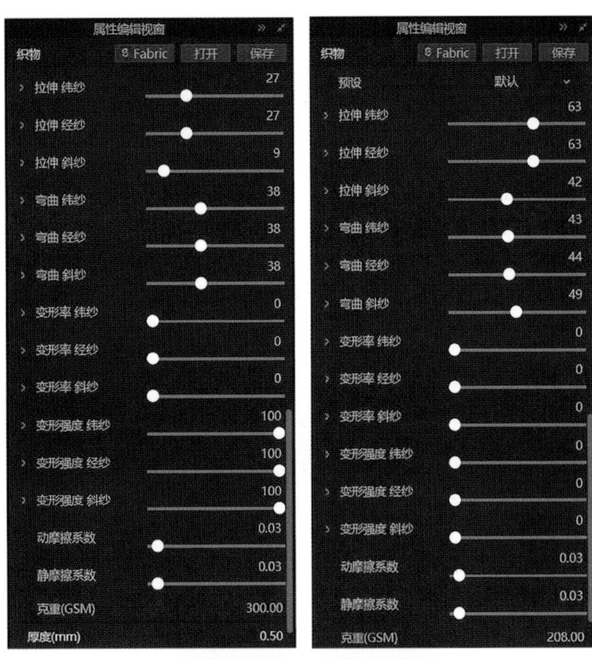

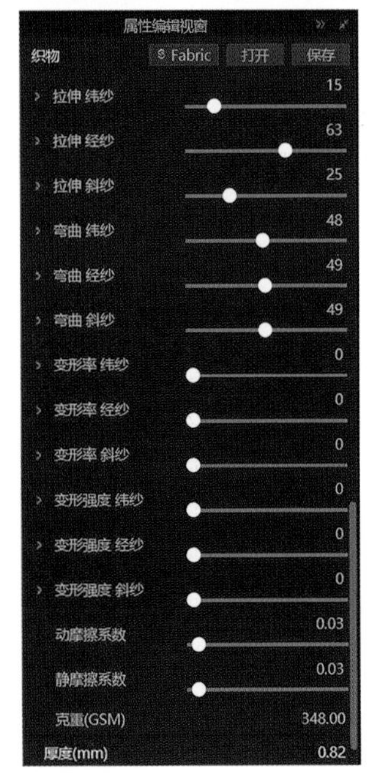

图 2-8-23

2. 面料纹理及颜色设置

(1)网布纹理添加、透明度调整。选择面料资源库工具，找到六角网布法线贴图，添加到右侧属性编辑视窗中，增加法线贴图强度到1.35，如图2-8-24。

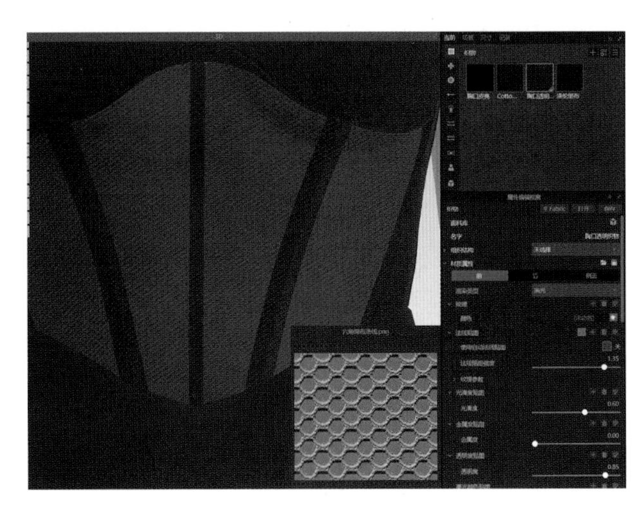

图 2-8-24

(2)面料颜色调整。在属性编辑视窗中选择颜色工具，选择颜色色号，调整面料明度、纯度，如图2-8-25。

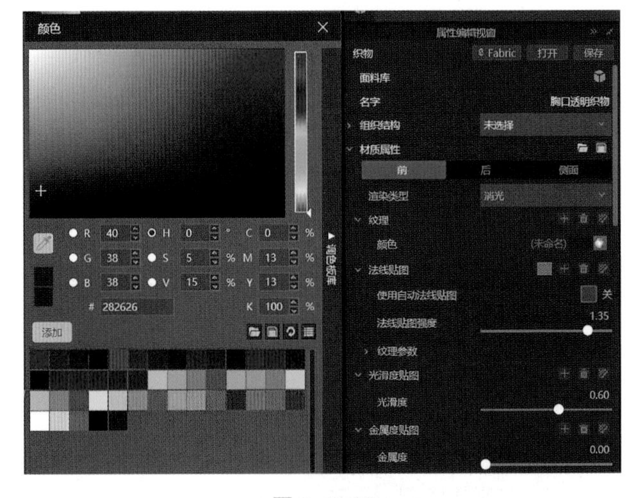

图 2-8-25

六、样板的修正

对照3D着装效果，调整3D窗口的2D样板，调整后的样板重新模拟服装穿着效果。在3D软件中修改调整后的2D样板，直接可以转化为CAD文件，实现CAD样板修改与3D虚拟展示同步。

七、虚拟样衣展示

1. 离线渲染参数设置

（1）点击离线渲染工具，打开渲染图片属性工具。

（2）在编辑属性视窗中选择图片尺寸为A4，文件格式选择png，渲染工具选择CPU，渲染品质选择高质量，渲染方法选择暴力渲染，如图2-8-26、图2-8-27。

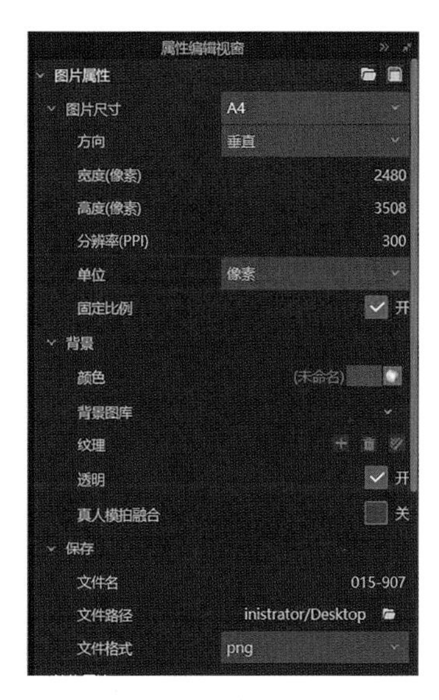

图2-8-26

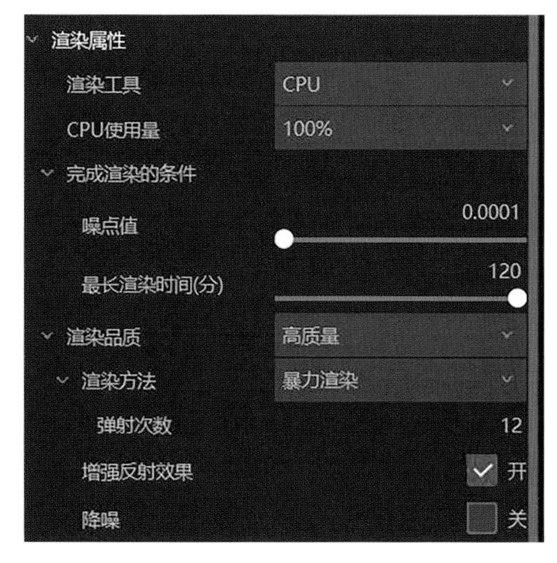

图2-8-27

2. 3D渲染效果图（图2-8-28）

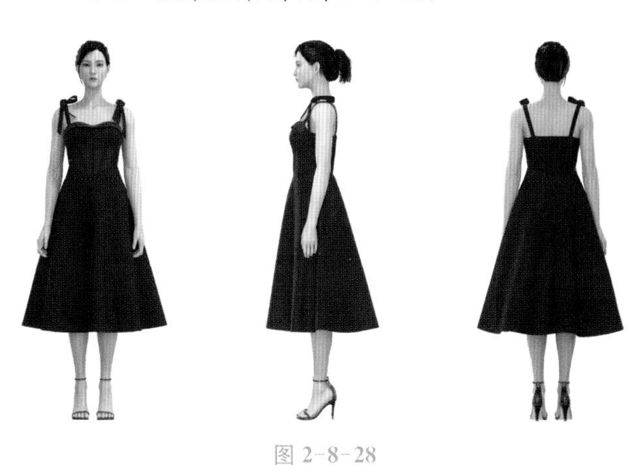

图2-8-28

八、动态走秀视频输出

（1）选择资源库工具，在"资源库"属性中找"场景"，选择"秀场"左键双击添加，如图2-8-29，完成"场景"的导入，如图2-8-30。

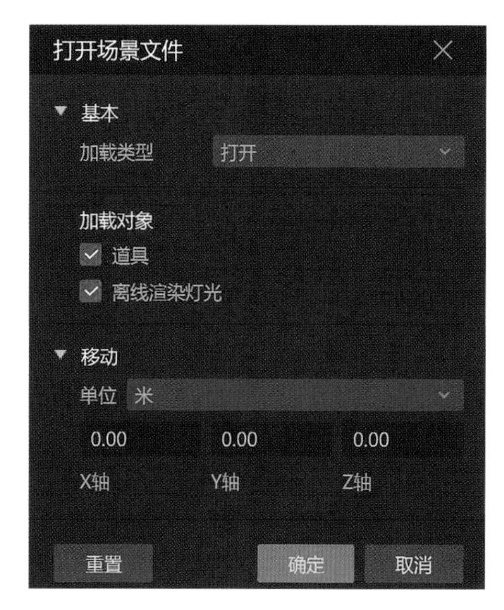

图2-8-29

图2-8-30

（2）选择"工具"里面的"动画编辑器"工具

,如图 2-8-31。

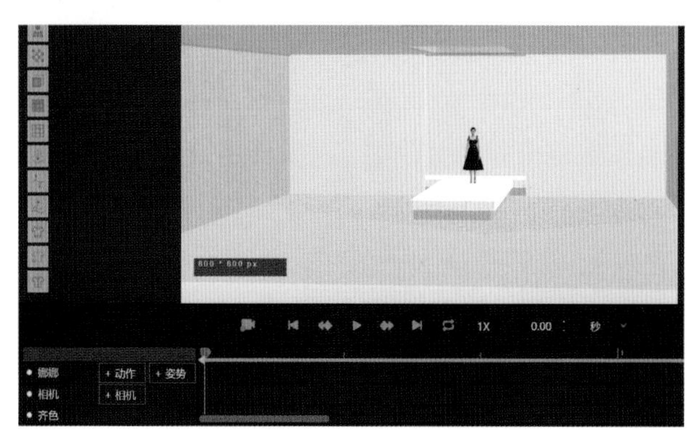

图 2-8-31

(3) 在电脑右侧“属性编辑视窗”下选择“动画属性”工具,单击左键打开。在右侧编辑属性视窗中找到“分辨率”默认,“自定义”改为“1920×1080”,使画面呈现清晰效果,如图 2-8-32。

图 2-8-32

(4) 选择“动作”工具,如图 2-8-33,单击鼠标左击,并选择“高跟鞋走秀 T”,如图 2-8-34。

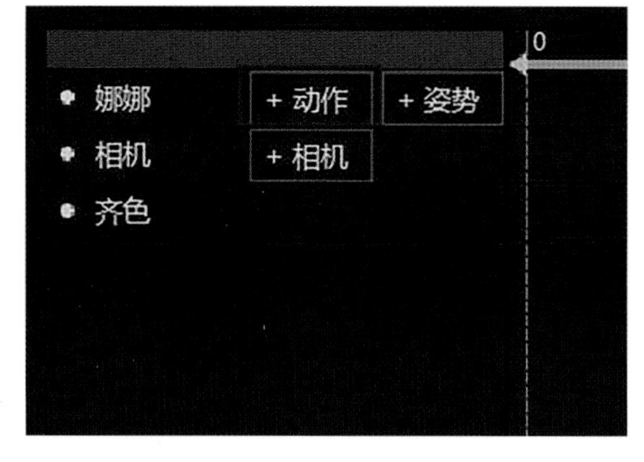

图 2-8-33

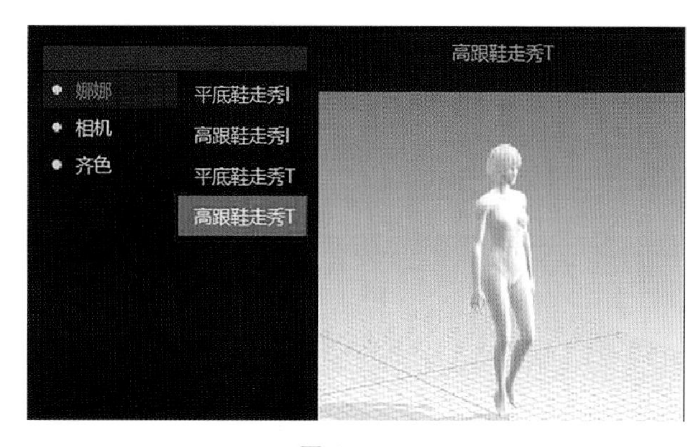

图 2-8-34

选择“动作添加”“创建动作过渡动画”默认打钩,默认 1 秒,作为动作过渡动画,防止模特走姿过快、转变太快而导致服装产生穿模,如图 2-8-35。

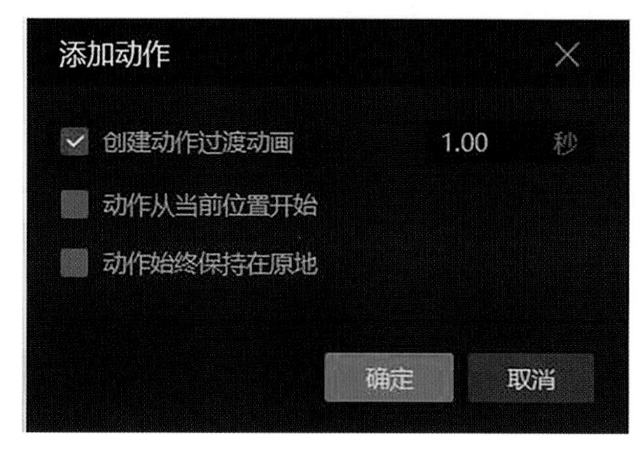

图 2-8-35

(5) 选择录制工具开启录制,完成动态视频录制,如图 2-8-36。

图 2-8-36

(6) 选择“相机”工具,并选择右侧菜单中的“高跟鞋走秀 T”,然后点击“确定”,完成相机机位关键帧的添加,使得动态走秀过程中有不同镜头的切换,如图 2-8-37、图 2-8-38。

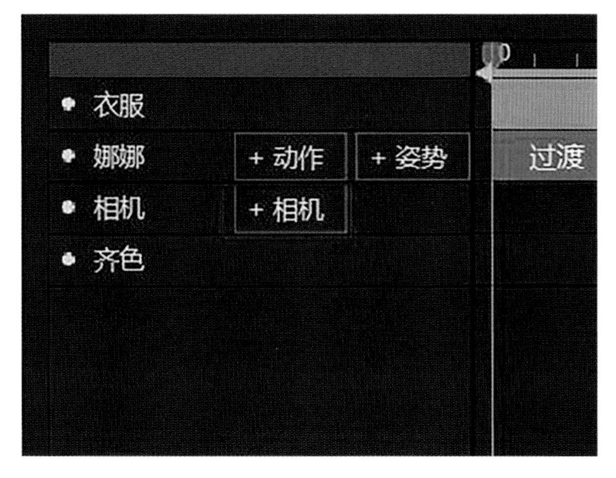

图 2-8-37

图 2-8-38

（7）选择“导出视频”工具，格式选择为“MP4”，选择“直接保存”或“本地渲染”，通过本地渲染可使服装款式面料肌理更清晰，服装效果更逼真，提升视频画面品质。选择“直接保存”，完成走秀视频输出，如图 2-8-39。

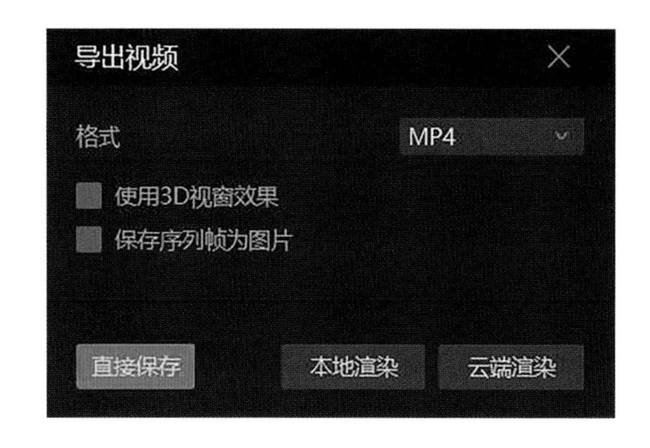

图 2-8-39

九、扫码观看鱼骨网纱小礼服详细的 3D 设计和缝制过程视频

十、训练习题布置

练习 1：肩部绑带、鱼骨、网纱面料虚拟缝纫工艺巩固练习。

练习 2：练习鱼骨网纱小礼服虚拟缝制 1 款。

任务九　坠领礼服

一、任务要求

知识目标：

1. 掌握多条线段缝纫的操作方法
2. 掌握折叠角度的设置方法
3. 掌握褶裥翻折和缝纫的方法

能力目标：

应用Style3D软件完成本款坠领礼服的缝制，完成褶裥缝制及折叠角度的设置，完成侧面隐形拉链的缝制，完成下摆开衩的缝制，完成衣身面料3D参数设置，完成款式渲染，提升整款成衣效果展示能力。

学习准备：服装CAD的DXF格式板片文件。

学习重点：腰部褶裥、肩带、开衩的虚拟缝制。

学习难点：坠领造型、褶线角度设置、面料参数调整。

二、款式分析

1. 款式特点

吊带坠领礼服，领口中心45°正斜丝，衣身右侧放射性褶裥，左下摆开衩，左侧装隐形拉链。肩带可替换为珍珠链条(图2-9-1)。

2. 选用面料

衣身选用厚醋酸缎面面料。

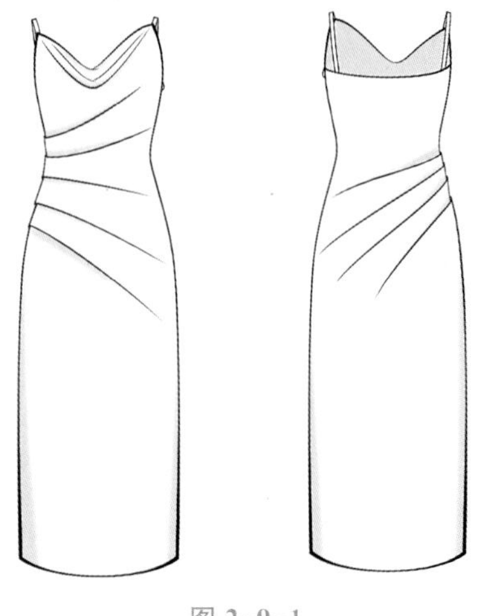

图2-9-1

三、服装CAD文件导入3D软件

服装CAD文件9

1. CAD样板核对修正

应用服装CAD软件，将本款立体裁剪的裁片读图导入CAD，调整CAD样板线条、文字标注，完成核对，如服装CAD文件9、图2-9-2。

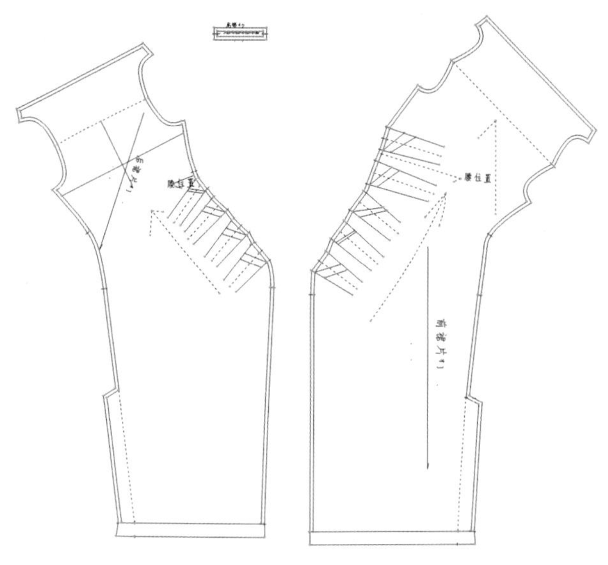

图2-9-2　服装CAD样板

CAD样板裁片部件：

前衣片×1，后衣片×1，肩带×2。

2. CAD样板导入到3D软件

将CAD中的样板文件保存为DXF格式，导入到3D软件。

打开3D软件界面，导入DXF文件，勾选“自动调整比例”“导入板片缝边”“导入板片标注”“优化所有曲线点”“板片自动排列”“导入缝边刀口到净边”“减少断点”“根据面料名称新建面料”等属性选项，如图2-9-3。

点击界面左上方菜单中文件，导入DXF格式文件，或按快捷键“Ctrl＋Shift＋D”，如图2-9-4。

图 2-9-3

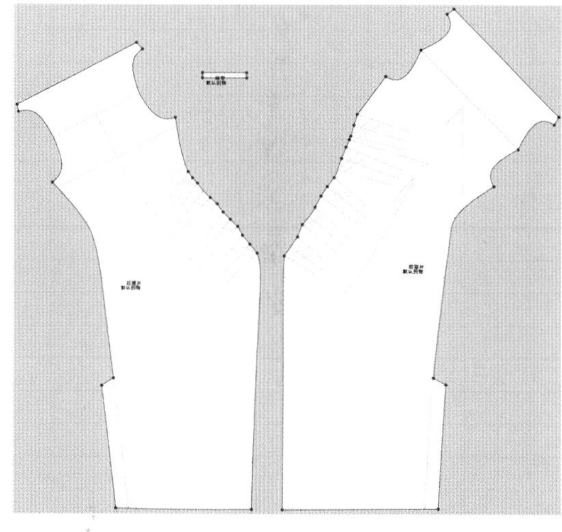

图 2-9-4

四、虚拟缝制

1. 文件导入

(1) 打开 Style3D，点击文件新建或按快捷键“Ctrl+N”，新建一个文件。

(2) 选择资源库工具，选择导入模特工具，如图 2-9-5。

2. 板片安排、调整

(1) 2D 和 3D 同步。点击选择/移动工具选择/移动，或快捷键“Q”，根据服装结构关系排列 2D 视窗所有板片。框选 2D 视窗所有板片，在 3D 视窗中用右键点击板片，选择重置 3D 安排位置，或快捷键“Ctrl+F”，2D 视窗板片和 3D 视窗板片即可同步呈现，如图 2-9-6。

图 2-9-5

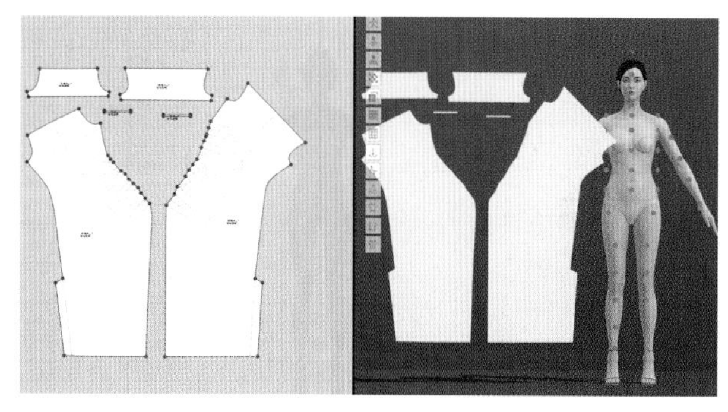

图 2-9-6

(2) 选择显示安排点工具或快捷键“A”，显示的模特安排点用于摆放板片位置，如图 2-9-7。

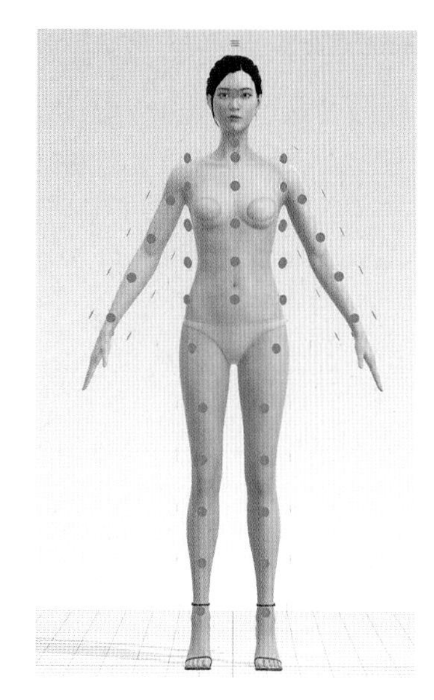

图 2-9-7

(3) 安排板片。点击选择/移动工具选择/移动，点击左键选中板片，鼠标放到模特安排点对应位置，点击左键，完成板片安排，如图 2-9-8。

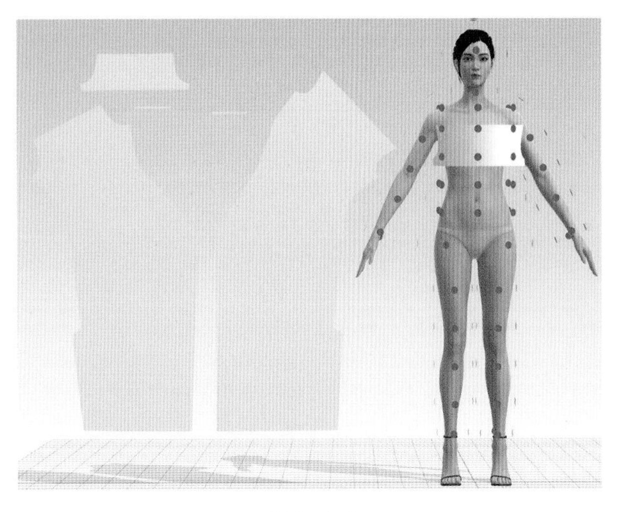

图 2-9-8

（4）点击选择/移动工具 选择/移动，依次完成 3D 视窗所有板片的排列，如图 2-9-9。

（5）褶线勾勒和褶线角度设置。单击“勾勒轮廓”工具 勾勒轮廓 或快捷键“I”，选中前片内部基础线，

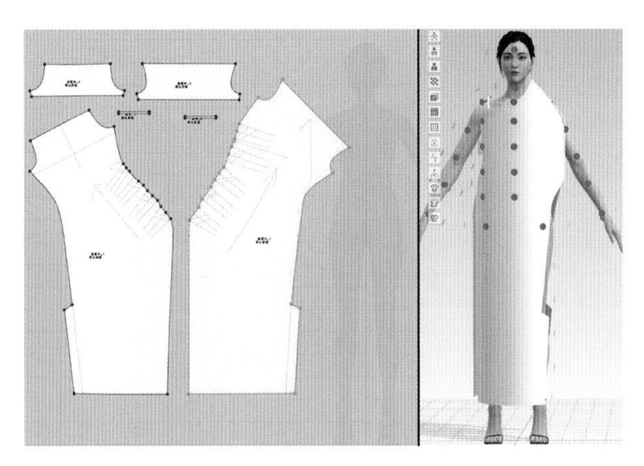

图 2-9-9

按“Enter”键完成勾勒为内部线。黄色褶线为内凹线，角度设置为 360°，红色褶线为外凸线，角度设置为 0，如图 2-9-10、图 2-9-11。

3. 样衣缝合

（1）褶裥缝制固定。选择“线缝纫”工具 线缝纫 或快捷键“N”，分别点击褶裥的两条线段，完成褶裥的缝制固定，将其缝纫类型改为合缝，如图 2-9-12。

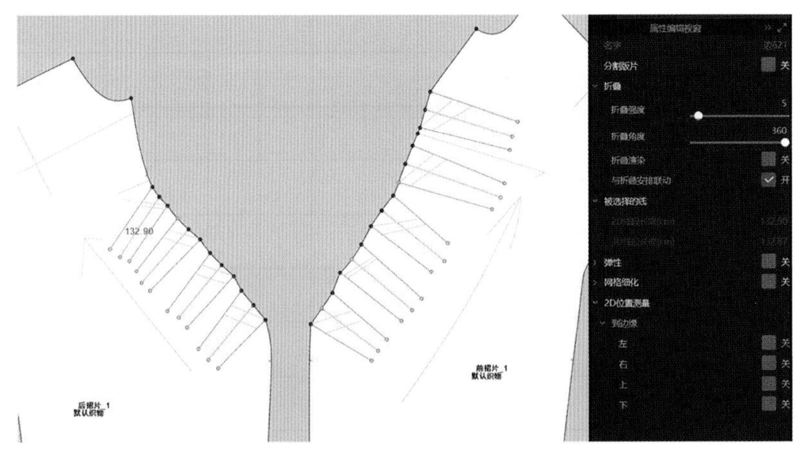

图 2-9-10

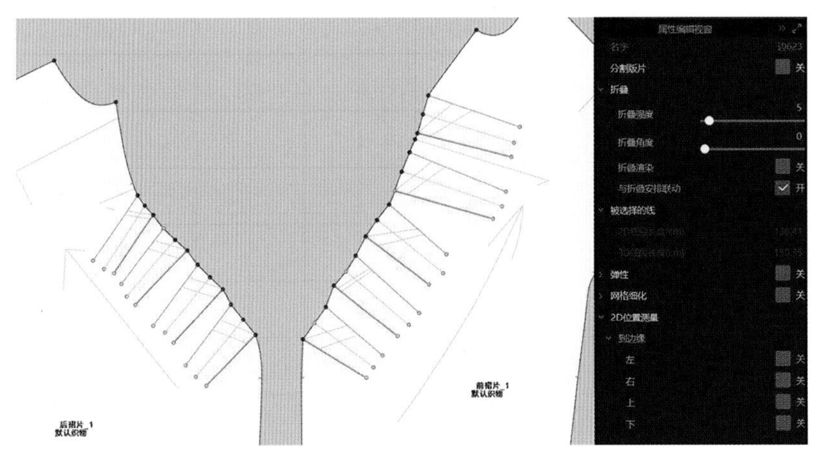

图 2-9-11

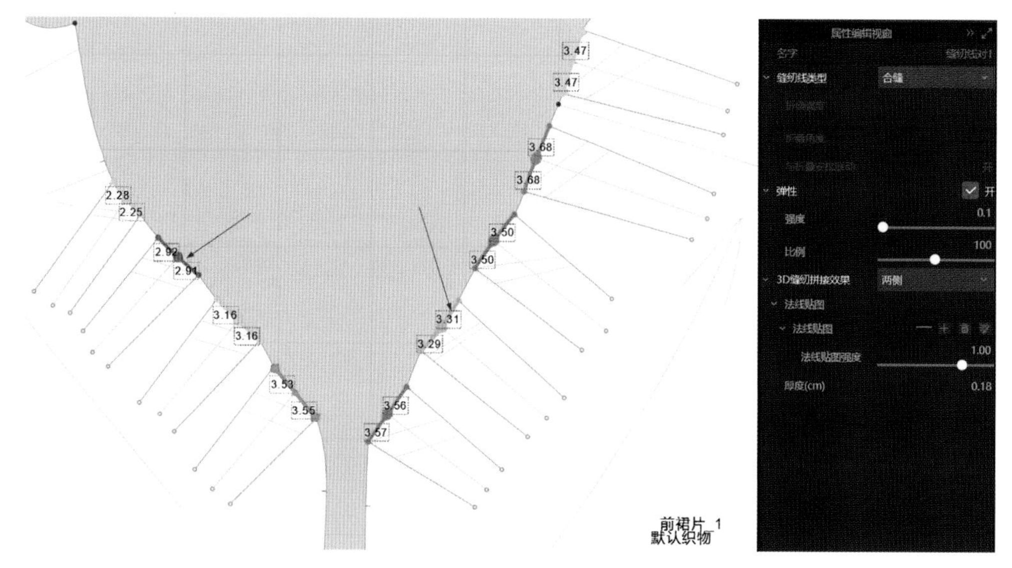

图 2-9-12

(2) 衣片缝制。使用“自由缝纫”工具或快捷键“M”，在3D系统中，领口内折部分样板剪断，作为内领贴。点击板片之间相互需要缝制的线，添加缝纫关系，进行前片、后片、肩带的缝合；完成前领内贴板片与前片的缝合，后片内贴与后片的缝合；前后侧缝线的缝合，再完成所有衣片的缝合，如图2-9-13。

(3) 肩部缝制。点击选择/移动工具，选中原肩带板片的对称线，剪切样板对称保留半边。在2D窗口中选中肩带，点击右键选择生成里布层。在属性编辑视窗中，选择粒子间距，将默认数值20改为3，保证肩带板片形态稳定，额外渲染厚度改为1。调整肩带造型，完成肩带缝制，如图2-9-14。

(4) 坠领造型。完成坠领的缝制，并模拟，如图2-9-15。

使用“编辑缝纫”工具或快捷键“B”，按住“Shift”键同时选中前贴片和前片领口边线，在属性编辑视窗找到弹性并打开，将默认力度10改为0.1，将默认比例80改为200，表现领口中心45°正斜丝面料悬垂特性，呈现领口坠领效果，如图2-9-16。

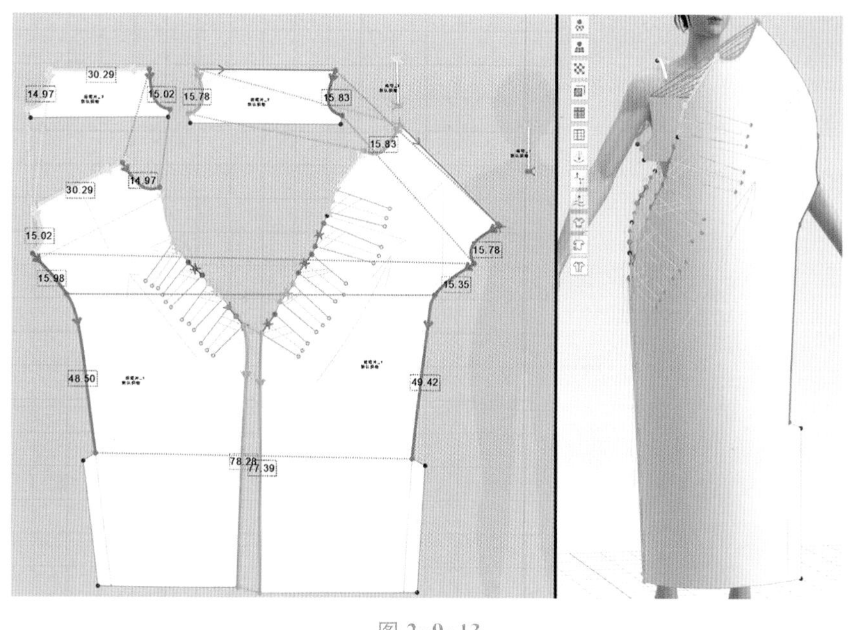

图 2-9-13

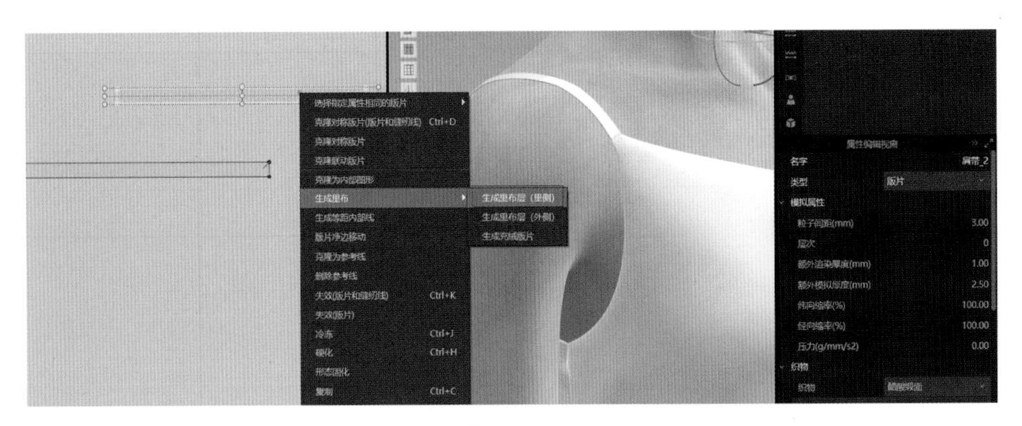

图 2-9-14

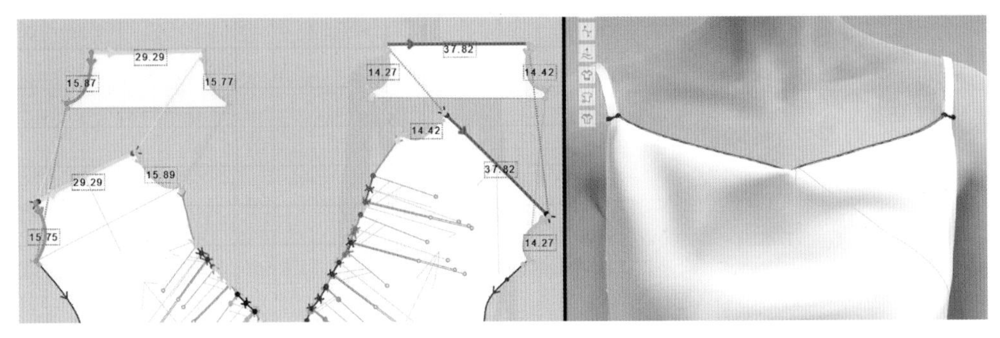

图 2-9-15

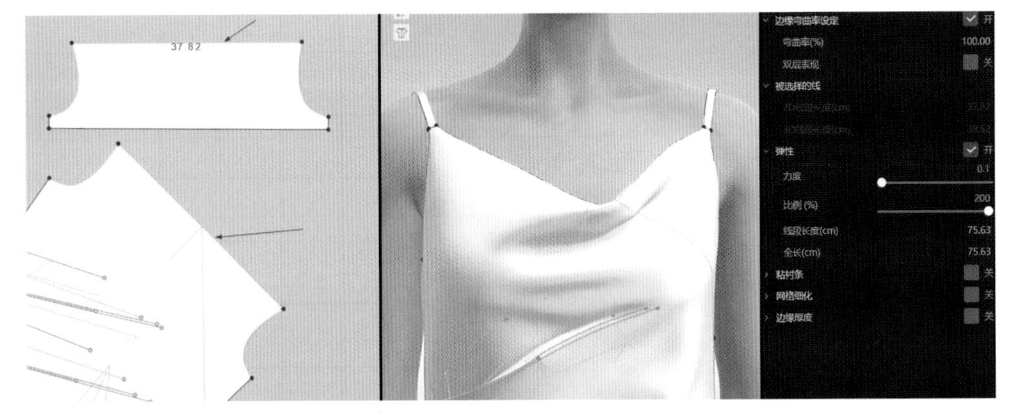

图 2-9-16

4. 工艺细节

(1) 肩带黏衬定型。使用选择/移动工具 或快捷键“Q”,选中肩带,在右侧编辑织物样式,选择黏衬并打开,如图 2-9-17。

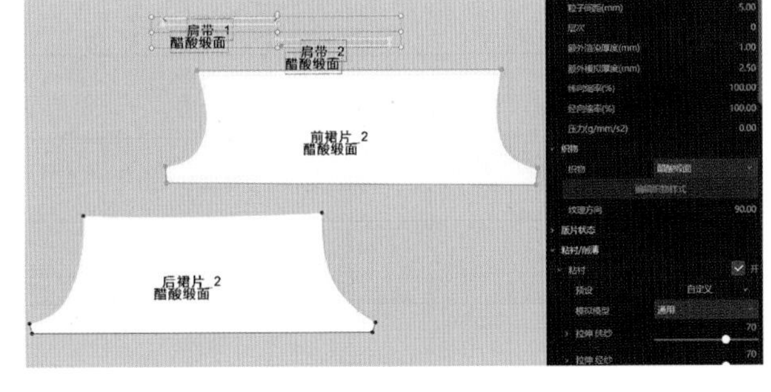

图 2-9-17

(2) 修改线条弹性系数。使用“编辑板片”工具 ,按住“Shift”同时点选板片袖窿线和领圈的边线,在属性编辑视窗找到弹性并打开,将默认比例 80 改为 99,缝线略收紧,防止缝合拉长,如图 2-9-18。

(3) 褶裥等距内部线添加。使用“编辑板片”工具 ,选中褶裥的红色线,点击右键生成等距内部线,如图 2-9-19,将其间距选择 0.2 cm,扩张数量 1,方向选择两侧,使褶裥翻折弧度更加圆顺自然,如图 2-9-20。

（4）开衩。使用线缝纫工具或快捷键“N”，按照缝合关系分别点击左右开衩线，如图 2-9-21。点击笔工具或快捷键“D”，前片开衩处增加折叠线。使用编辑缝纫工具或快捷键“B”，选中开衩折叠线，将属性编辑视窗中的折叠角度从 180°改为 15°，完成裙摆开衩缝制，如图 2-9-22。

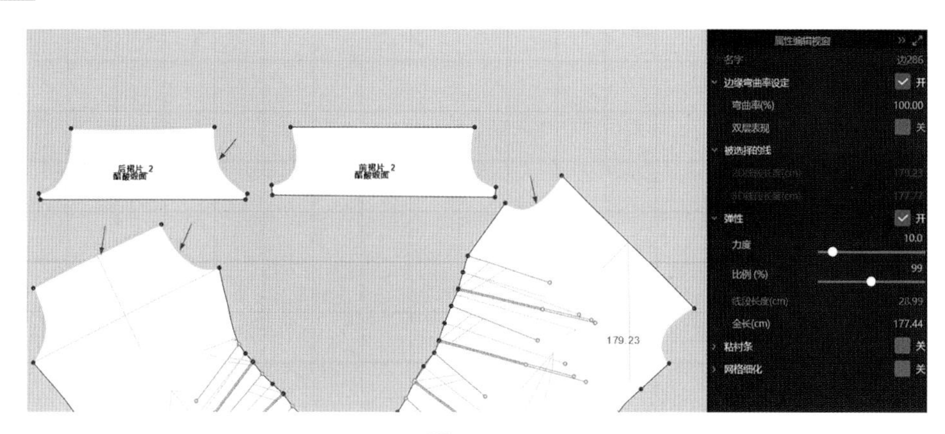

图 2-9-18

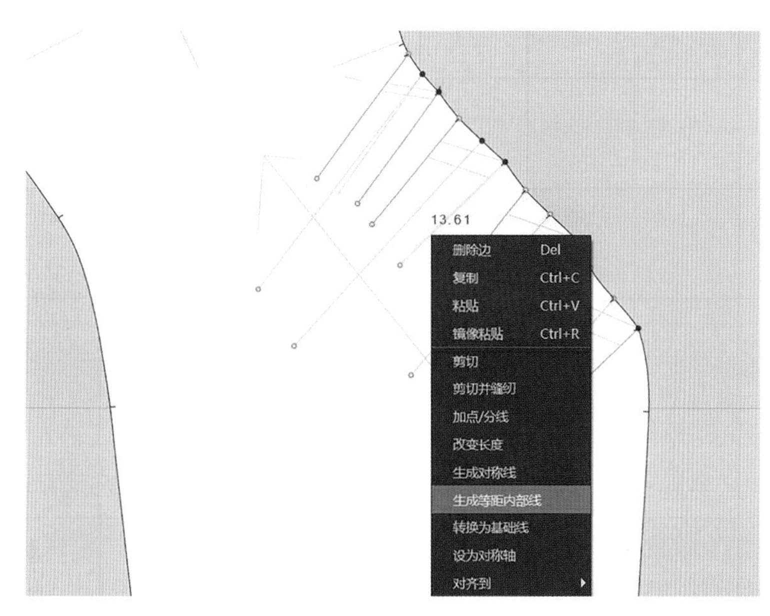

图 2-9-19

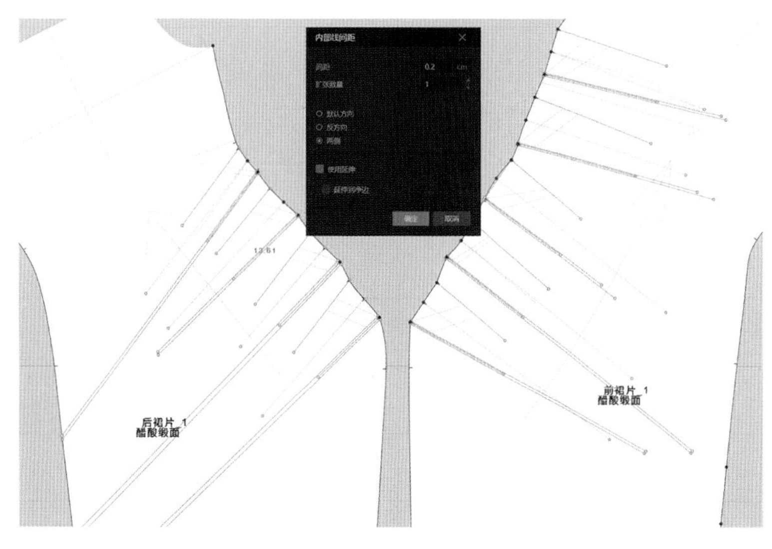

图 2-9-20

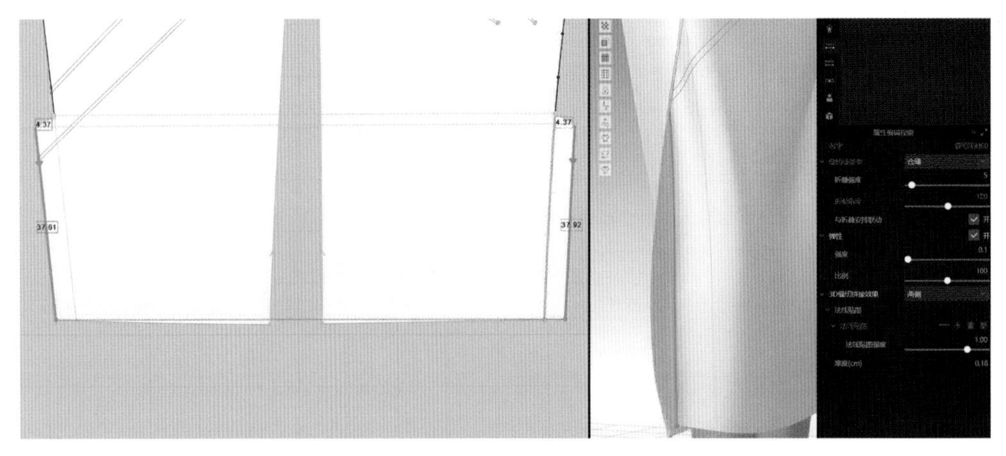

图 2-9-21

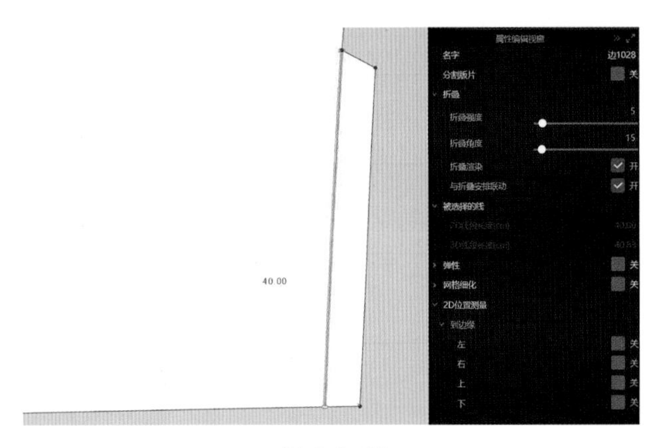

图 2-9-22

(5) 装隐形拉链。选择面料资源库工具，在资源库辅料属性中找到隐形拉链头，左键双击隐形拉链头，添加到附件中，如图 2-9-23。

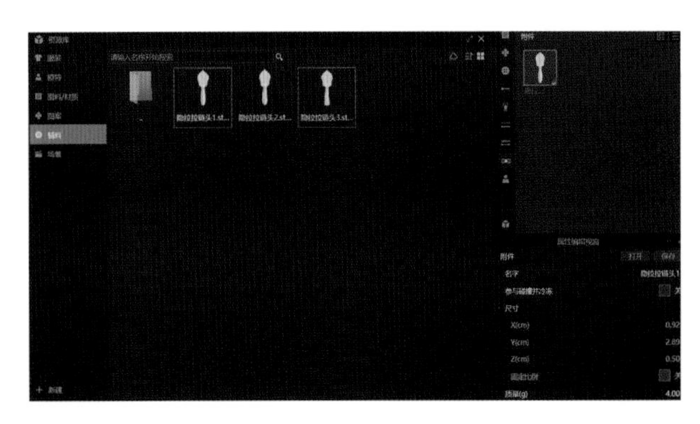

图 2-9-23

在右侧附件中，鼠标双击隐形拉链头，添加隐形拉链头到 3D 窗口中，移动隐形拉链头至侧缝，完成拉链头方向调整，如图 2-9-24。

5. 缝制完成

(1) 按缝纫逻辑关系完成坠领礼服所有板片的缝合，如图 2-9-25。

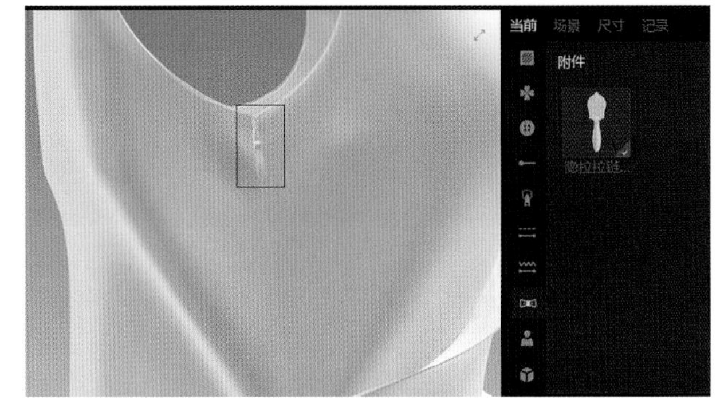

图 2-9-24

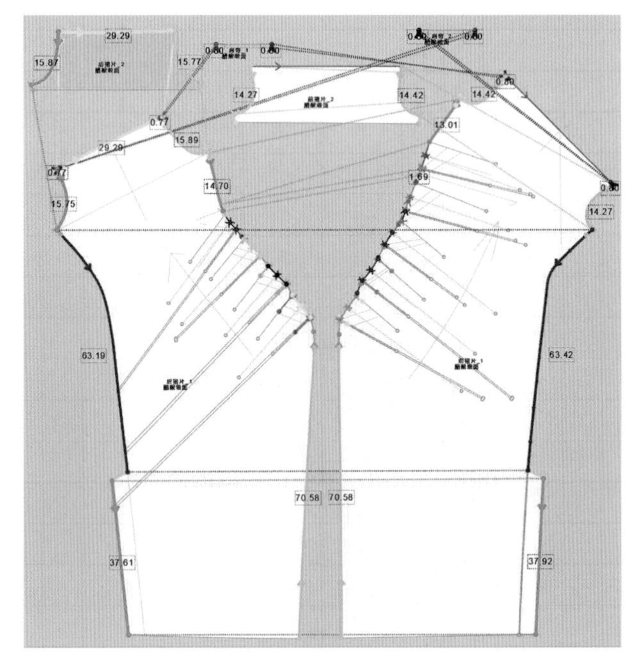

图 2-9-25

(2) 3D 缝制效果，如图 2-9-26。

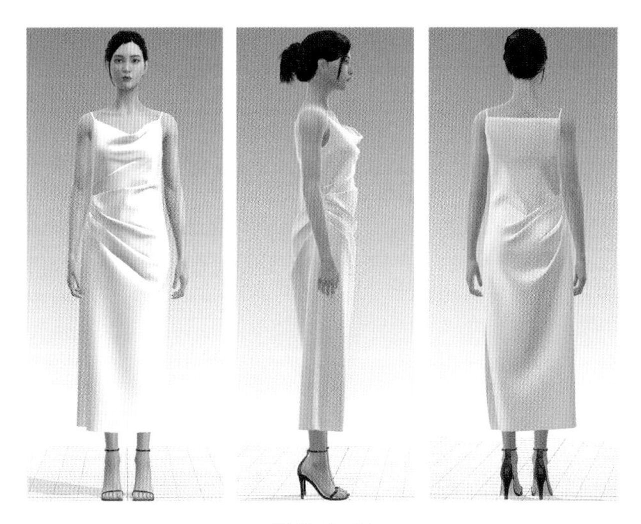

图 2-9-26

五、面辅料属性设置

1. 面料参数设置

(1) 选择面料资源库工具，在资源库面料与属性中搜索醋酸面料品类。

(2) 根据实际面料材质、厚度、柔软度及悬垂性，调整经纬纱拉伸参数和经纬纱弯曲参数。

(3) 醋酸缎面面料属性参数如图 2-9-27。

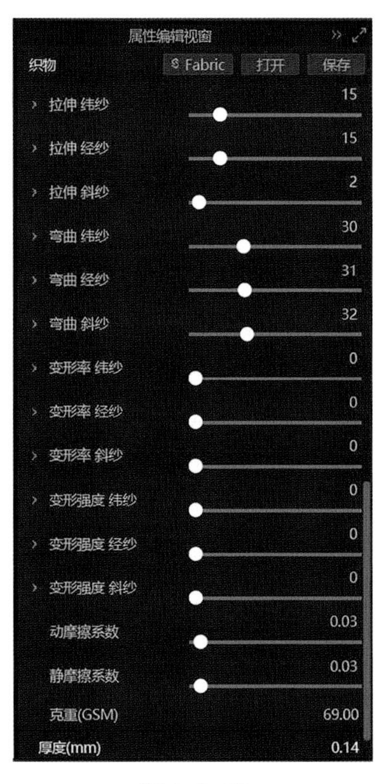

图 2-9-27

2. 面料纹理及颜色设置

(1) 面料纹理添加、透明度调整。选择面料资源库工具，找斜纹面料纹理贴图，添加到右侧属性编辑视窗中，增加法线贴图强度到 1.3，使得面料织物纹理清晰，如图 2-9-28。

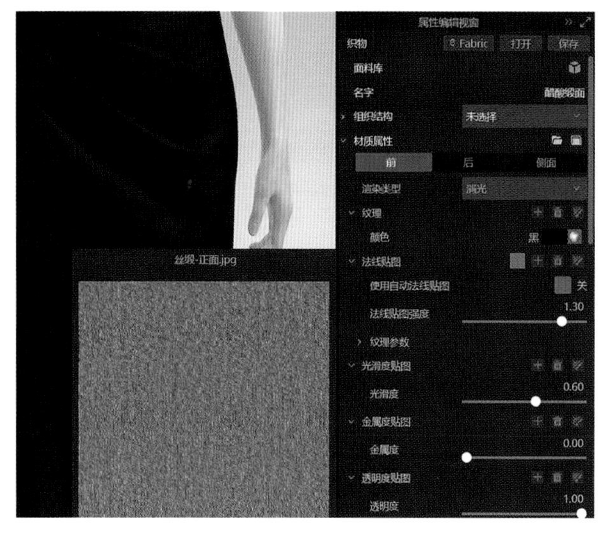

图 2-9-28

(2) 面料颜色调整。在属性编辑视窗中选择颜色工具，选择颜色色号，调整面料明度、纯度，如图 2-9-29。

图 2-9-29

六、样板的修正

通过 3D 着装效果，调整 3D 窗口的 2D 样板，调整后的样板重新模拟服装穿着效果。在 3D 软件中修改调整后的 2D 样板，直接可以转化为 CAD 文件，实现 CAD 样板修改与 3D 虚拟展示同步。

七、虚拟样衣展示

1. 离线渲染参数设置

(1) 点击离线渲染工具 离线渲染 ,打开渲染图片属性工具 。

(2) 在编辑属性视窗中选择图片尺寸为 A4,文件格式选择 png,渲染工具选择 CPU,渲染品质选择高质量,渲染方法选择暴力渲染,如图 2-9-30、图 2-9-31。

图 2-9-30

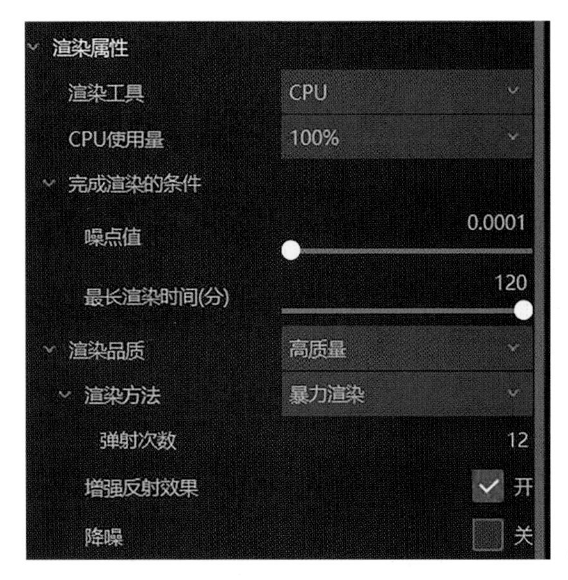

图 2-9-31

2. 3D 渲染效果图(图 2-9-32)

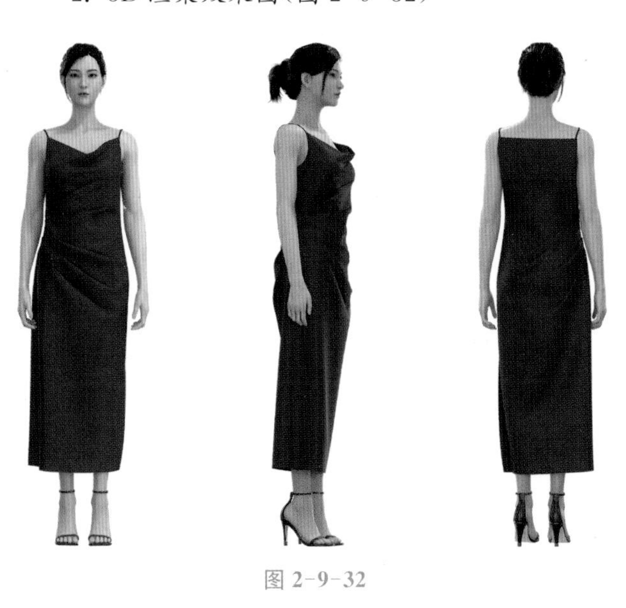

图 2-9-32

八、扫码观坠领礼服详细的 3D 设计和缝制过程视频

九、训练习题布置

练习 1:肩带、衣片褶裥的缝制,坠领造型,裙片开衩的缝制巩固练习。

练习 2:练习坠领礼服缝制 1 款。

任务十　玫瑰肩西装

一、任务要求

知识目标：

1. 掌握面布与里布缝合模拟的方法
2. 掌握戗驳领的缝制方法
3. 掌握两片袖的缝制方法

能力目标：

应用Style3D软件完成本款玫瑰肩女西装的缝制，完成戗驳领和两片袖的缝制，完成肩部玫瑰花的缝制，完成TR梭织面料3D参数设置，完成款式渲染，提升整款成衣效果展示的能力。

学习准备：服装CAD的DXF格式板片文件。

学习重点：肩部玫瑰花、纽扣扣眼、两片袖的虚拟缝制。

学习难点：戗驳领缝制、TR面料参数调整。

二、款式分析

1. 款式特点

H廓形休闲女西装，戗驳领，两片袖，大袖片外层分割开口设计，单肩玫瑰花装饰，前后袖窿公主线分割（图2-10-1）。

2. 选用面料

衣身选用无弹中厚TR斜纹面料，里布选用细棉布。

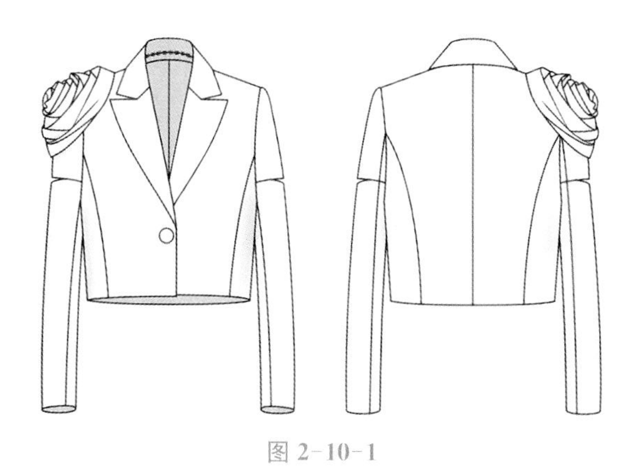

图2-10-1

三、服装CAD文件导入3D软件

服装CAD文件10

1. CAD样板核对修正

应用服装CAD软件，将本款立体裁剪的裁片读图导入CAD，调整CAD样板线条、文字标注，完成核对，如服装CAD文件10、图2-10-2所示。

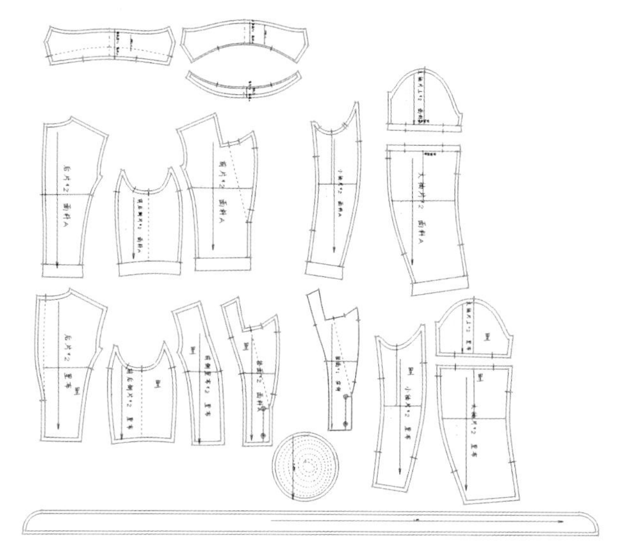

图2-10-2

CAD样板裁片部件：

（1）前片×2，侧片×2，后片×2，大袖片×2，小袖片×2。

（2）挂面×2，前片里×2，侧片里×2，后片里×1。

（3）大袖里×2，小袖片×2，领里×1，领面×2。

（4）玫瑰花底×1，玫瑰花片×1。

2. CAD样板导入到3D软件

将CAD中的样板文件保存为DXF格式，导入到3D软件。

打开3D软件界面，导入DXF文件，勾选“自动调整比例”“导入板片缝边”“导入板片标注”“优化所有曲线点”“板片自动排列”“导入缝边刀口到净边”“减少断点”“根据面料名称新建面料”等属性选项，如图2-10-3。

点击界面左上方菜单中文件，导入DXF格式文件，或按快捷键“Ctrl＋Shift＋D”，如图 2-10-4。

图 2-10-3

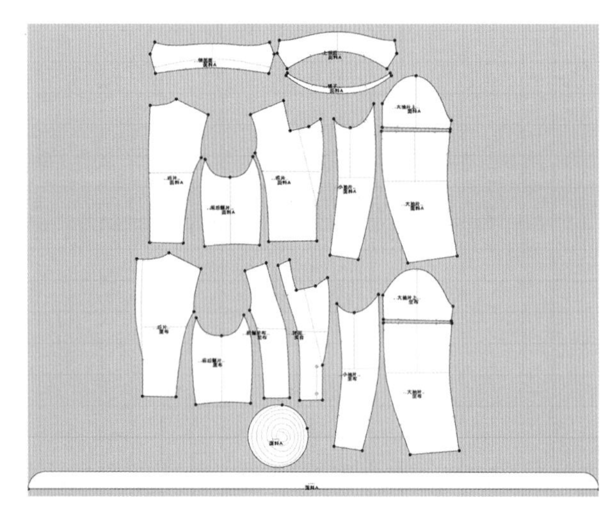

图 2-10-4

四、虚拟缝制

1. 文件导入

（1）打开 Style3D，点击文件新建或按快捷键“Ctrl＋N”，新建一个文件。

（2）选择资源库工具，选择导入模特工具，如图 2-10-5。

2. 板片安排、调整

（1）2D 和 3D 同步。点击选择/移动工具，或快捷键“Q”，根据服装结构关系排列 2D

图 2-10-5

视窗所有板片。框选 2D 视窗所有板片，在 3D 视窗中用右键点击板片，选择重置 3D 安排位置，或快捷键“Ctrl＋F”，2D 视窗板片和 3D 视窗板片即可同步呈现，如图 2-10-6。

图 2-10-6

（2）选择显示安排点工具或快捷键“A”，显示的模特安排点用于摆放板片位置，如图 2-10-7。

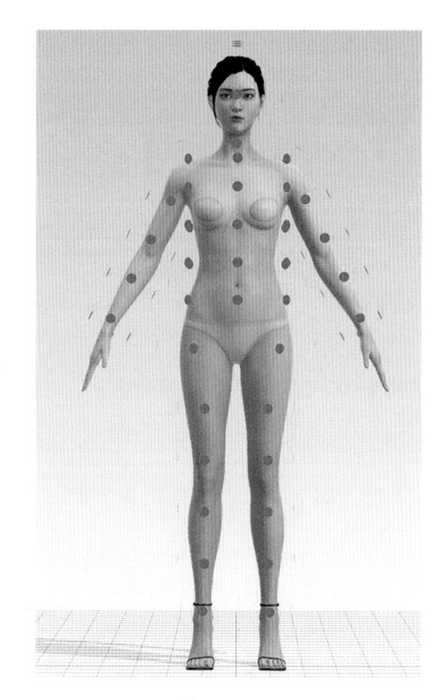

图 2-10-7

（3）安排板片。点击选择/移动工具 选择/移动，左键点击选中板片，鼠标放到模特安排点对应位置，点击左键，完成板片安排，如图2-10-8。

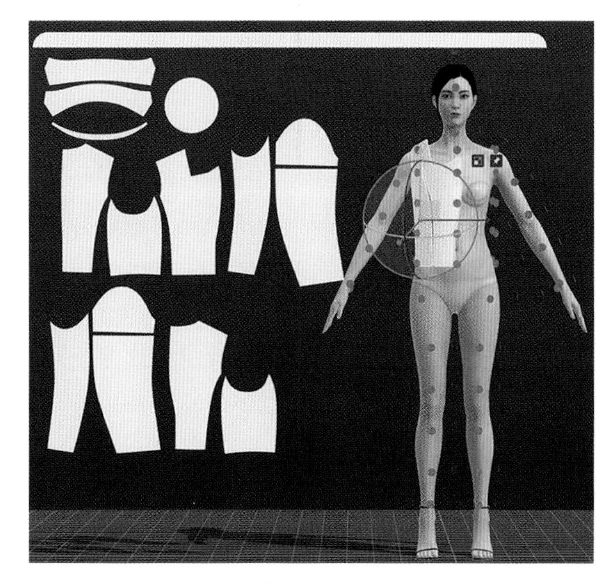

图2-10-8

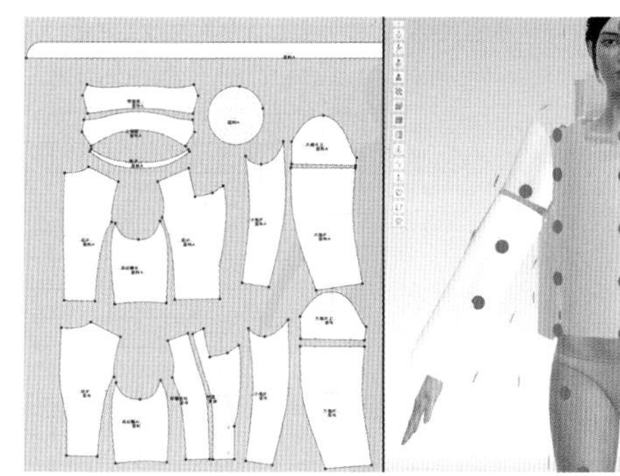

图2-10-9

（4）点击选择/移动工具 选择/移动，依次完成3D视窗所有板片的排列，如图2-10-9。

（5）板片安排及对称。点击选择/移动工具 选择/移动，调整定位球中的红色、蓝色、绿色三维坐标轴，或点击绿色方形区域进行整体移动，按着装结构关系，将前后板片位置调整好。同时选中挂面、前片里、侧片里、后片里，再同时选中前片、侧片、后片、大袖片、小袖片，在3D窗口点击右键，选择克隆对称板片（板片与线缝纫），如图2-10-10、图2-10-11。

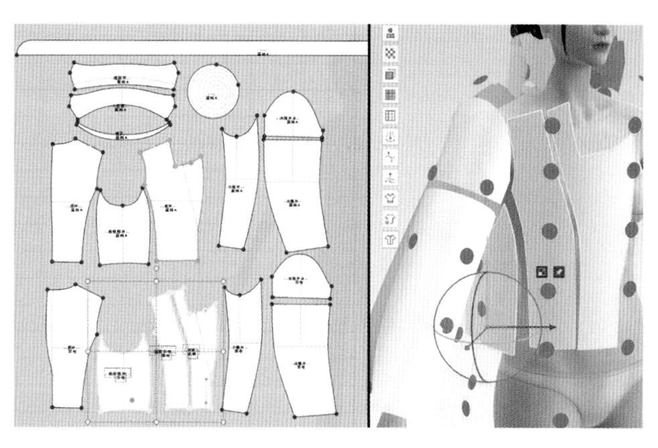

图2-10-10

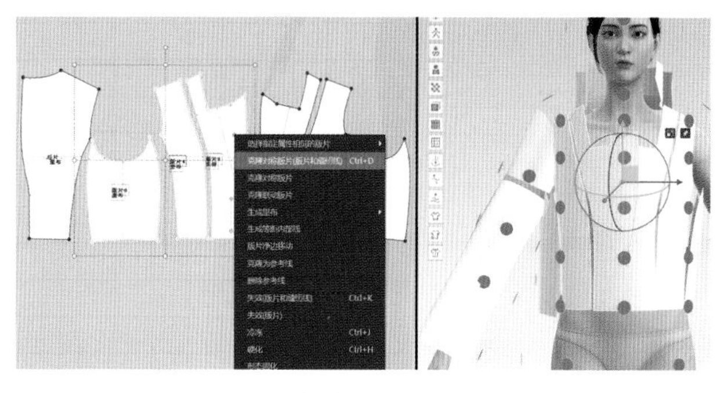

图2-10-11

（6）后片里布褶线勾勒和褶线角度设置。单击"勾勒轮廓"工具 勾勒轮廓 或快捷键"I"，选中后片内部基础线，按"Enter"键完成勾勒为内部线。红色褶线为外凸线，角度设置为34°，黄色褶线为180°不变，如图2-10-12、图2-10-13。

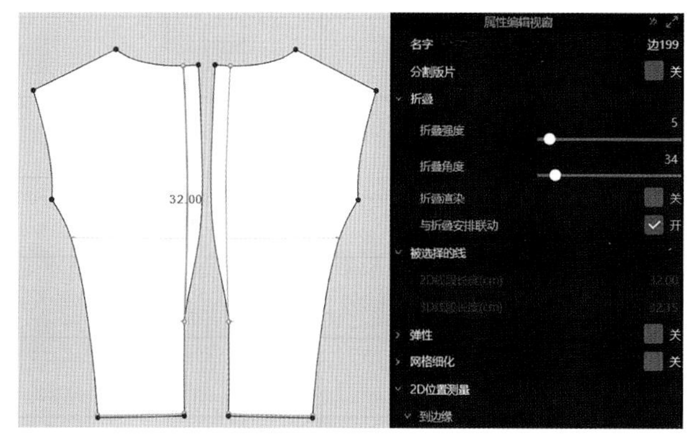

图2-10-12

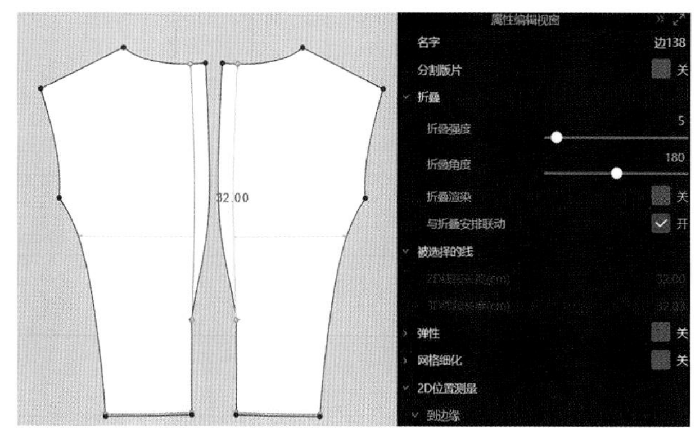

图2-10-13

3. 样衣缝合

（1）里布板片缝制。使用“自由缝纫”工具或快捷键“M”，连接起点与终点，添加缝纫关系，进行挂面、前片里、侧片里、后片里的缝合。按住“Shift”键，将袖片里的袖山弧线分别与衣片里的袖窿弧线缝合，按住“Shift”键将后肩斜线分别与挂面肩线和前片里肩线缝合，进行大小袖片里缝合，如图2-10-14。

（2）面布板片缝制。使用“自由缝纫”工具或快捷键“M”，连接起点与终点，添加缝纫关系，进行前片、侧片、后片的缝合。按住“Shift”键，将袖片袖山弧线分别与衣片袖窿弧线缝合，将后片肩斜线与前片肩斜线缝合，进行大小袖片缝合，如图2-10-15。

（3）前片与挂面的缝纫类型改为合缝。使用“编辑缝纫”工具或快捷键“B”，分别单击前片、挂面的缝纫边线，将缝纫类型改为合缝，完成挂面与前片的缝合，如图2-10-16。

（4）领子缝合。使用“自由缝纫”工具或快捷键“M”，先将领座与领面缝合，其次连接领座底边和前后领圈的起点与终点，再次将领面与领里边线缝合，并将其缝纫类型改为合缝，完成领子缝合，如图2-10-17。

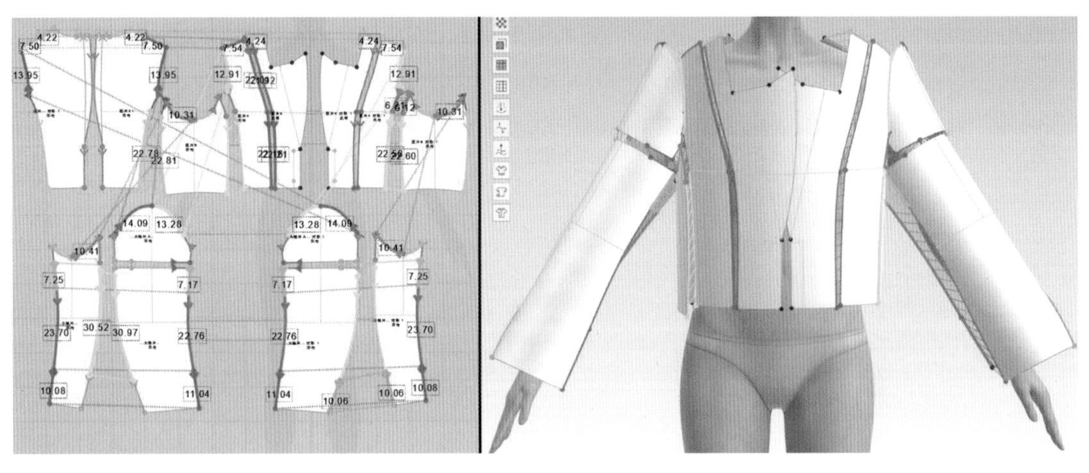

图2-10-14

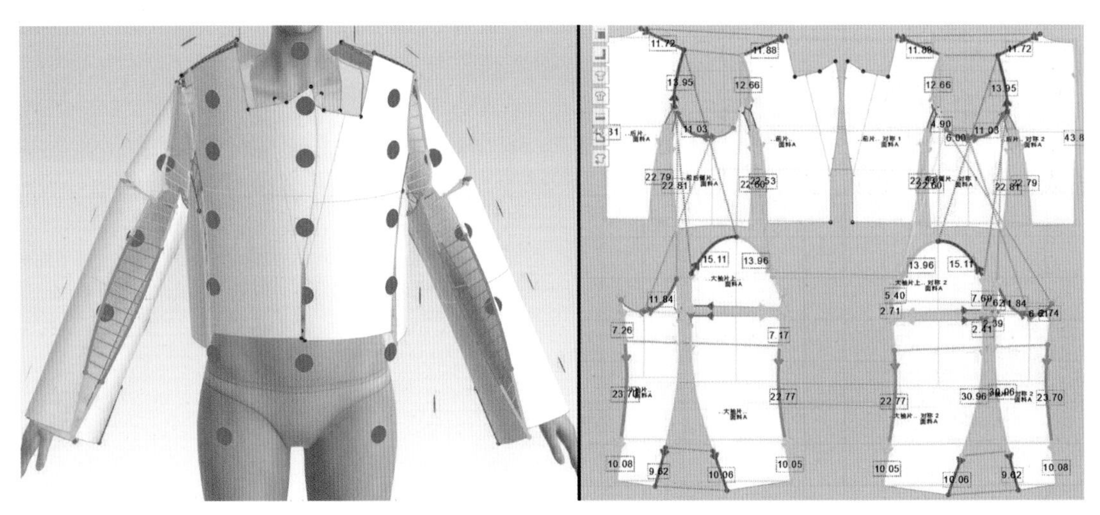

图2-10-15

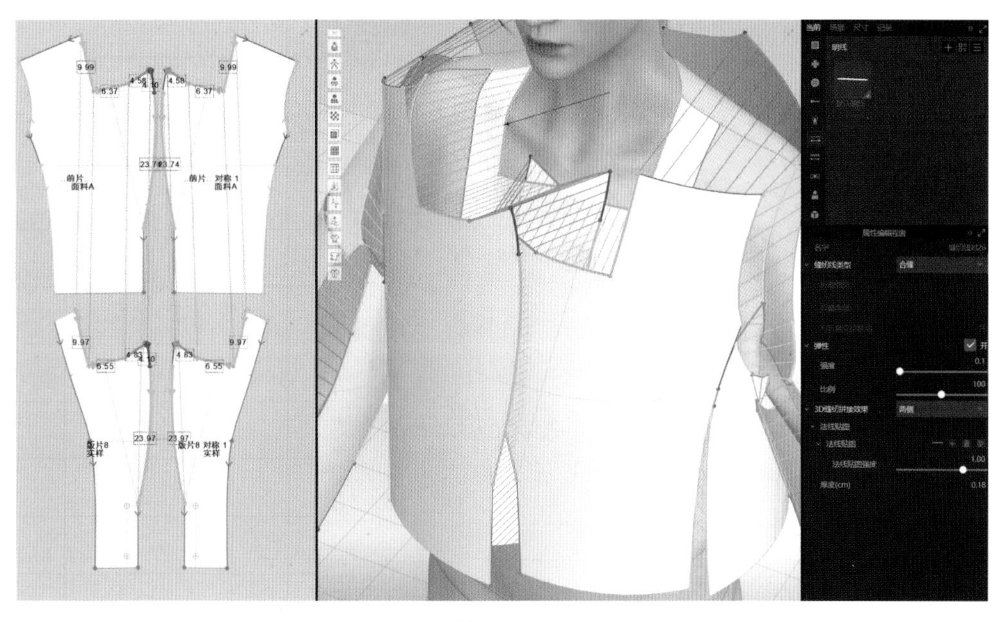

图 2-10-16

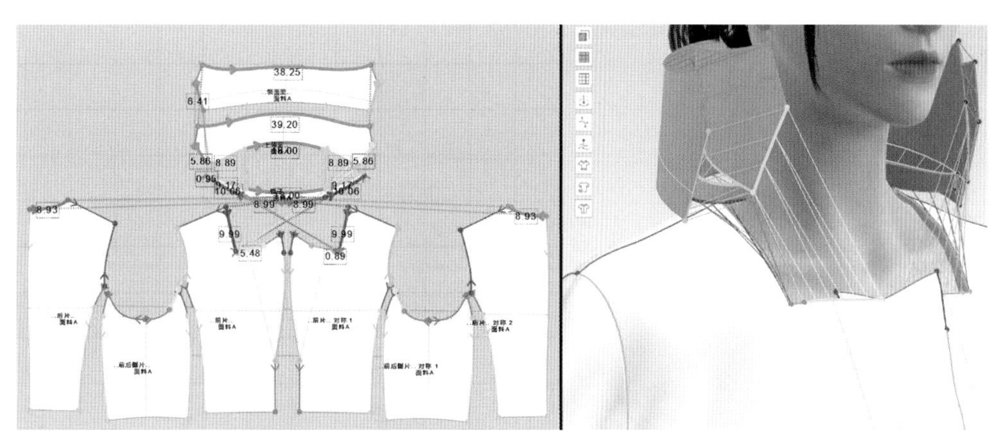

图 2-10-17

（5）肩部玫瑰花的缝制。找到“开始”菜单里的“勾勒轮廓”工具，选中玫瑰花底盘内部基础线，按“Enter”键完成勾勒为内部线。使用“自由缝纫”工具 自由缝纫 或快捷键“M”，连接内部线的起点与终点，添加玫瑰花片的缝纫关系，并模拟形成花瓣效果，如图 2-10-18。

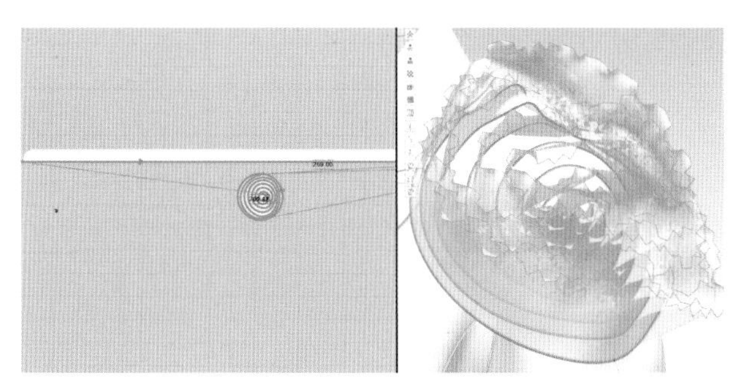

图 2-10-18

使用“编辑板片”工具 编辑版片，选中玫瑰花瓣板片上口边线，在属性编辑视窗找到“弹性”，并将默认比例 80 提高到 120，增加花瓣板片上口边线弹性，如图 2-10-19，模拟形成花瓣舒卷的效果，并添加到右侧附件中，如图 2-10-20。

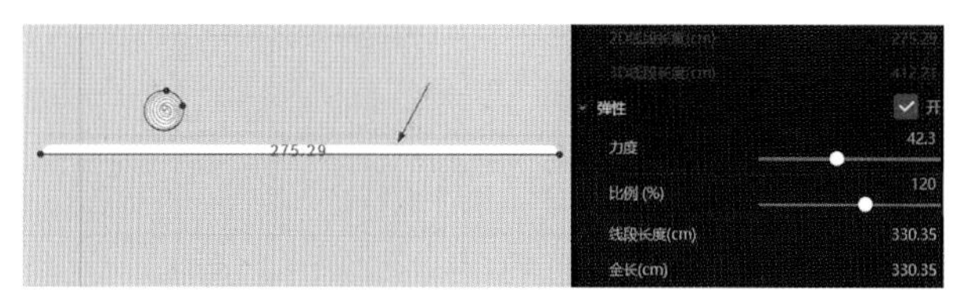

图 2-10-19

（6）肩部添加玫瑰花。找到“附件”工具 ，点击打开找到相应玫瑰花附件，添加至肩部。为了防止玫瑰花滑落，选中玫瑰花单击右键，选择智能

图 2-10-20

转换为附件即可，如图 2-10-21。

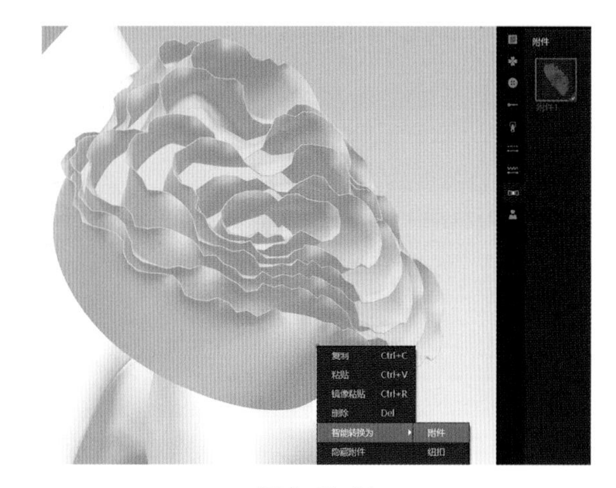

图 2-10-21

4. 工艺细节

(1) 领子挂面黏衬定型。使用选择/移动工具或快捷键“Q”，分别选中挂面和领子板片，在右侧“编辑织物样式”，选择黏衬并打开，如图 2-10-22。

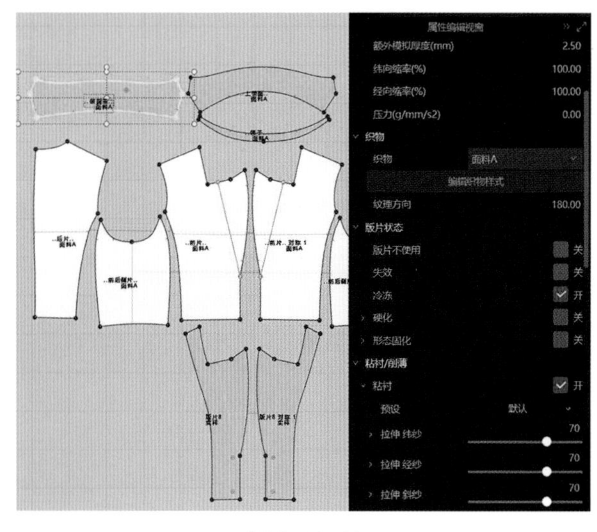

图 2-10-22

(2) 前片和挂面翻折线角度设置。使用“编辑板片”工具，选中前片翻折线，将其折叠角度改为 353°，折叠强度改为 20，使得驳领翻折，如图 2-10-23。

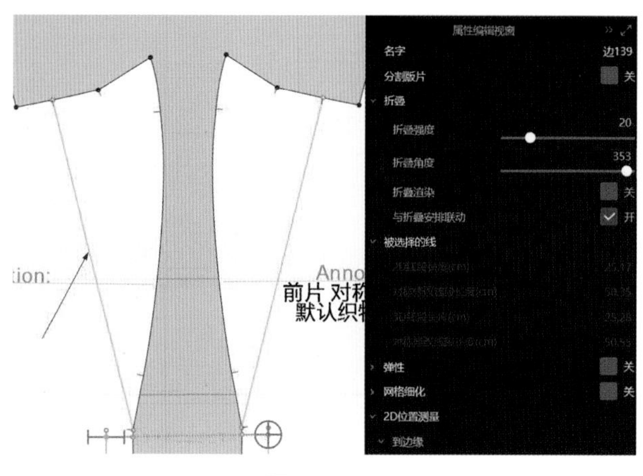

图 2-10-23

(3) 翻驳线等距内部线添加。使用“编辑板片”工具，选中前片翻折线，点击右键生成等距内部线，间距设定为 0.15 cm，扩张数量 1，使翻折弧度更加圆顺自然，如图 2-10-24。

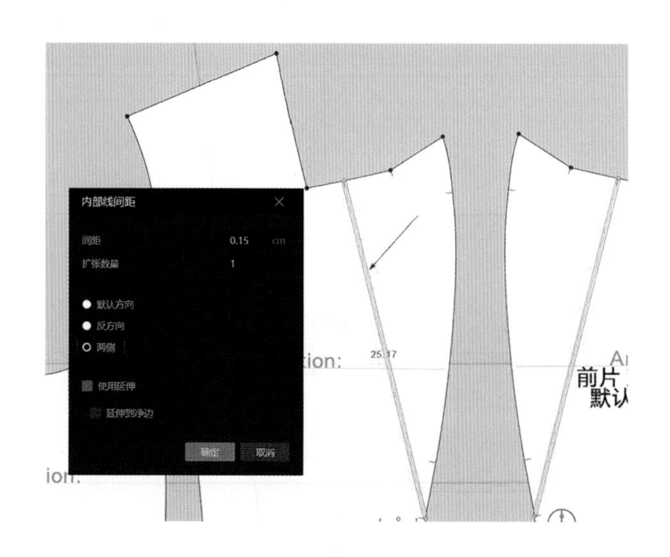

图 2-10-24

(4) 添加纽扣和扣眼。使用“纽扣”工具和“扣眼”工具，在 2D 板片分别添加纽扣和扣眼，如图 2-10-25。点击“素材”菜单中的“系纽扣”工具，在 3D 视窗中先后单击纽扣和扣眼，完成衣片系扣，图 2-10-26。

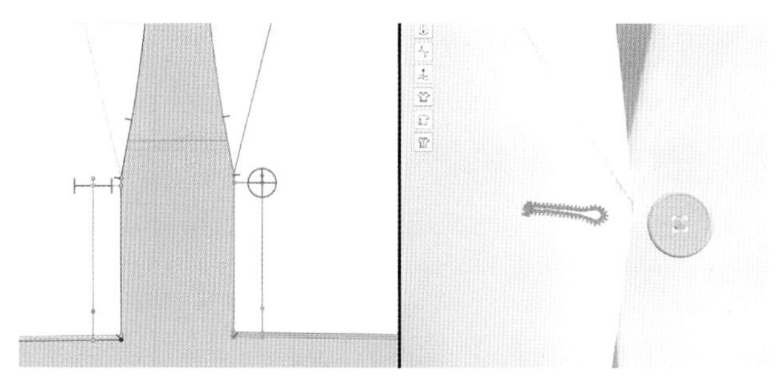

图 2-10-25

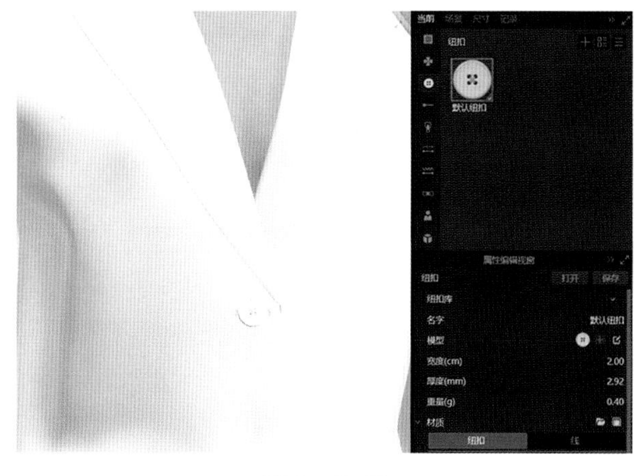

图 2-10-26

(5) 前片与挂面的纽扣、扣眼缝合层数设置。分别选择“纽扣”工具和“扣眼”工具，选中纽扣与扣眼，单击右键，选择“设置缝合层数”，如图 2-10-27，将其“设置缝合层数”的默认数值 1 改为 2，使得 3D 场景中衣片的纽扣与挂面固定，如图 2-10-28。

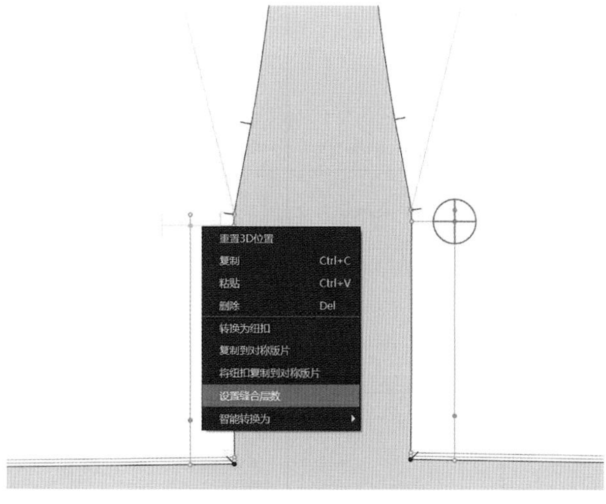

图 2-10-27

5. 缝制完成

(1) 按缝纫逻辑关系完成玫瑰肩西装所有板片的缝合，如图 2-10-29。

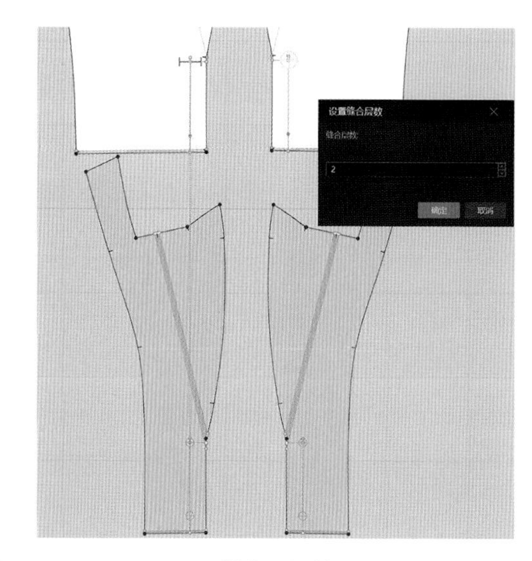

图 2-10-28

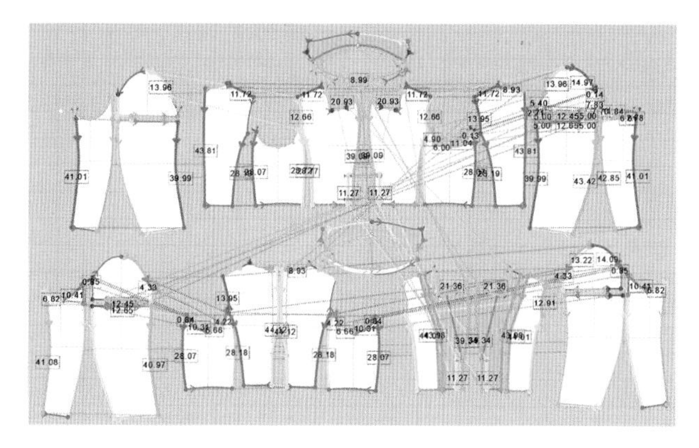

图 2-10-29

(2) 3D 缝制效果，如图 2-10-30。

图 2-10-30

五、面辅料属性设置

1. 面料参数设置

(1) 选择面料资源库工具，在资源库面料与属性中搜索 TR 斜纹面料和里布面料品类。

(2) 根据实际面料材质、厚度、柔软度及悬垂性，调整经纬纱拉伸参数和经纬纱弯曲参数。

（3）TR 面料和里布面料属性参数如图 2-10-31。

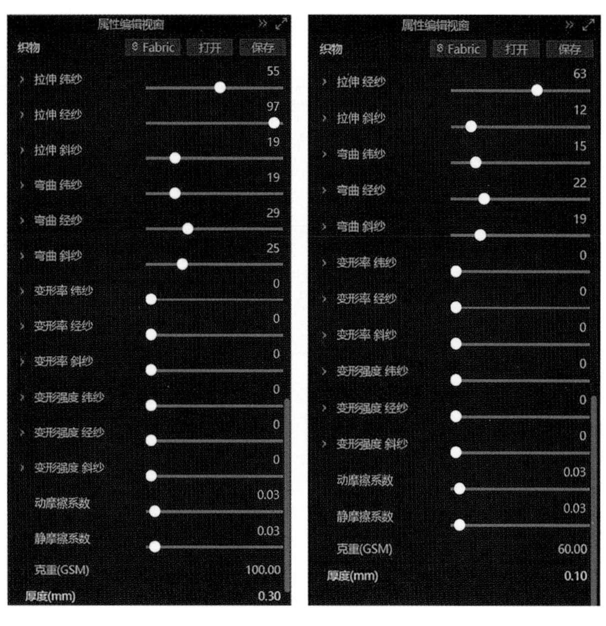

图 2-10-31

2. *面料纹理及颜色设置*

（1）TR 面料纹理添加、透明度调整。选择面料资源库工具，找到面料法线贴图，添加到右侧属性编辑视窗中，增加法线贴图强度到 2，使得面料织物纹理清晰，如图 2-10-32。

图 2-10-32

（2）面料颜色调整。在属性编辑视窗中选择颜色工具，选择颜色色号，调整面料明度、纯度，如图 2-10-33。

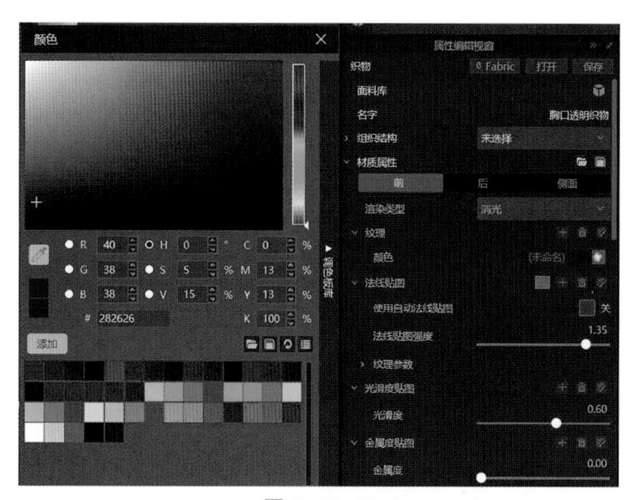

图 2-10-33

六、样板的修正

对照 3D 着装效果，调整 3D 窗口的 2D 样板，调整后的样板重新模拟服装穿着效果。在 3D 软件中修改调整后的 2D 样板，直接可以转化为 CAD 文件，实现 CAD 样板修改与 3D 虚拟展示同步。

七、虚拟样衣展示

1. *离线渲染参数设置*

（1）点击离线渲染工具，打开渲染图片属性工具。

（2）在编辑属性视窗中选择图片尺寸为 A4，文件格式选择 png，渲染工具选择 CPU，渲染品质选择高质量，渲染方法选择暴力渲染，如图 2-10-34、图 2-10-35。

图 2-10-34

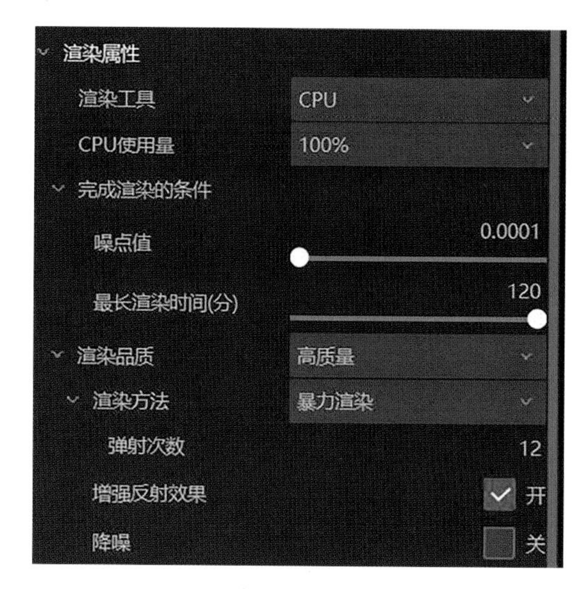

图 2-10-35

2. 3D 渲染效果图与短裙配套(图 2-10-36)

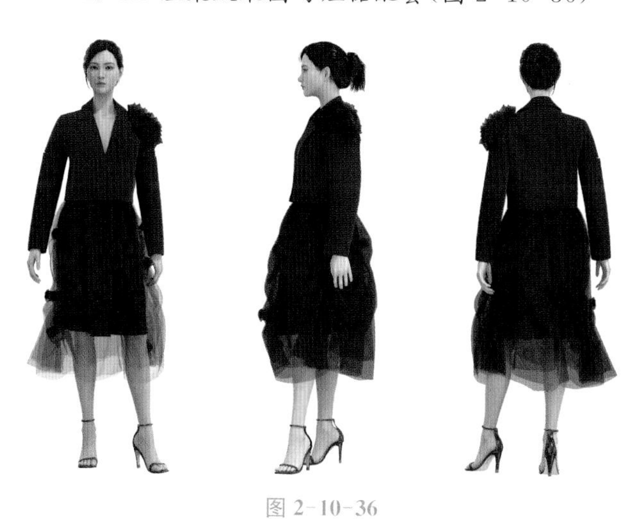

图 2-10-36

八、扫码观看玫瑰肩西装详细的 3D 设计和缝制过程视频

九、训练习题布置

练习 1:戗驳领、两片袖、单肩玫瑰花虚拟缝制巩固练习。

练习 2:练习玫瑰肩西装虚拟缝制 1 款。

任务十一　玫瑰装饰半裙

一、任务要求

知识目标：

1. 掌握腰头橡筋抽皱处理方法
2. 掌握网纱面料的表现方法
3. 掌握面料打褶处理方法

能力目标：

应用Style3D软件完成本款玫瑰装饰半裙的缝制，完成腰头板片的抽皱，完成前后裙片腰部细褶处理，完成玫瑰花制作，完网纱面料3D参数设置，完成款式渲染，提升整款成衣效果展示能力。

学习准备：服装CAD的DXF格式板片文件。

学习重点：腰头橡筋、腰部细褶、玫瑰花的虚拟缝制。

学习难点：细褶处理、面料打褶、网纱面料参数调整。

二、款式分析

1. 款式特点

腰头橡筋抽皱，网纱面料，前后裙片不规则点状抽皱，玫瑰花朵装饰(图2-11-1)。

2. 选用面料

裙子外两层选用网纱面料，里布选用细棉布。

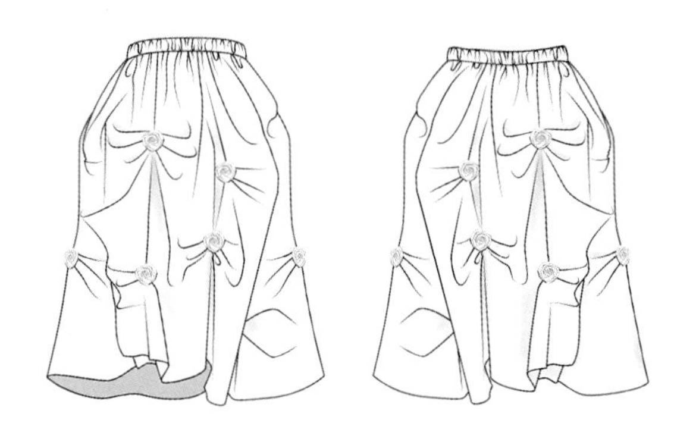

图2-11-1

三、服装CAD文件导入3D软件

服装CAD文件11

1. CAD样板核对修正

应用服装CAD软件，将本款立体裁剪的裁片读图导入CAD，调整CAD样板线条、文字标注，完成核对，如服装CAD文件11、图2-11-2。

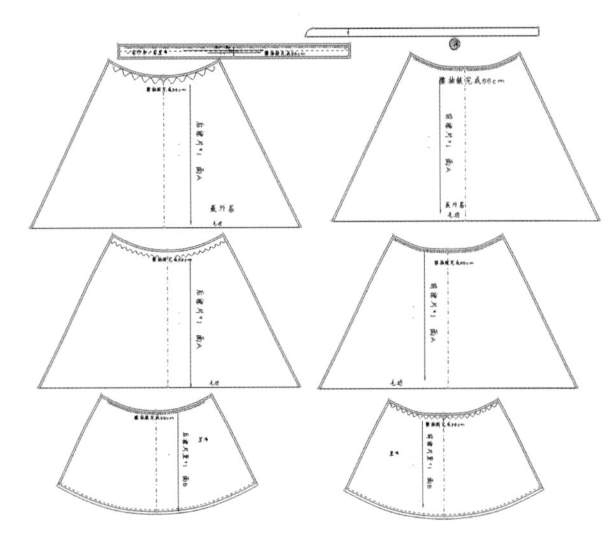

图2-11-2

CAD样板裁片部件：

(1) 前裙片×1，后裙片×1。

(2) 前裙片外层×1，后裙片外层×1，腰头板片×1。

(3) 前裙片里×1，后裙片里布×1，玫瑰花板片×1，底盘×1。

2. CAD样板导入到3D软件

将CAD中的样板文件保存为DXF格式，导入到3D软件。

打开3D软件界面，导入DXF文件，勾选“自动调整比例”“导入板片缝边”“导入板片标注”“优化所有曲线点”“板片自动排列”“导入缝边刀口到净边”“减少断点”“根据面料名称新建面料”等属性选项，如图2-11-3。

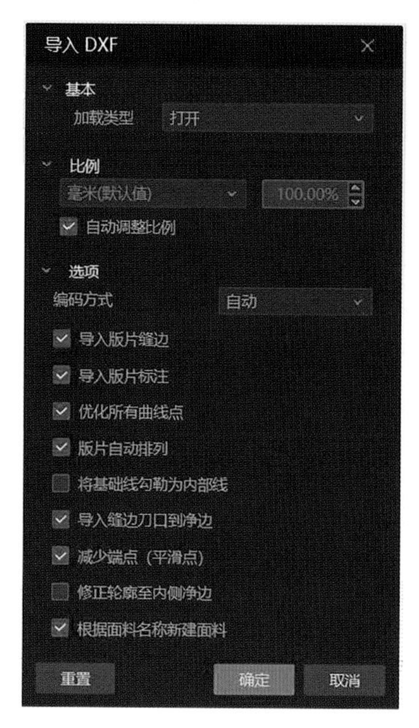

图2-11-3

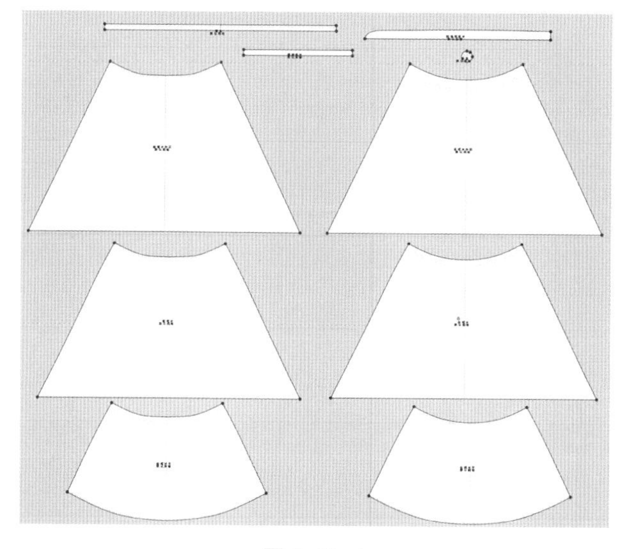

图2-11-4

点击界面左上方菜单中文件，导入DXF格式文件，或按快捷键“Ctrl+Shift+D”，如图2-11-4。

在3D软件的2D视窗中新增一个与人体腰围尺寸一致的橡筋板片，用于后面制作抽褶橡筋腰头。

四、虚拟缝制

1. 文件导入

(1) 打开Style3D，点击文件新建或按快捷键“Ctrl+N”，新建一个文件。

(2) 选择资源库工具，选择导入模特工具，如图2-11-5。

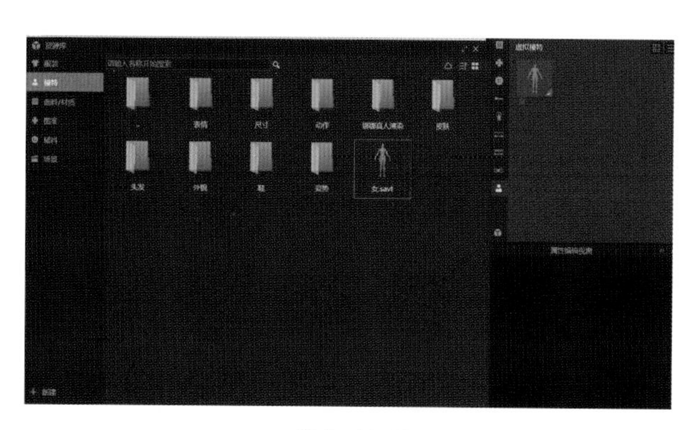

图2-11-5

2. 板片安排、调整

(1) 2D和3D同步。点击选择/移动工具或快捷键“Q”，根据服装结构关系排列2D视窗所有板片。框选2D视窗所有板片，在3D视窗中用右键点击板片，选择重置3D安排位置，或快捷键“Ctrl+F”，2D视窗板片和3D视窗板片即可同步呈现，如图2-11-6。

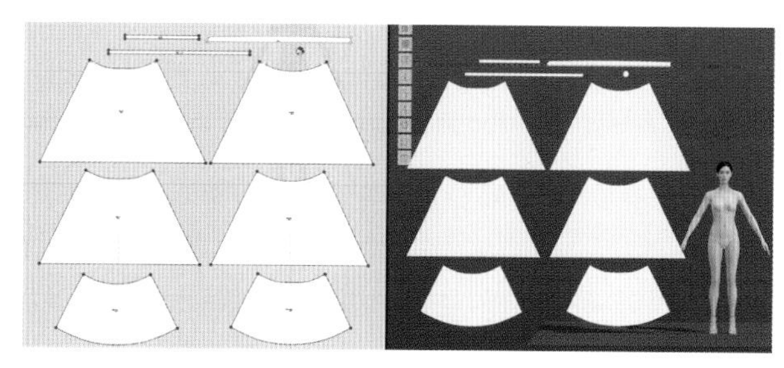

图2-11-6

(2) 选择显示安排点工具或快捷键“A”，显示的模特安排点用于摆放板片位置，如图2-11-7。

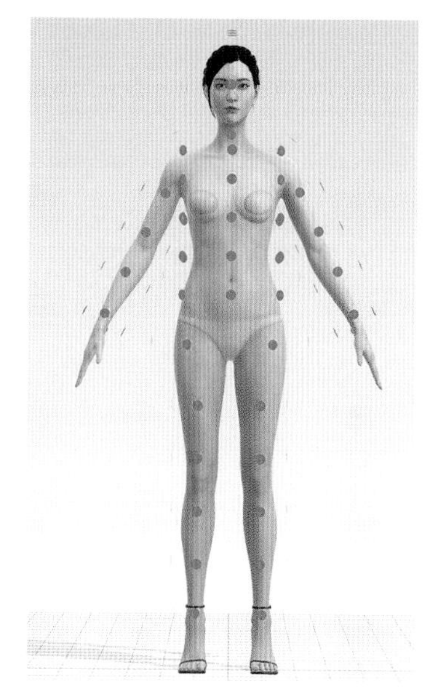

图2-11-7

（3）安排板片。点击选择/移动工具 ，左键点击选中板片，鼠标放到模特安排点对应位置，点击左键，完成腰头和里布板片安排，如图2-11-8。

图 2-11-8

（4）冷冻板片。点击选择/移动工具 ，按住“Shift”键，在3D视窗选中所有未安排板片，右键点击选择冷冻，解冻之前不参与模拟，如图2-11-9。

3. 样衣缝合

（1）里布板片缝制。使用“自由缝纫”工具 或快捷键“M”，连接起点与终点，添加缝纫关系，进行前后裙里侧缝线、橡筋板片的缝合。按住“Shift”键将前后裙里腰节线与橡筋板片缝合，如图2-11-10。

图 2-11-9

（2）面布板片缝制。解冻冷冻的裙片，根据安排点完成前后裙片的板片安排。使用“自由缝纫”工具 或快捷键“M”，点击板片之间相互需要缝制的线，添加缝纫关系，进行前后裙片侧缝线、腰头的缝合，按住“Shift”键将前后裙片腰节线与腰头板片缝合，如图2-11-11。

（3）腰头、橡筋板片添加内部线。使用“加点”工具 或快捷键“X”，鼠标分别单击板片两端边线，选择平均分段，线段数量改为3，如图2-11-12。使用“笔”工具 或快捷键“D”，按住“Shift”键在腰头、橡筋板片内部分别添加直线，如图2-11-13。

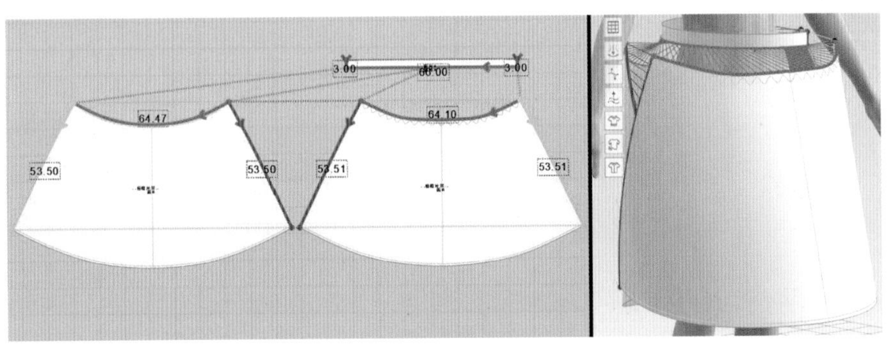

图 2-11-10

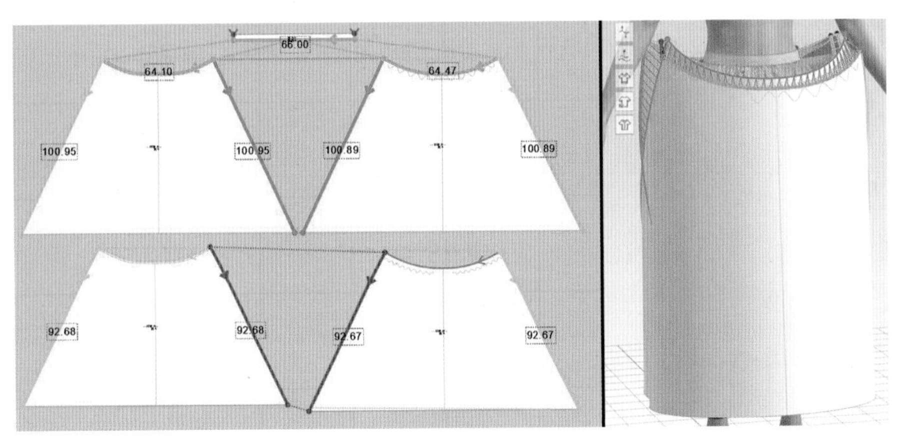

图 2-11-11

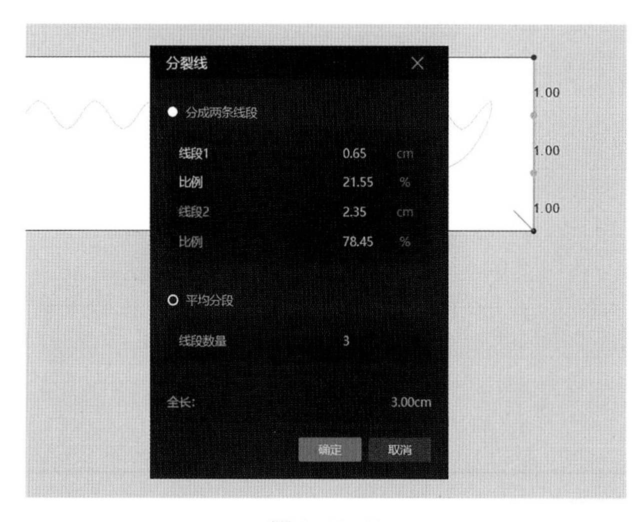

图 2-11-12

图 2-11-13

（4）腰头、橡筋板片内部线缝制。使用“线缝纫”工具或快捷键“N”，点击两个板片之间对应的线，添加缝纫关系，完成腰头板片内部线的缝合，如图 2-11-14。

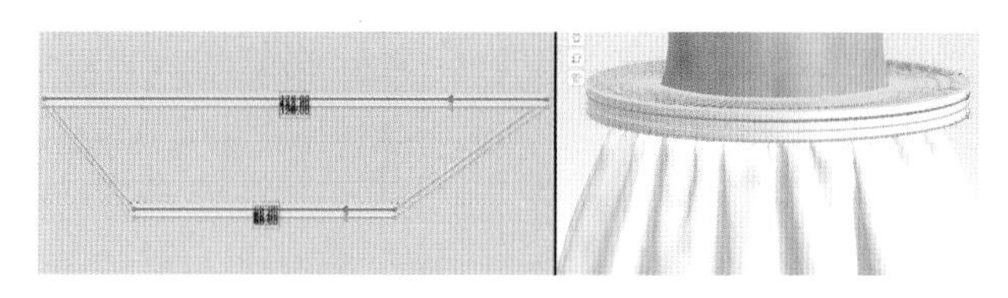

图 2-11-14

在 3D 视窗中选中腰头板片，点击右键选择移动到外面，如图 2-11-15。

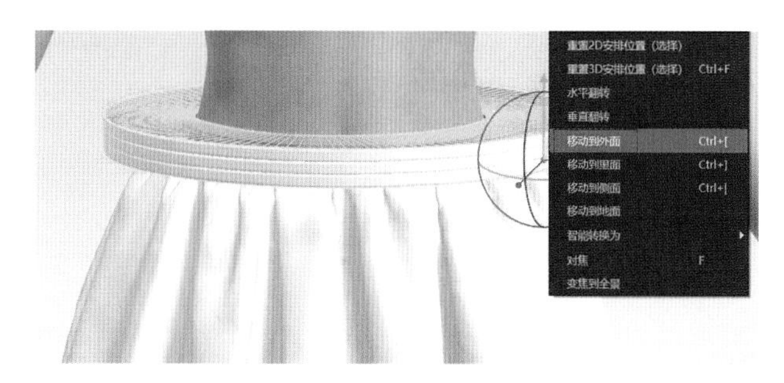

图 2-11-15

（5）腰头板片缝纫类型改为合缝。使用“编辑缝纫”工具或快捷键“B”，分别单击腰头板片与橡筋板片对应的缝纫线，将缝纫类型改为合缝。

（6）腰头板片属性设置。使用“选择/移动”工具，选中腰头板片，将粒子间距 20 改为 3，额外渲染厚度改为 0.5，将经向缩率默认值 100 改为 120，形成腰头橡筋抽皱效果更加明显，如图 2-11-16。

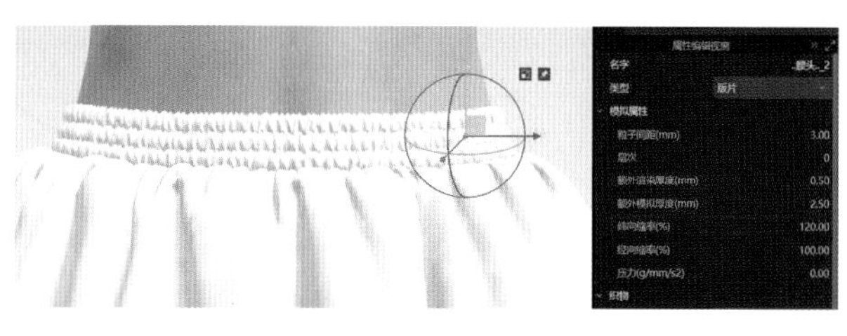

图 2-11-16

（7）前后裙片褶皱内部线添加。使用“笔”工具或快捷键“D”，在前后裙片添加多组打褶内部线，褶裥数量和宽度可根据款式效果自行设定，内部线添加参考位置，如图 2-11-17。

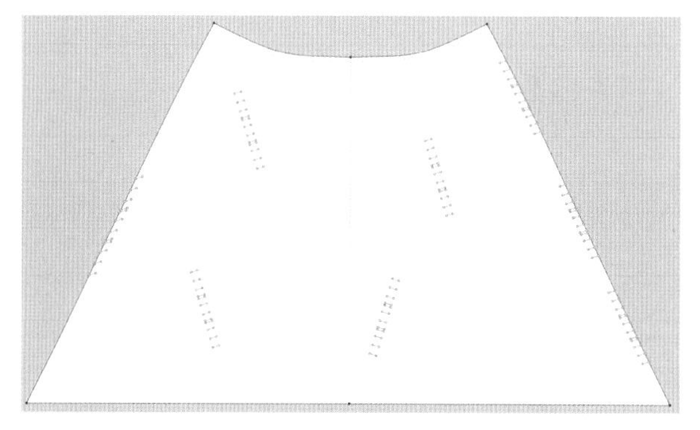

图 2-11-17

（8）前后裙片打褶内部线缝制。使用“线缝纫”工具或快捷键“N”，点击对应的线段，添加缝纫关系，完成前后裙片内部线打褶的缝合，如图 2-11-18，并将褶裥之间进行固定缝合，如图 2-11-19。

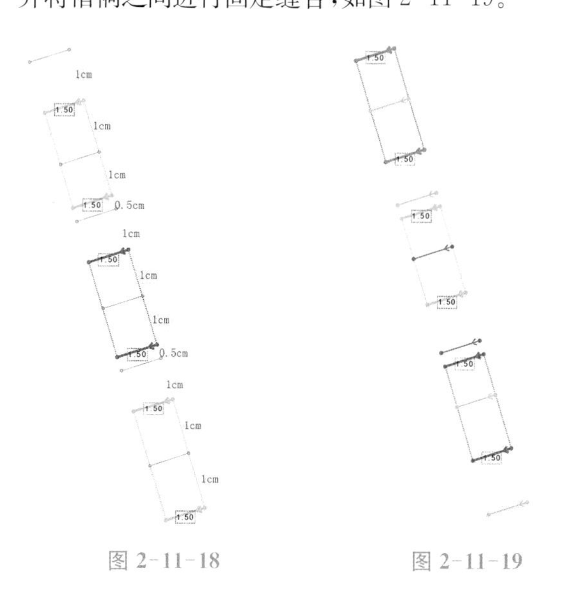

图 2-11-18　　图 2-11-19

（9）玫瑰花板片缝制。找到“开始”菜单里的“勾勒轮廓”工具，选中玫瑰花底盘内部基础线，按“Enter”键完成勾勒为内部线。使用“自由缝纫”工具 或快捷键“M”，连接底盘内部线的起点与终点，添加玫瑰花片的缝纫关系，如图 2-11-20，模拟形成花瓣效果，并添加至附件，如图 2-11-21。

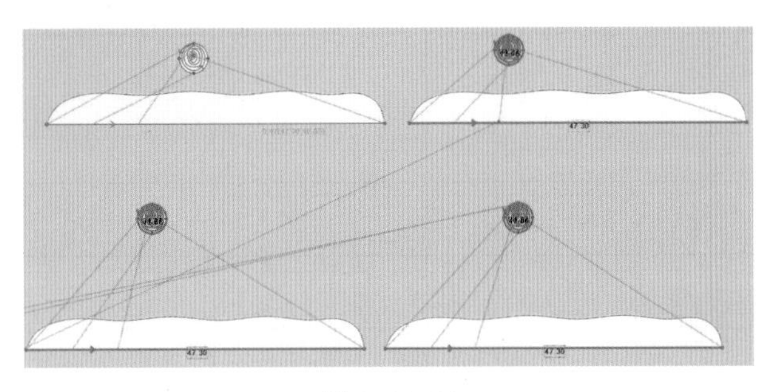

图 2-11-20

（10）前后裙片添加玫瑰花朵。找到“附件”工具 ，点击打开找到相应玫瑰花附件，添加至前后裙片。为了防止玫瑰花滑落，选中玫瑰花单击右

图 2-11-21

键，选择智能转换为附件即可，如图 2-11-22。

4. 工艺细节

腰部抽皱处理。选中前后裙片的腰节线，使用“编辑板片”工具 ，按住“Shift”键同时选中腰节线，在属性编辑视窗找到网格细化并打开，高度设为 30，使得腰部细褶立体效果明显，如图 2-11-23。

5. 缝制完成

（1）按缝纫逻辑关系完成玫瑰装饰半裙所有板片的缝合，如图 2-11-24。

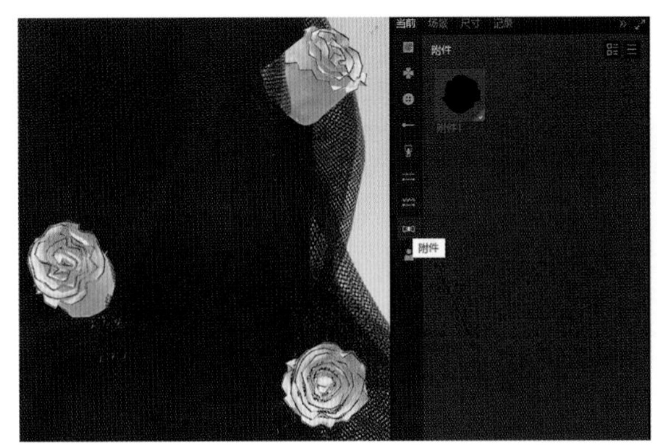

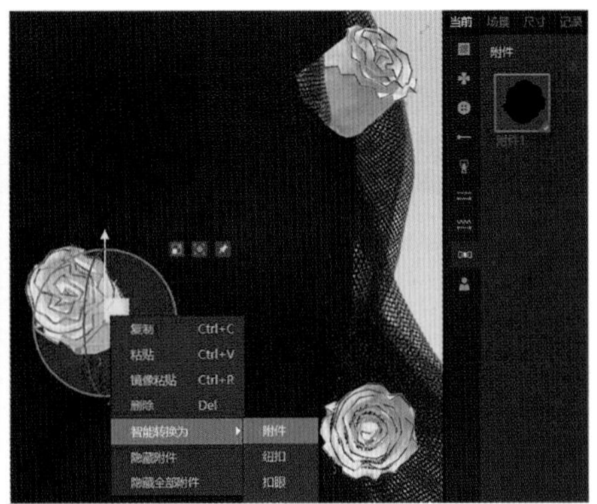

图 2-11-22

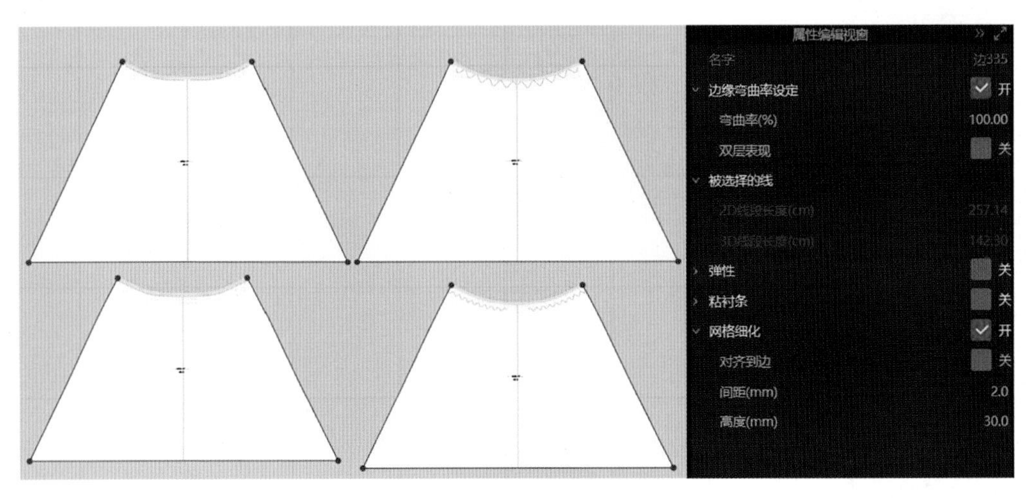

图 2-11-23

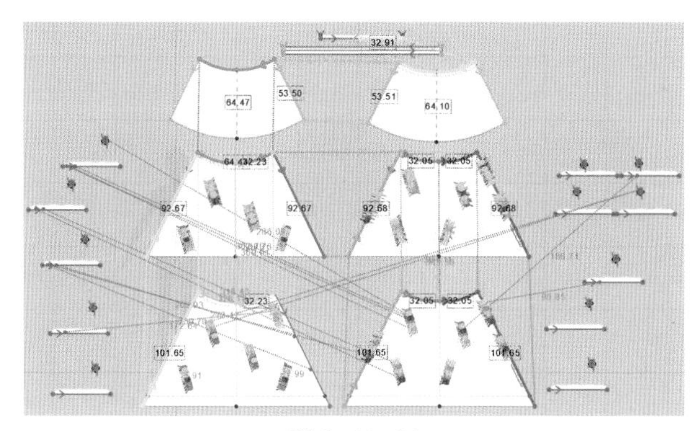

图 2-11-24

（2）3D缝制效果，如图 2-11-25。

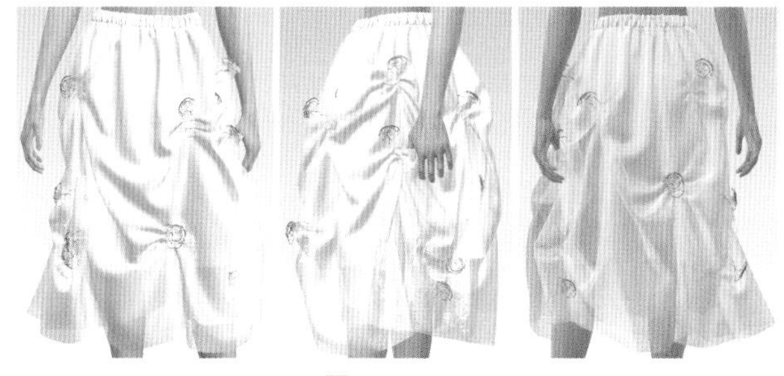

图 2-11-25

五、面辅料属性设置

1. 面料参数设置

（1）选择面料资源库工具，在资源库面料与属性中搜索网纱、细棉布两种面料品类。

（2）根据实际面料材质、厚度、柔软度及悬垂性，调整经纬纱拉伸参数和经纬纱弯曲参数。

（3）网纱、细棉布两种面料属性参数如图 2-11-26。

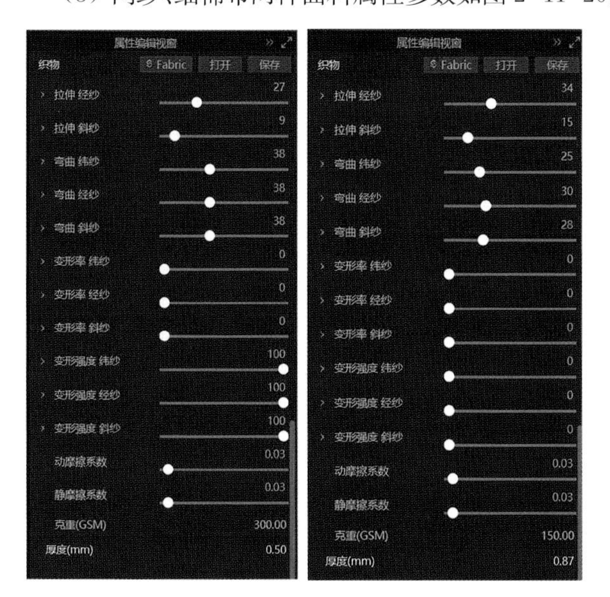

图 2-11-26

2. 面料纹理及颜色设置

（1）网布纹理添加、透明度调整。选择面料资源库工具，找到六角网布法线贴图，添加到右侧属性编辑视窗中，增加法线贴图强度到 2，使得面料纹理效果更加明显，如图 2-11-27。

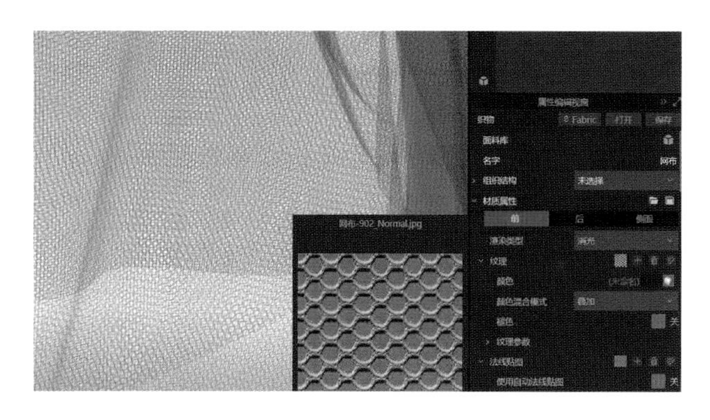

图 2-11-27

（2）面料颜色调整。在属性编辑视窗中选择颜色工具，选择颜色色号，调整面料明度、纯度，如图 2-11-28。

图 2-11-28

六、样板的修正

对照 3D 着装效果，调整 3D 窗口的 2D 样板，调整后的样板重新模拟服装穿着效果。在 3D 软件中修改调整后的 2D 样板，直接可以转化为 CAD 文件，实现 CAD 样板修改与 3D 虚拟展示同步。

七、虚拟样衣展示

1. 离线渲染参数设置

(1) 点击离线渲染工具离线渲染，打开渲染图片属性工具。

(2) 在编辑属性视窗中选择图片尺寸为 A4，文件格式选择 png，渲染工具选择 CPU，渲染品质选择高质量，渲染方法选择暴力渲染，如图 2-11-29、图 2-11-30。

图 2-11-29

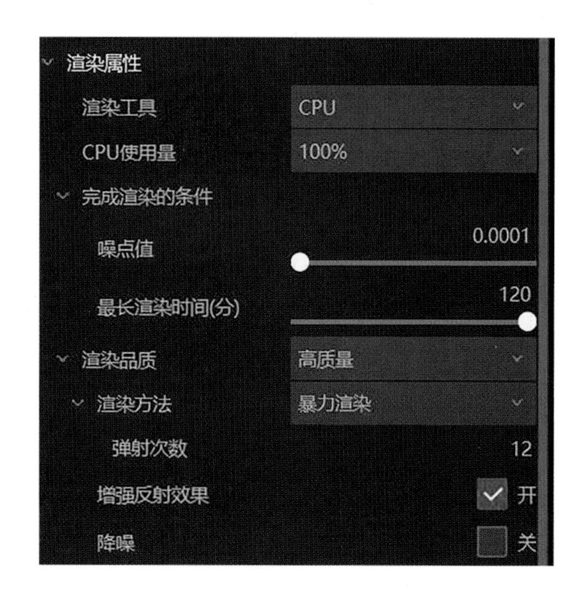

图 2-11-30

2. 3D 渲染效果图与西装配套(图 2-11-31)

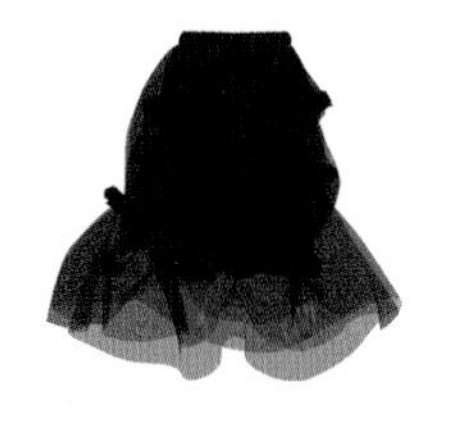

图 2-11-31

八、扫码观看玫瑰装饰半裙详细的 3D 设计和缝制过程视频

九、训练习题布置

练习 1：玫瑰装饰半裙虚拟缝纫巩固练习。

练习 2：练习玫瑰装饰半裙虚拟缝制 1 款。

任务十二　腰部打蝴蝶结小礼服

一、任务要求

知识目标：

1. 掌握内部线的添加操作方法
2. 掌握面料的表现方法
3. 掌握蝴蝶结绑结操作方法

能力目标：

应用 Style3D 软件完成本款腰部打蝴蝶结小礼服的缝制，熟练使用固定针技巧，完成腰部蝴蝶结绑结处理，完成后中隐形拉链的缝制，完成府绸面料 3D 参数设置，完成款式渲染，提升整款成衣效果展示能力。

学习准备：服装 CAD 的 DXF 格式板片文件。

学习重点：内部线设置、腰部蝴蝶结绑结的虚拟缝制。

学习难点：腰部蝴蝶结绑结、固定针的使用、面料参数调整。

二、款式分析

1. 款式特点

X 廓形，圆形领，无袖，腰线分割，衣身面料腰部蝴蝶结绑结。后背设置腰背省，后中装隐形拉链（图 2-12-1）。

2. 选用面料

衣身部分用府绸面料。

图 2-12-1

三、服装 CAD 文件导入 3D 软件

服装 CAD 文件 12

1. CAD 样板核对修正

应用服装 CAD 软件，将本款立体裁剪的裁片读图导入 CAD，调整 CAD 样板线条、文字标注，完成核对，如服装 CAD 文件 12、图 2-12-2。

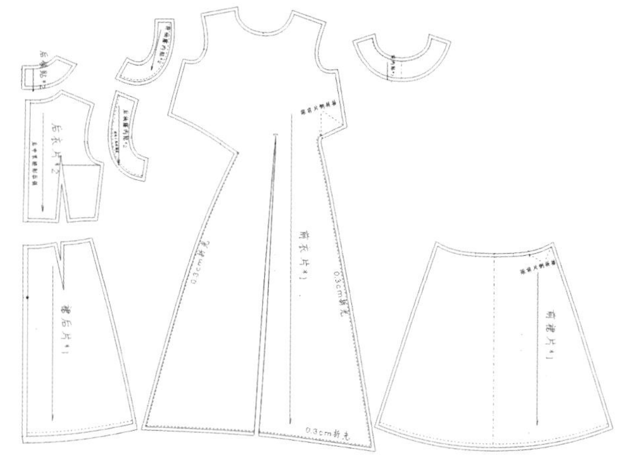

图 2-12-2

CAD 样板裁片部件：

（1）前衣片×1，前内贴×1，前袖窿内贴×1，前裙片×1。

（2）后衣片×2，后裙片×2，后内贴×2，后袖窿内贴×2。

2. CAD 样板导入到 3D 软件

将 CAD 中的样板文件保存为 DXF 格式，导入到 3D 软件。

打开 3D 软件界面，导入 DXF 文件，勾选“自动调整比例”“导入板片缝边”“导入板片标注”“优化所有曲线点”“板片自动排列”“导入缝边刀口到净边”“减少断点”“根据面料名称新建面料”等属性选项，如图 2-12-3。

点击界面左上方菜单中文件，导入 DXF 格式文件，或按快捷键“Ctrl＋Shift＋D”，如图 2-12-4。

图 2-12-3

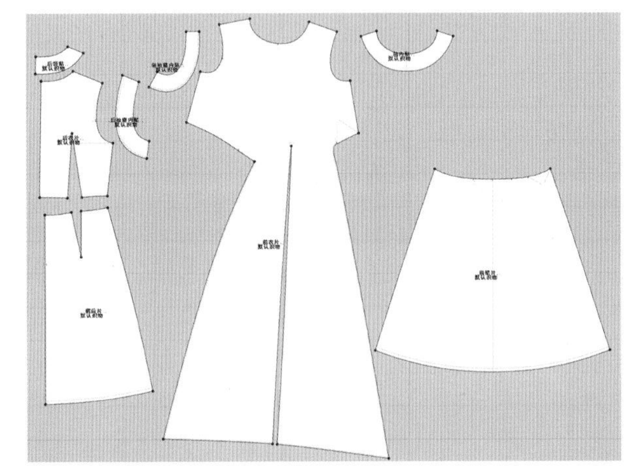

图 2-12-4

四、虚拟缝制

1. 文件导入

(1) 打开 Style3D,点击文件新建或按快捷键“Ctrl+N”,新建一个文件。

(2) 选择资源库工具，选择导入模特工具，如图 2-12-5。

2. 板片安排、调整

(1) 2D 和 3D 同步。点击选择/移动工具或快捷键“Q”,根据服装结构关系排列 2D 视窗所有板片。框选 2D 视窗所有板片,在 3D 视窗中用右键点击板片,选择重置 3D 安排位置,或快捷键

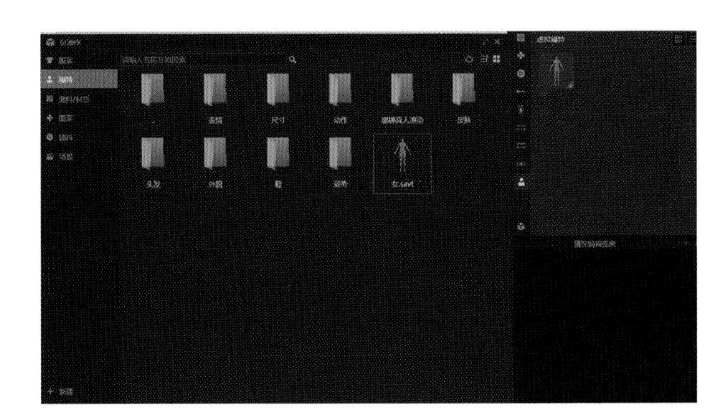

图 2-12-5

“Ctrl+F”,2D 视窗板片和 3D 视窗板片即可同步呈现,如图 2-12-6。

图 2-12-6

(2) 选择显示安排点工具或快捷键“A”,显示的模特安排点用于摆放板片位置,如图 2-12-7。

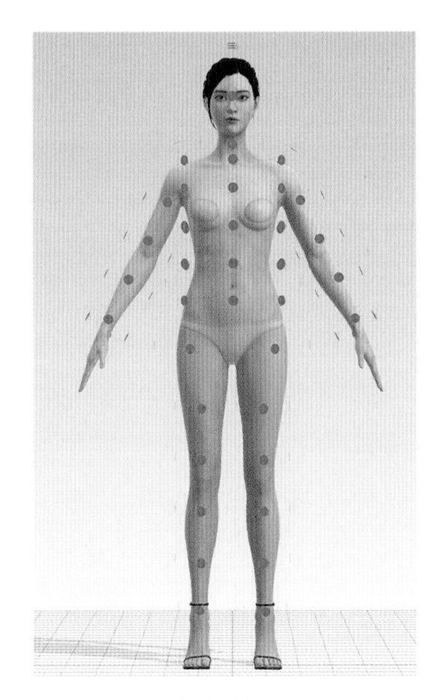

图 2-12-7

(3) 安排板片。点击选择/移动工具，左击选中板片,鼠标放到模特安排点对应位置,点击左键,完成板片安排,如图 2-12-8。

图 2-12-8

（4）点击选择/移动工具，依次完成3D视窗所有板片的排列，如图2-12-9。

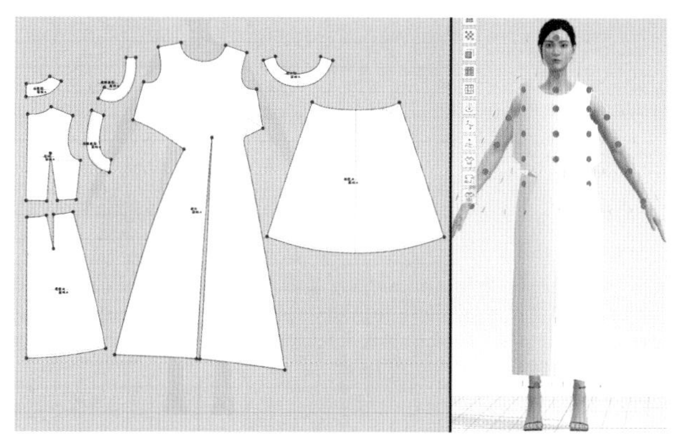

图 2-12-9

（5）板片安排及对称。点击选择/移动工具，调整定位球中的红色、蓝色、绿色三维坐标轴，或点击绿色方形区域进行整体移动，按着装结构关系，将前后板片位置调整好，同时选中后衣片、后裙片、对称板片，在3D窗口点击右键，选择克隆对称板片（板片与线缝纫），如图2-12-10。

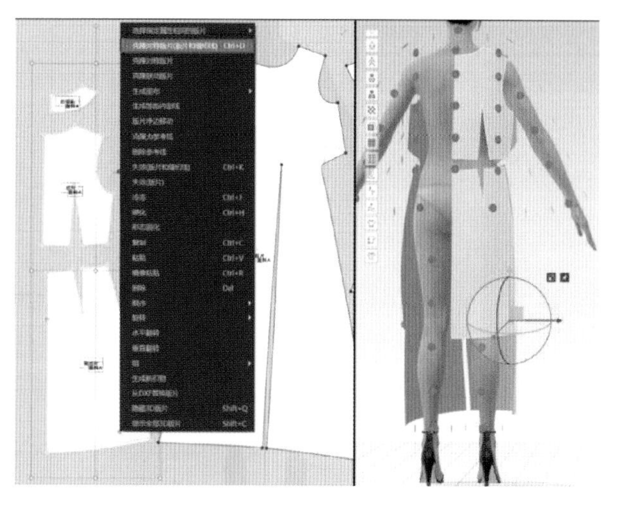

图 2-12-10

3. 样衣缝合

（1）省道、衣片缝制。使用“线缝纫”工具或快捷键“N”，点击板片之间相互需要缝制的线，添加缝纫关系，进行省道、肩缝、后中心线、侧缝、腰线的缝合，如图2-12-11。

（2）前衣片添加内部线。使用“笔”工具或快捷键“D”，单击左键，完成内部线的添加，如图2-12-12。使用“编辑板片”工具或快捷键“Z”，选中前片内部线，点击右键生成等距内部线，将内部线间距改为1.5 cm，根据板片宽度将扩张数量改为21 cm，内部线填满板片，完成前衣片内部线的添加，如图2-12-13。

（3）内部线长度调整。使用“编辑板片”工具或快捷键“Z”，选中前上片内部上方相应线，点击右键，选择对齐到净边，切除板片以外的内部线，完成所有线段的调整，如图2-12-14、图2-12-15。

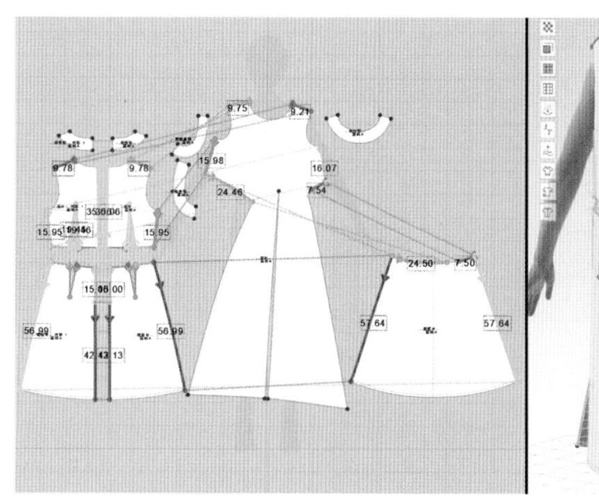

图 2-12-11

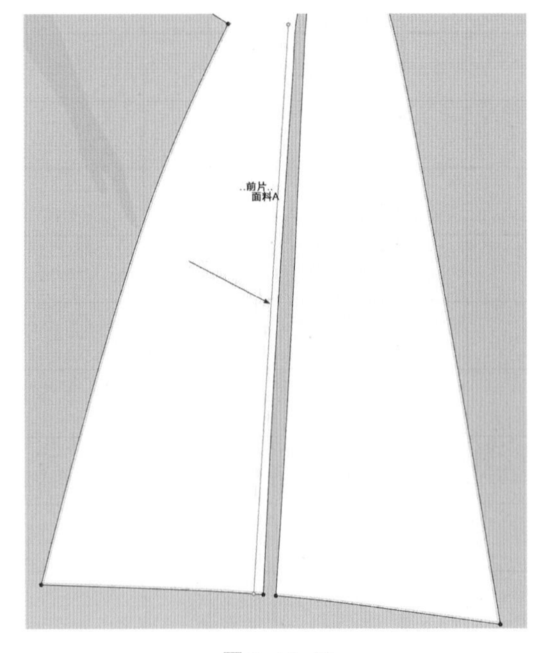

图 2-12-12

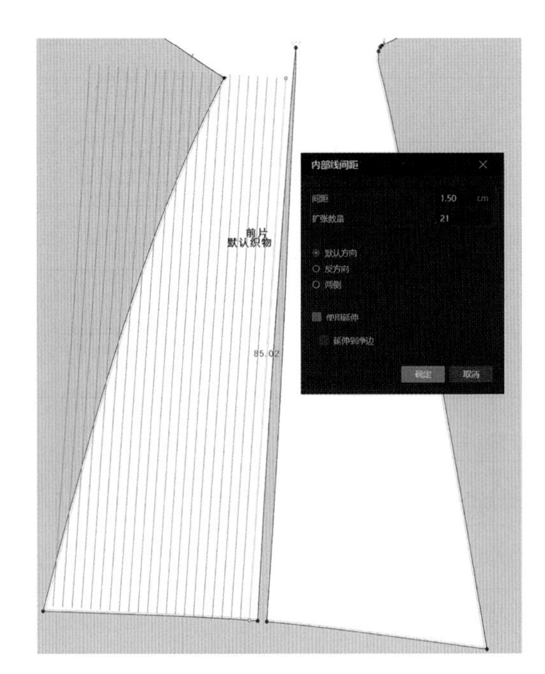

图 2-12-13

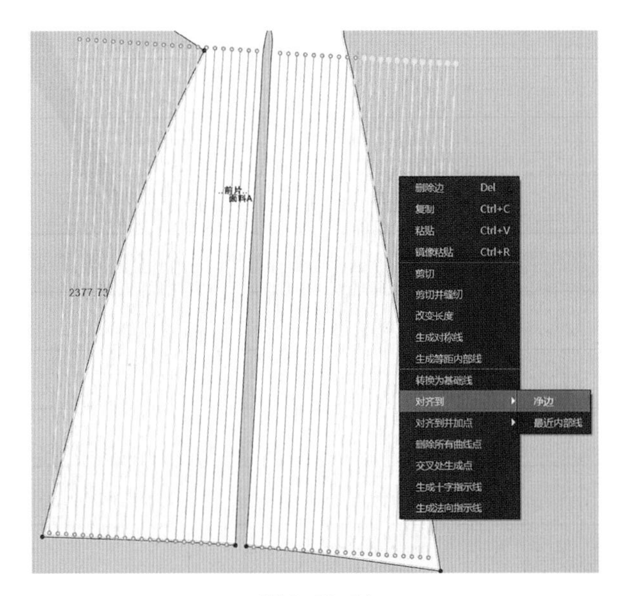

图 2-12-14

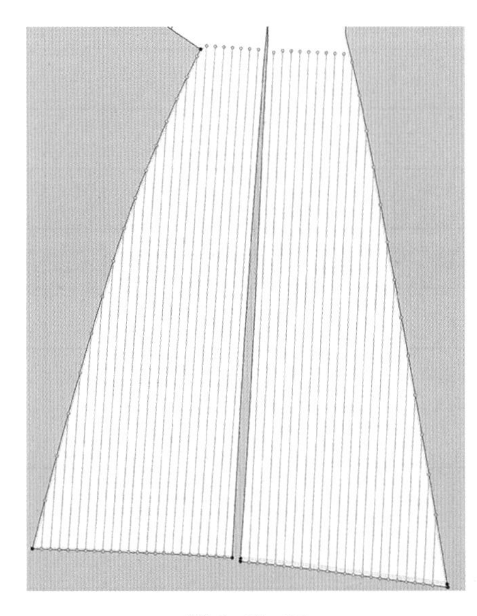

图 2-12-15

（4）前衣片内部线角度设置。使用“编辑板片”工具编辑版片或快捷键“Z”，按住“Shift”选中对应的内部线，红色褶线为外凸线，角度设置为 0，折叠强度改为 100，如图 2-12-16。

使用“编辑板片”工具编辑版片或快捷键“Z”，按住“Shift”选中对应的内部线，黄色褶线为内凹线，角度设置为 360°，折叠强度改为 100，如图 2-12-17。

完成板片内部角度设置，并模拟、使得板片形成折叠效果，如图 2-12-18。

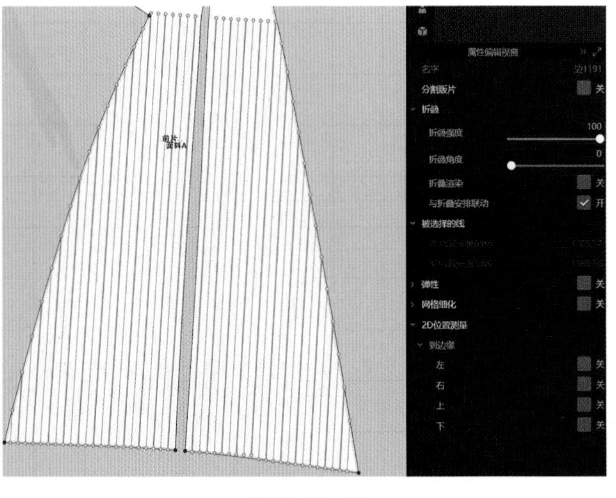

图 2-12-16

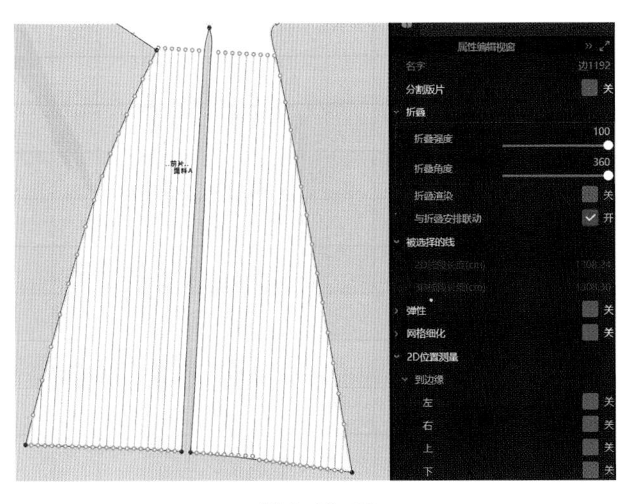

图 2-12-17

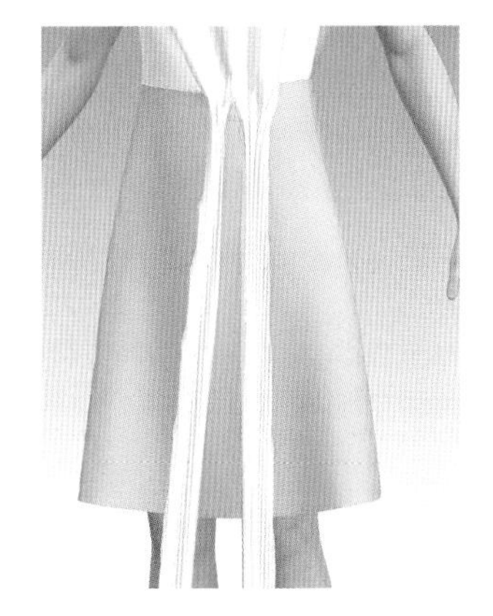

图 2-12-18

（5）前片蝴蝶结绑结。使用“固定针”工具或快捷键“W”，将前片蝴蝶结绑结增加固定针，并进行两侧拖拽环绕，拖动调整形状，如图 2-12-19。选择/移动工具，调整定位球中的红色、蓝色、绿色三维坐标轴，或点击绿色方形区域进行整体移动，完成蝴蝶结绑结，如图 2-12-20。

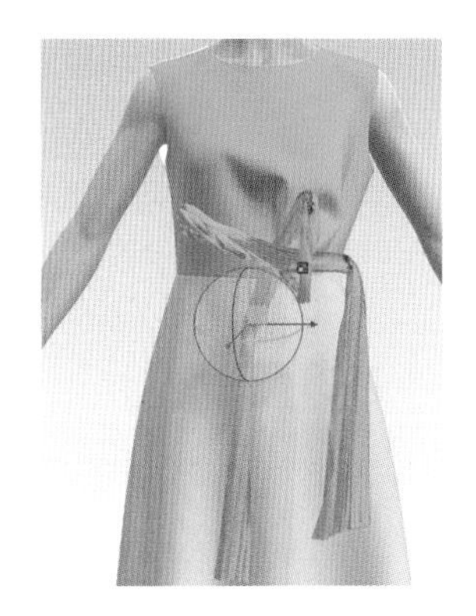

图 2-12-19

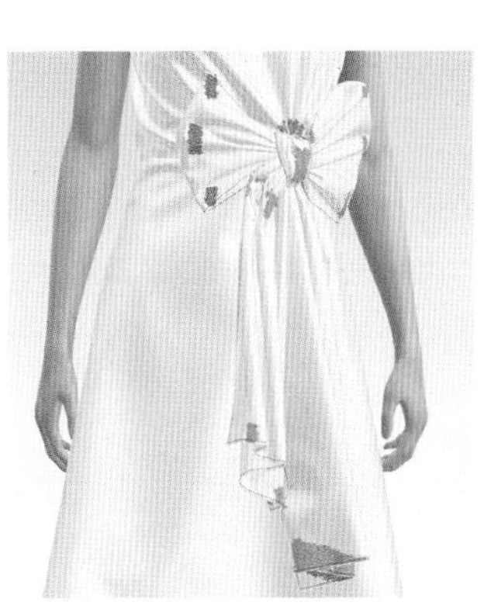

图 2-12-20

4. 工艺细节

（1）前后贴片黏衬定型。使用选择/移动工具或快捷键“Q”，分别选中前内贴片和后内贴片，前后袖窿内贴片。在右侧编辑织物样式，选择黏衬并打开，如图 2-12-21。

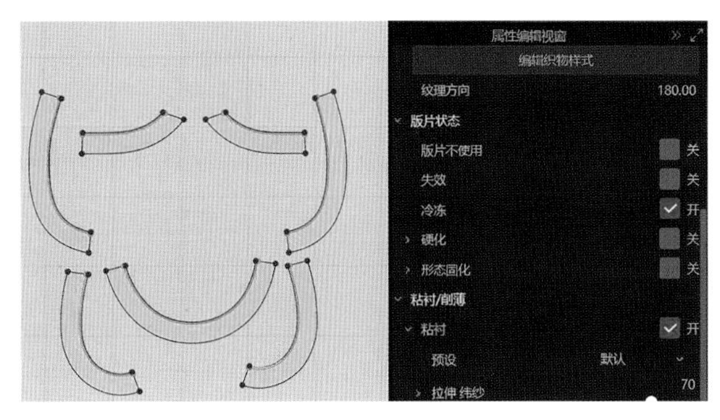

图 2-12-21

（2）装隐形拉链。选择面料资源库工具，在资源库辅料属性中找到隐形拉链头，左键双击隐形拉链头，添加到附件中，如图 2-12-22。

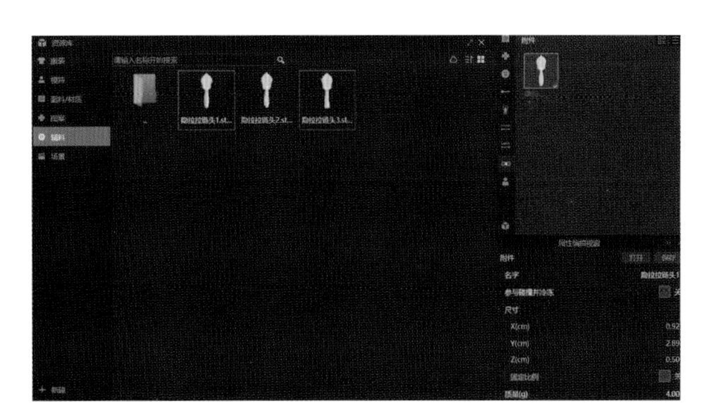

图 2-12-22

（3）在右侧附件中，鼠标双击隐形拉链头，添加隐形拉链头到 3D 窗口中，移动隐形拉链头至后中缝，完成拉链头方向调整，如图 2-12-23。

图 2-12-23

5. 缝制完成

（1）按缝纫逻辑关系完成腰部打蝴蝶结小礼服所有板片的缝合，如图 2-12-24。

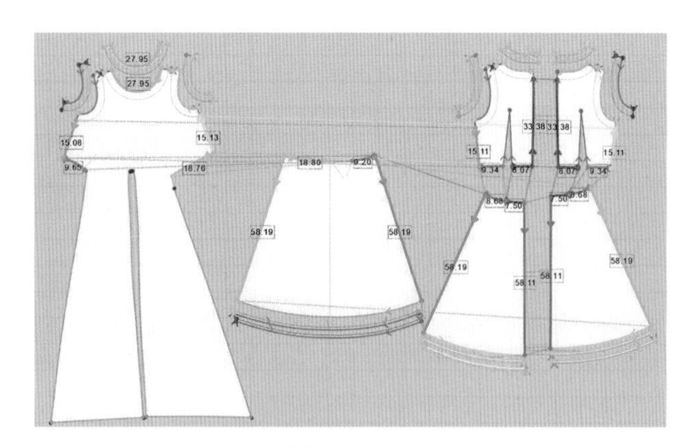

图 2-12-24

（2）3D 缝制效果，如图 2-12-25。

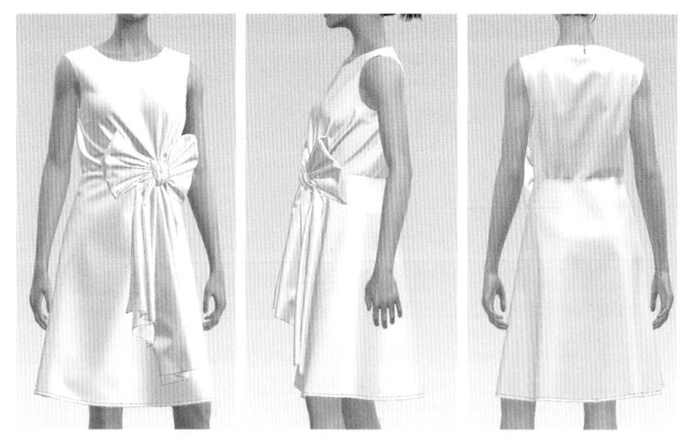

图 2-12-25

五、面辅料属性设置

1. 面料参数设置

（1）选择面料资源库工具，在资源库面料与属性中搜索府绸类面料品类。

（2）根据实际面料材质、厚度、柔软度及悬垂性，调整经纬纱拉伸参数和经纬纱弯曲参数。在“弯曲”参数设定中数值越大面料越硬挺，越不容易起皱。在“变形强度”参数变形设定中，抗弯曲强度数值越小，面料越软。

（3）府绸面料属性参数如图 2-12-26。

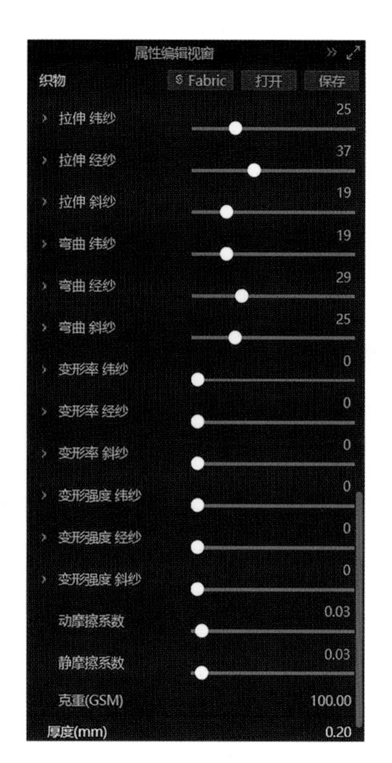

图 2-12-26

2. 面料纹理及颜色设置

（1）府绸面料纹理添加、透明度调整。选择面料资源库工具，找到府绸类法线贴图，添加到右侧属性编辑视窗中，增加法线贴图强度到 1.5，清晰展示府绸面料纹理效果，如图 2-12-27。

图 2-12-27

（2）面料颜色调整。在属性编辑视窗中选择颜色工具，选择颜色色号，调整面料明度、纯度，如图 2-12-28。

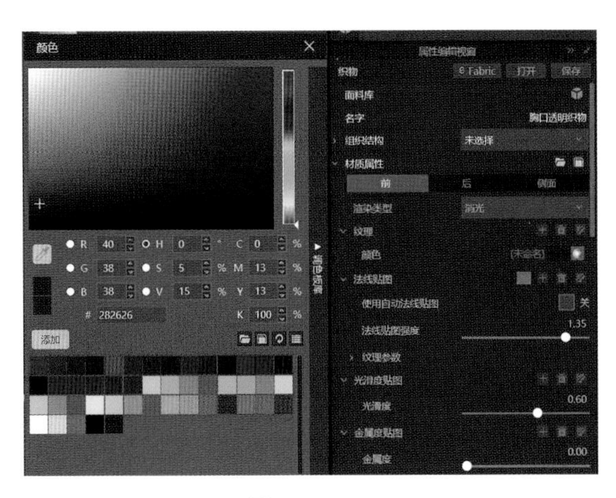

图 2-12-28

六、样板的修正

对照 3D 着装效果，调整 3D 窗口的 2D 样板，调整后的样板重新模拟服装穿着效果。在 3D 软件中修改调整后的 2D 样板，直接可以转化为 CAD 文件，实现 CAD 样板修改与 3D 虚拟展示同步。

七、虚拟样衣展示

1. 离线渲染参数设置

（1）点击离线渲染工具，打开渲染图片属性工具。

（2）在编辑属性视窗中选择图片尺寸为 A4，文件格式选择 png，渲染工具选择 CPU，渲染品质选择高质量，渲染方法选择暴力渲染，如图 2-12-29、图 2-12-30。

图 2-12-29

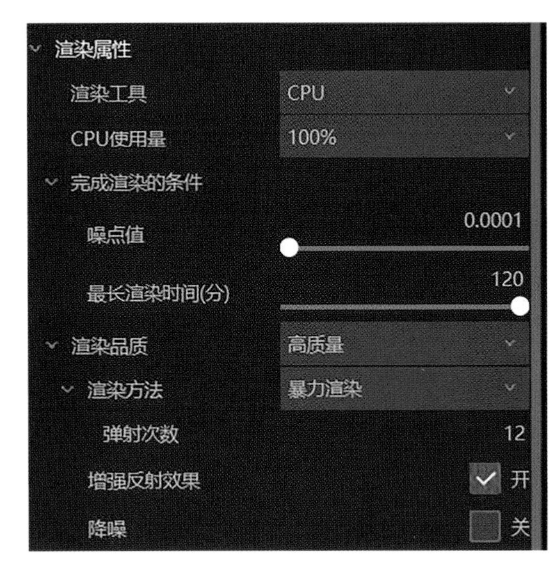

图 2-12-30

2. 3D 渲染效果图（图 2-12-31）

图 2-12-31

八、扫码观看腰部打蝴蝶结小礼服详细的 3D 设计和缝制过程视频

九、训练习题布置

练习 1：固定针的使用，腰部打蝴蝶结小礼服虚拟缝纫巩固练习。

练习 2：练习腰部蝴蝶打结小礼服虚拟缝制 1 款。

任务十三　抽绳吊带礼服

一、任务要求

知识目标：

1. 掌握折叠角度的设置方法
2. 掌握碎褶抽皱的缝制方法
3. 掌握高支棉面料的表现方法
4. 掌握动态走秀视频制作方法

能力目标：

应用Style3D软件完成本款抽绳吊带礼服的缝制，完成侧片抽皱及前后裙下片抽皱缝制，完成后中隐形拉链的缝制，完成衣身面料3D参数设置，完成款式渲染，提升整款成衣效果展示的能力。

学习准备：服装CAD的DXF格式板片文件。

学习重点：动态走秀视频制作，吊带裹胸、腰部割线、碎褶抽皱、侧缝的虚拟缝制。

学习难点：绳带抽褶处理、面料参数调整。

二、款式分析

1. 款式特点

吊带裹胸，腰部镂空碎褶抽皱，腰节斜线分割，裙摆设置多个圆形绳带抽皱；后中装隐形拉链（图2-13-1）。

2. 选用面料

衣身部分选用中厚高支棉面料。

图 2-13-1

三、服装CAD文件导入3D软件

服装CAD文件13

1. CAD样板核对修正

应用服装CAD软件，将本款立体裁剪的裁片读图导入CAD，调整CAD样板线条、文字标注，完成核对，如服装CAD文件13、图2-13-2。

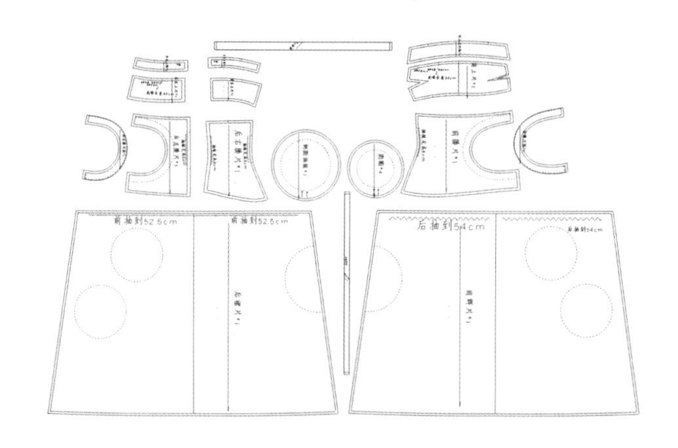

图 2-13-2

CAD样板裁片部件：

（1）前上片×1，前上片内贴×1，前腰片×1，前裙片×1。

（2）后右腰片×1，后左腰片×1，后裙片×1，侧圆抽皱弧片×2。

（3）后右上片×1，后左上片×1，后右上贴×1，后左上贴×1。

（4）肩带×2，圆圈×4，侧圆圈×1，绳带×5。

2. CAD样板导入到3D软件

将CAD中的样板文件保存为DXF格式，导入到3D软件。

打开3D软件界面，导入DXF文件，勾选“自动调整比例”“导入板片缝边”“导入板片标注”“优化所有曲线点”“板片自动排列”“导入缝边刀口到净边”“减少断点”“根据面料名称新建面料”等属性选项，如图2-13-3。

点击界面左上方菜单中文件，导入DXF格式文件，或按快捷键“Ctrl+Shift+D”，如图2-13-4。

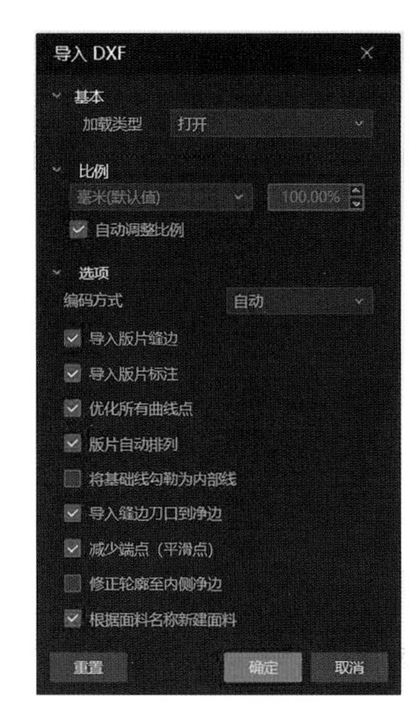

图 2-13-3

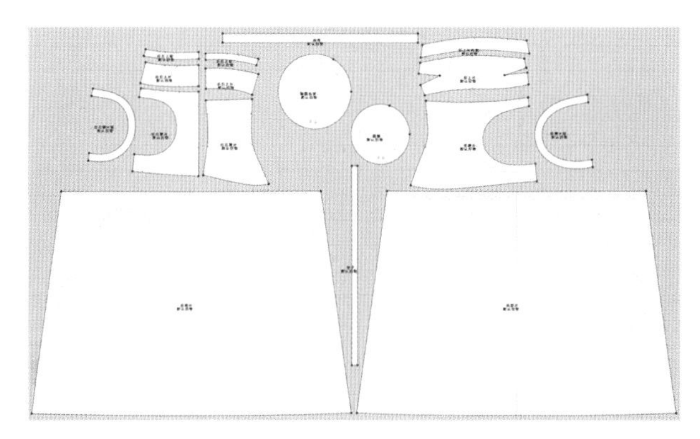

图 2-13-4

四、虚拟缝制

1. 文件导入

（1）打开 Style3D，点击文件新建或按快捷键“Ctrl＋N”，新建一个文件。

（2）选择资源库工具，选择导入模特工具，如图 2-13-5。

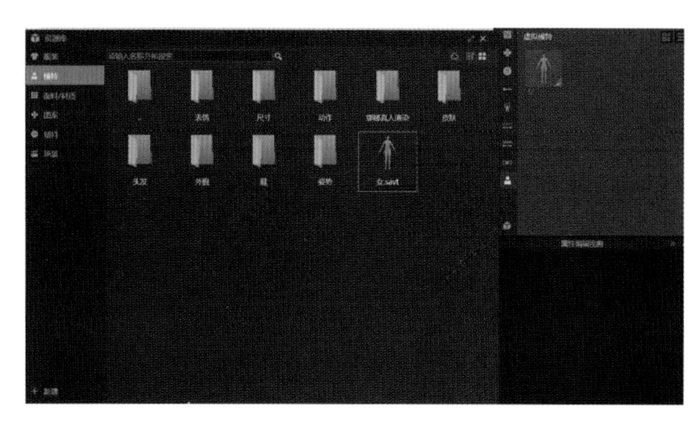

图 2-13-5

2. 板片安排、调整

（1）2D 和 3D 同步。点击选择/移动工具或快捷键“Q”，根据服装结构关系排列 2D 视窗所有板片。框选 2D 视窗所有板片，在 3D 视窗中用鼠标右键点击板片，选择重置 3D 安排位置，或快捷键“Ctrl＋F”，2D 视窗板片和 3D 视窗板片即可同步呈现，如图 2-13-6。

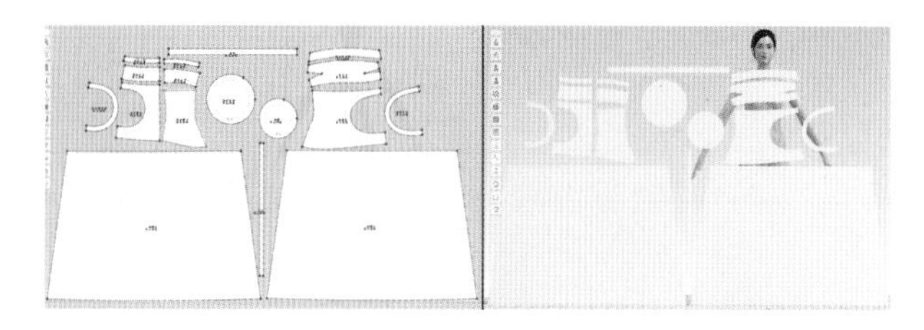

图 2-13-6

（2）选择显示安排点工具或快捷键“A”，显示的模特安排点用于摆放板片位置，如图 2-13-7。

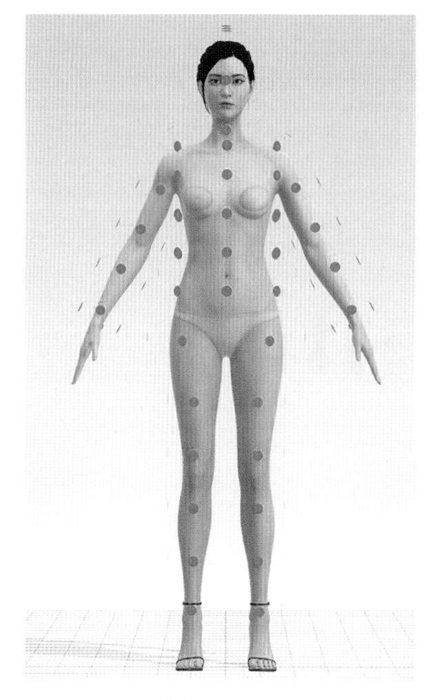

图 2-13-7

（3）安排板片。点击选择/移动工具，鼠标点击左键选中板片，鼠标放到模特安排点对应位置，点击左键，完成板片安排，如图 2-13-8。

（4）点击选择/移动工具，依次完成 3D 视窗所有板片的排列，如图 2-13-9。

（5）勾勒下裙板片内部线。单击“勾勒轮廓”工具或快捷键“I”，选中前后裙片内部基础线，

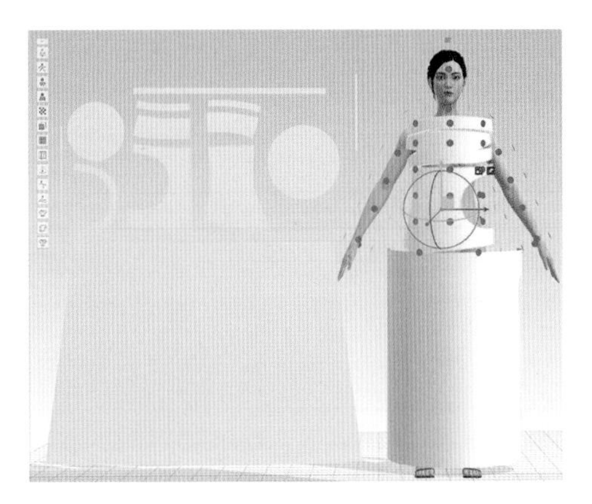

图 2-13-8

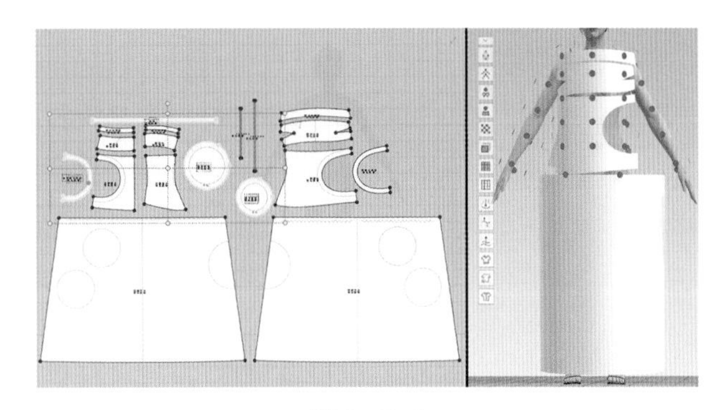

图 2-13-9

按"Enter"键完成勾勒为内部线，如图 2-13-10。

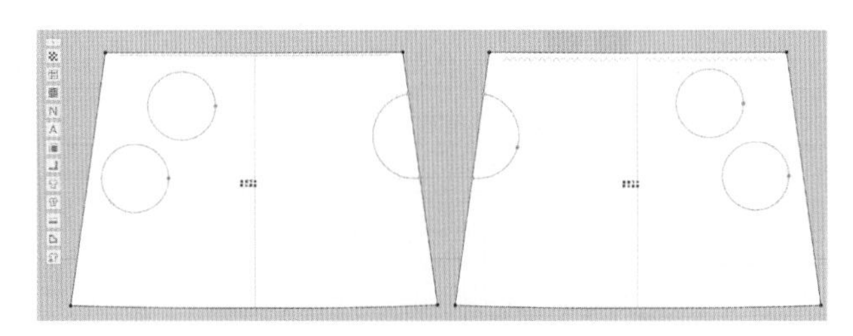

图 2-13-10

使用"编辑缝纫"工具或快捷键"B"，按住"Shift"键同时选中前后裙片内部圆线、前后裙片侧边内部线、圆的板片边线，鼠标右击选择生成等距内部线，如图 2-13-11，将间距改为 3.5 cm，扩张数量改为 1，如图 2-13-12。

使用"编辑缝纫"工具或快捷键"B"，按住"Shift"键同时选中两块圆圈板片的内部线，单击鼠标右键选择剪切，如图 2-13-13，完成剪切删除圆圈板片中多余板片，如图 2-13-14。

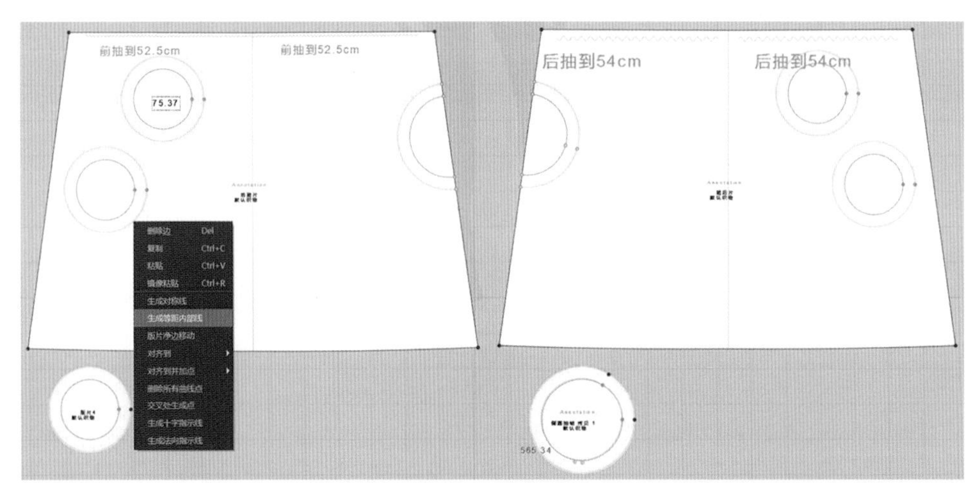

图 2-13-11

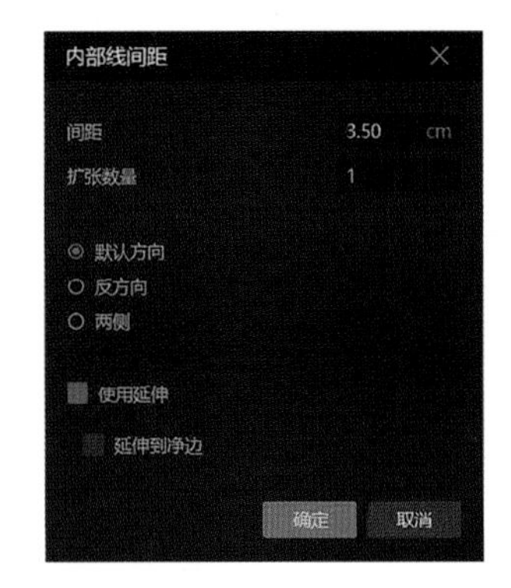

图 2-13-12

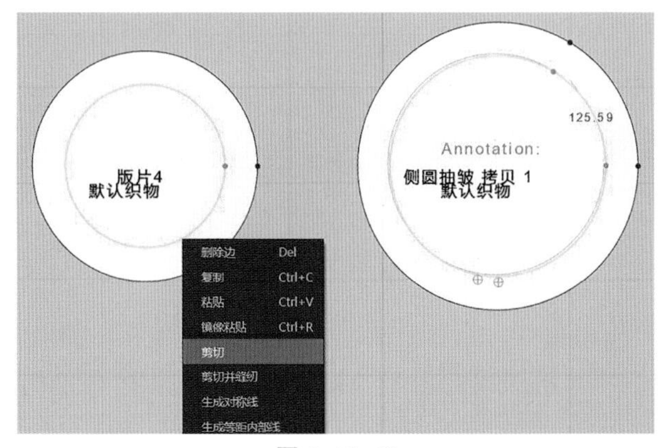

图 2-13-13

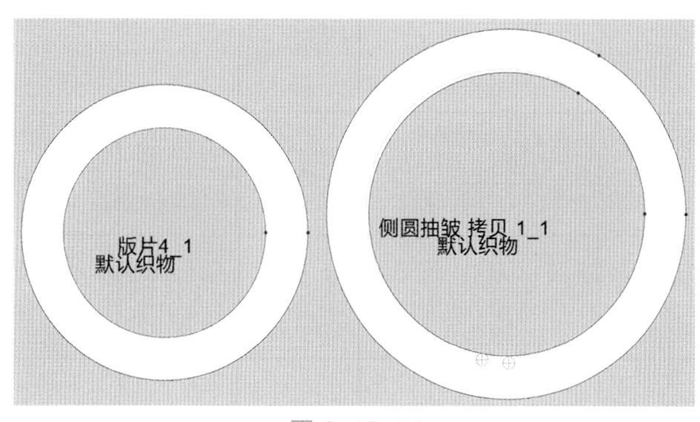

图 2-13-14

3. 样衣缝合

(1) 前衣片缝合。使用“自由缝纫”工具或快捷键“M”，分别点击省边的起点到省尖点，完成胸省的缝制，完成前上片与前片内贴、前上片与前腰片边缘线的缝制，如图 2-13-15。

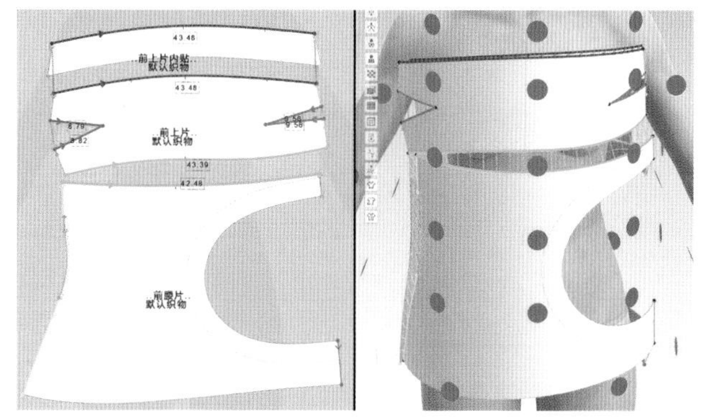

图 2-13-15

(2) 后衣片缝合。使用“自由缝纫”工具或快捷键“M”，点击板片之间相互需要缝制的线，添加缝纫关系，进行后右上片、后左上片、后右上贴、后左上贴、后右腰片、后左腰片的缝合，完成前后衣片侧缝线的缝合，如图 2-13-16。

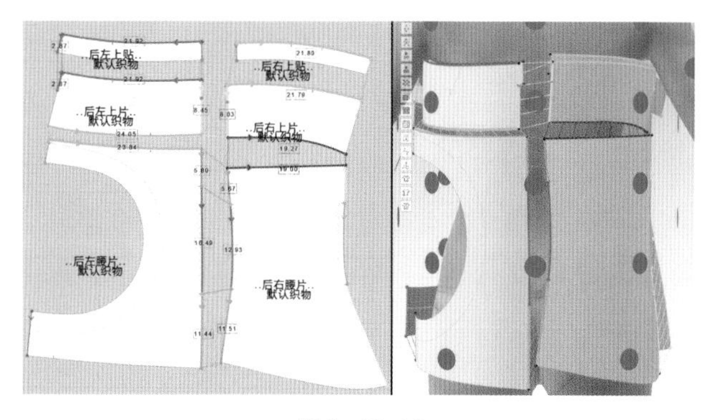

图 2-13-16

(3) 肩带缝制。删除原 CAD 中的肩带样板，根据实际肩带单层宽度、长度净样，在 2D 视窗新增肩带板片。

点击选择/移动工具，在 2D 窗口中选中肩带，点击鼠标右键选择生成里布层。使用“自由缝纫”工具或快捷键“M”，连接肩带与衣片的起点和终点，添加缝纫关系，调整肩带造型，完成肩带缝制。如图 2-13-17。

(4) 裙片缝制。使用“自由缝纫”工具或快捷键“M”，连接起点与终点，添加缝纫关系，进行上衣与裙片腰节线的缝合、前后裙片的侧缝线缝合、后衣片后中心线缝合，如图 2-13-18。

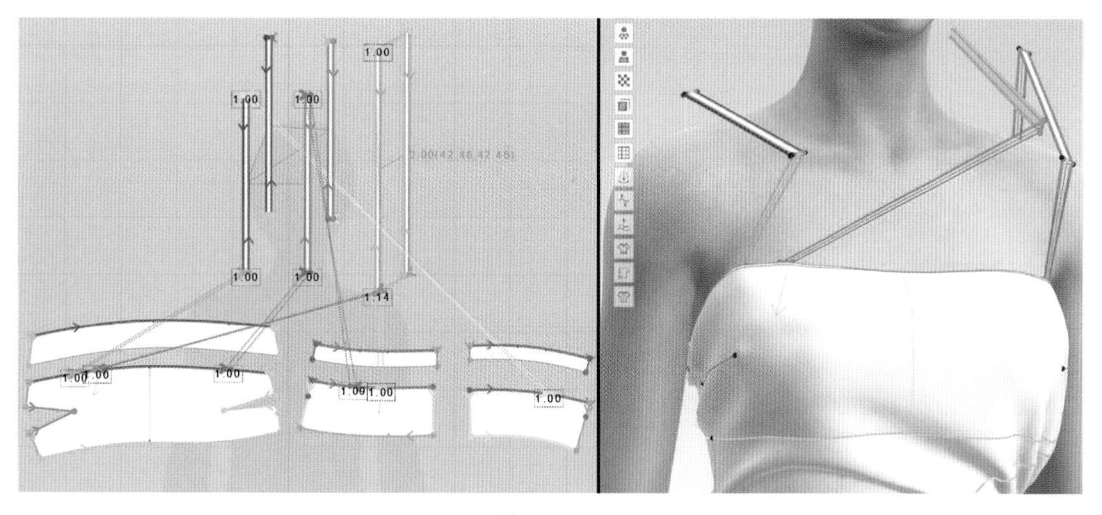

图 2-13-17

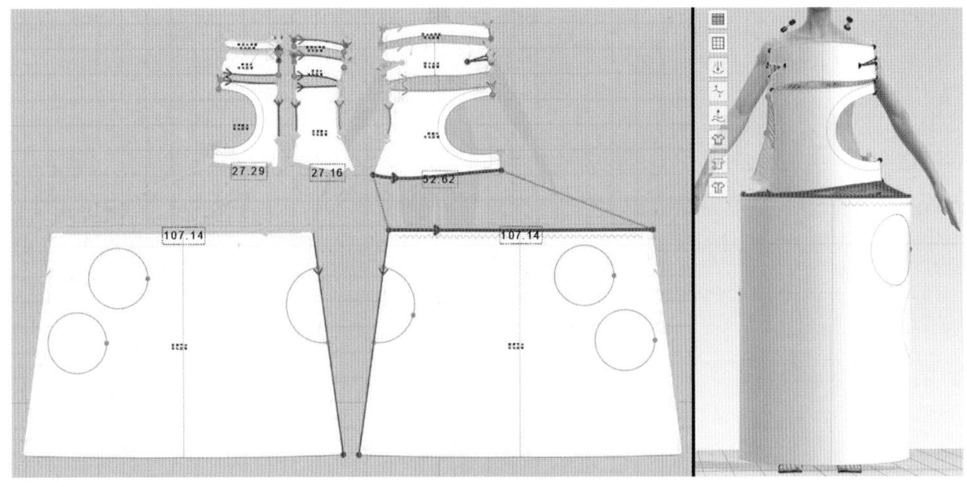

图 2-13-18

(5) 裙片下摆圆圈抽皱缝制。使用"自由缝纫"工具或快捷键"M",连接起点与终点,添加缝纫关系,将圆圈内贴片和前后裙片、前后裙片侧边内部线缝合,将圆圈板片层数设为 1,如图 2-13-19。选中圆圈板片、单击鼠标右键选择移动到外面,并模拟,如图 2-13-20。

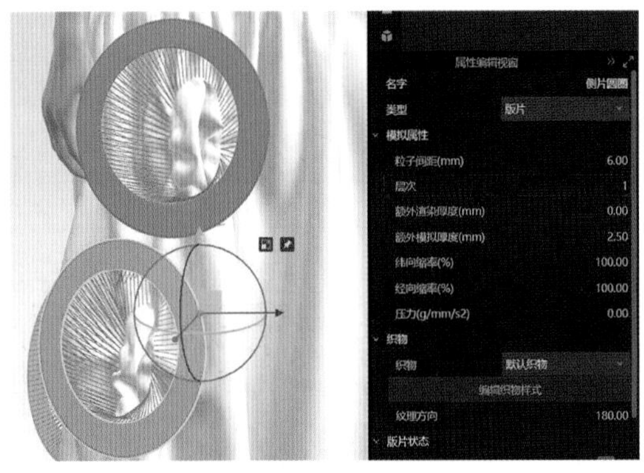

图 2-13-19

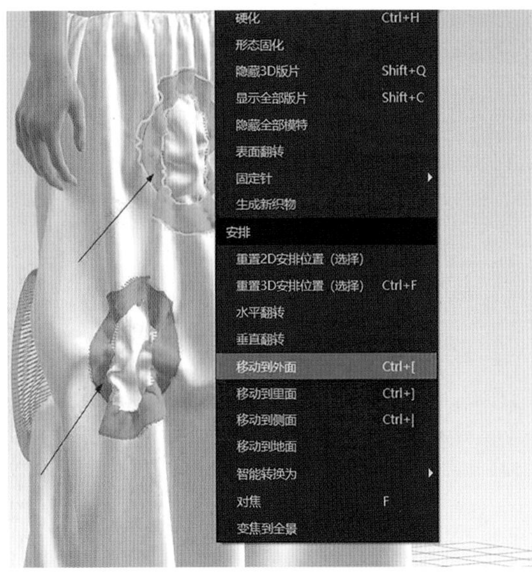

图 2-13-20

(6) 蝴蝶结缝制。使用"固定针"工具,在已缝合的板片上添加固定针并向两侧拖拽,然后在 3D 视窗中把已添加固定针的位置使用定位球拖动,完成蝴蝶结打结,并选中蝴蝶结,鼠标点击右键选择冷冻,完成蝴蝶结添加至附件中,如图 2-13-21。

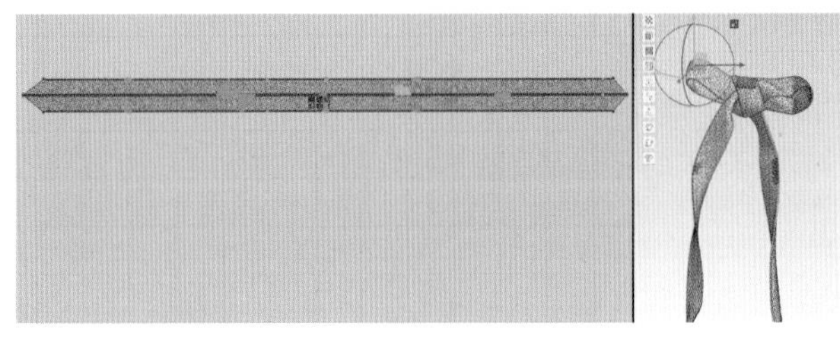

图 2-13-21

(7) 前后裙片添加蝴蝶结。找到"附件"工具,点击打开找到相应蝴蝶结附件,添加至前后裙片。为了防止蝴蝶结滑落,选中蝴蝶结单击鼠标右键,选择智能转换为附件即可,如图 2-13-22。

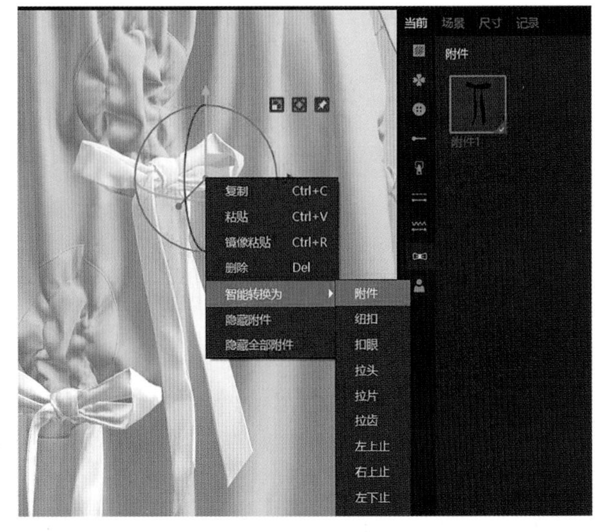

图 2-13-22

（8）改变衣片缝纫线类型。使用“编辑缝纫”工具或快捷键“B”，分别单击前上片、前上片内贴、后右上片、后左上片、后右上贴、后左上贴的缝纫边线，将缝纫类型改为合缝，完成所有衣片的缝合，如图2-13-23。

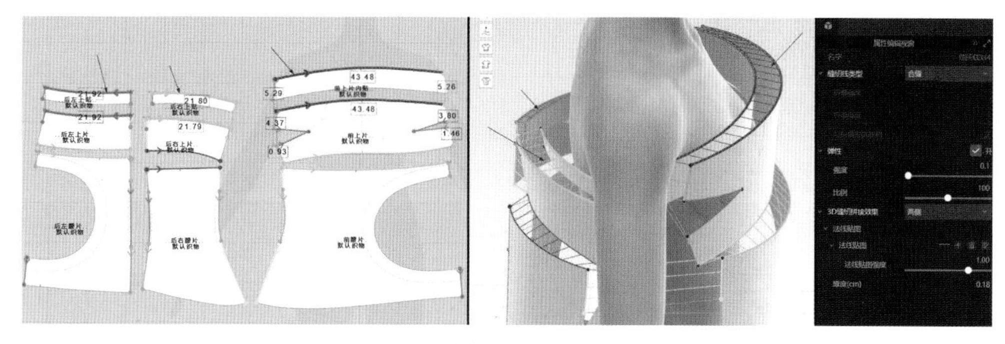

图 2-13-23

4. 工艺细节

（1）肩带黏衬定型。使用选择/移动工具或快捷键“Q”，选中肩带，在右侧编辑织物样式，选择黏衬并打开，如图2-13-24。

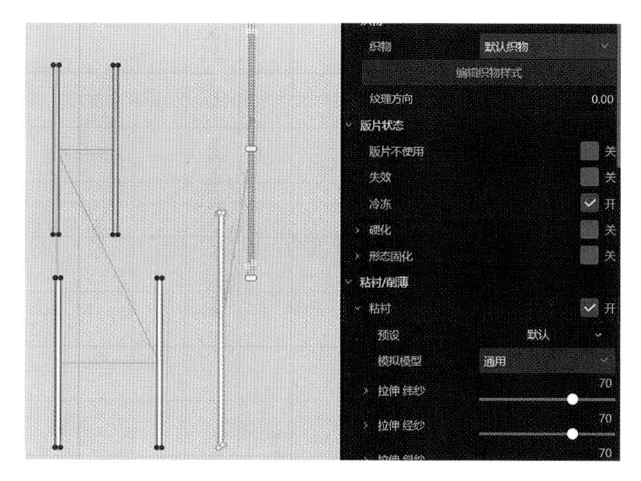

图 2-13-24

设置线条弹性系数，防止缝合线拉长。使用“编辑板片”工具，按住“Shift”键同时点选板片缝合的边线，在属性编辑视窗找到弹性并打开，将默认比例80改为100，保持抹胸上口线的尺寸稳定，如图2-13-25。

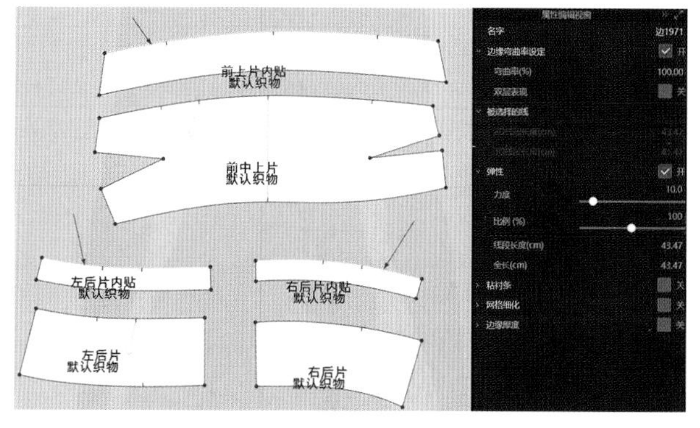

图 2-13-25

（2）裙片圆圈抽皱处理。使用选择/移动工具或快捷键“Q”，选中所有圆圈板片，在属性编辑视窗中将横向缩率100改为120，纵向缩率100改为120，呈现抽皱立体效果，如图2-13-26。

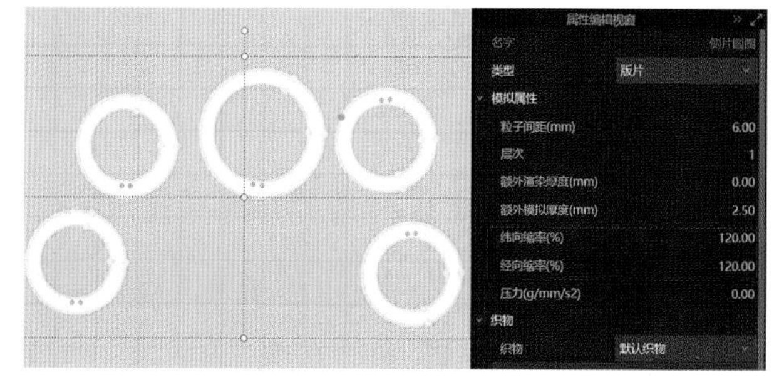

图 2-13-26

依次选中所有外层圆圈贴片内圈线，在属性编辑视窗找到弹性并打开，将默认力度10改为50，增加弹性力度，将默认比例80改为50，并模拟，呈现出明显的抽皱立体效果，如图2-13-27。

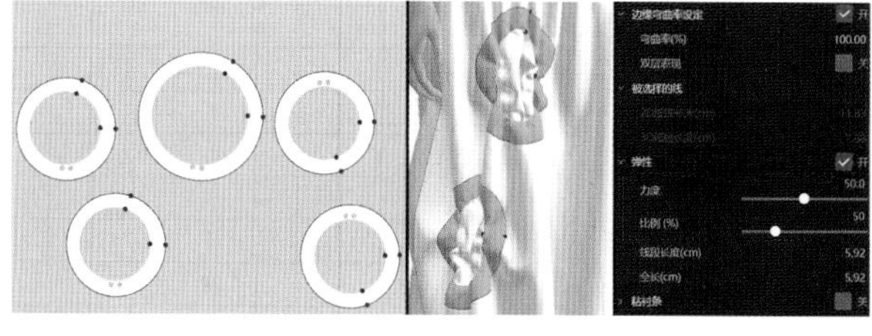

图 2-13-27

（3）装隐形拉链。选择面料资源库工具，在资源库辅料属性中找到隐形拉链头，鼠标左键双击隐形拉链头，添加到附件中，如图 2-13-28。

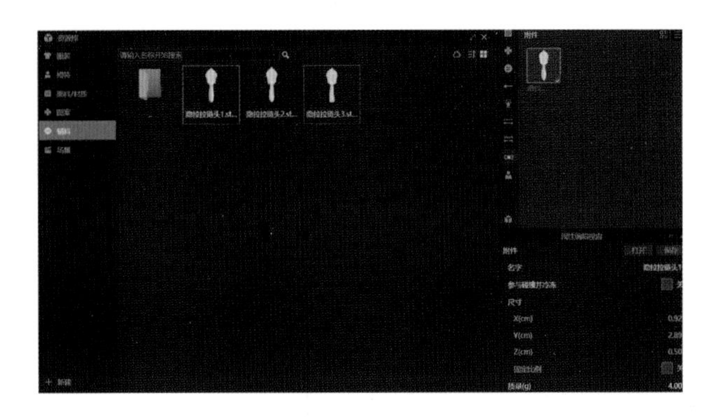

图 2-13-28

（4）在右侧附件中，鼠标双击隐形拉链头，添加隐形拉链头到 3D 窗口中，移动隐形拉链头至后中缝，完成拉链头方向调整，如图 2-13-29。

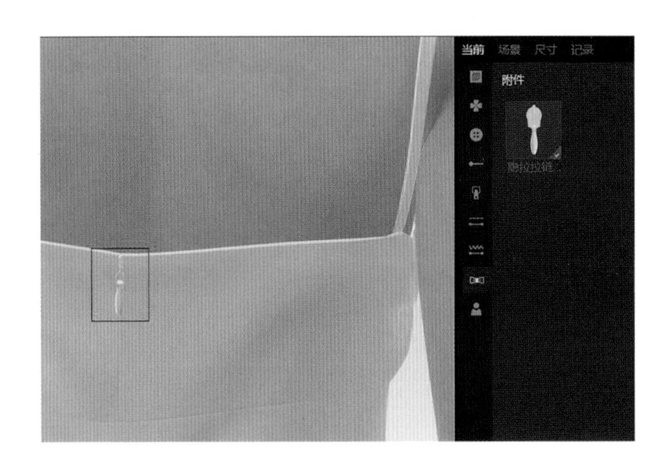

图 2-13-29

5. 缝制完成

（1）按缝纫逻辑关系完成抽绳吊带礼服所有板片的缝合，如图 2-13-30。

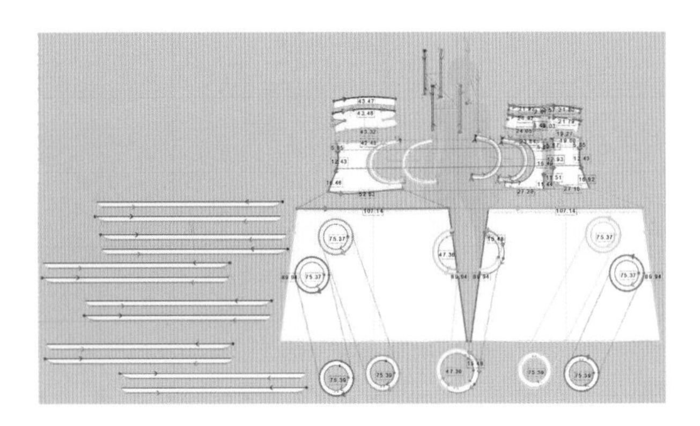

图 2-13-30

（2）3D 缝制效果，如图 2-13-31。

图 2-13-31

五、面辅料属性设置

1. 面料参数设置

（1）选择面料资源库工具，在资源库面料与属性中搜索棉类面料品类。

（2）根据实际面料材质、厚度、柔软度及悬垂性，调整经纬纱拉伸参数和经纬纱弯曲参数。

（3）高支棉面料属性参数如图 2-13-32。

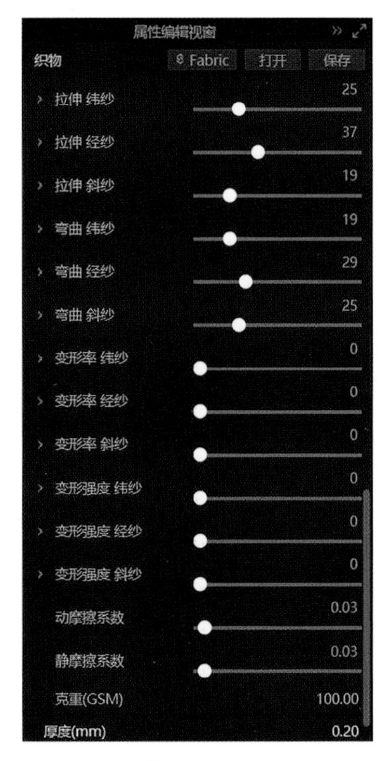

图 2-13-32

2. 面料纹理及颜色设置

（1）面料纹理添加、透明度调整。选择面料资源库工具，找棉类纹理贴图，添加到右侧属性编辑视窗中，选择 60S 府绸法线贴图，符合高支棉纹理细腻的特点，如图2-13-33。

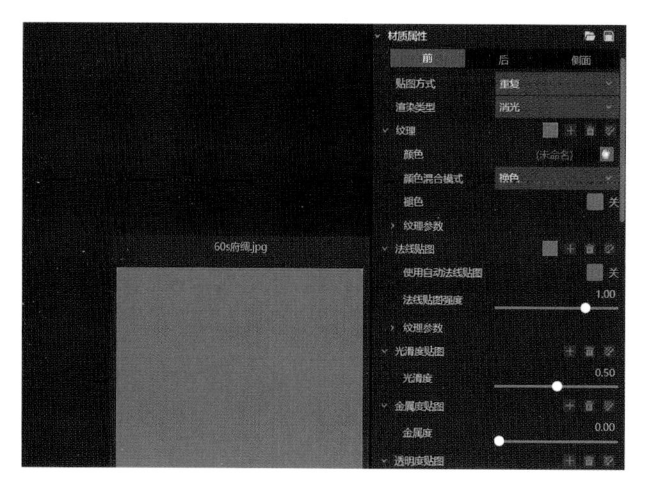

图2-13-33

（2）面料颜色调整。在属性编辑视窗中选择颜色工具，选择颜色色号，调整面料明度、纯度，如图2-13-34。

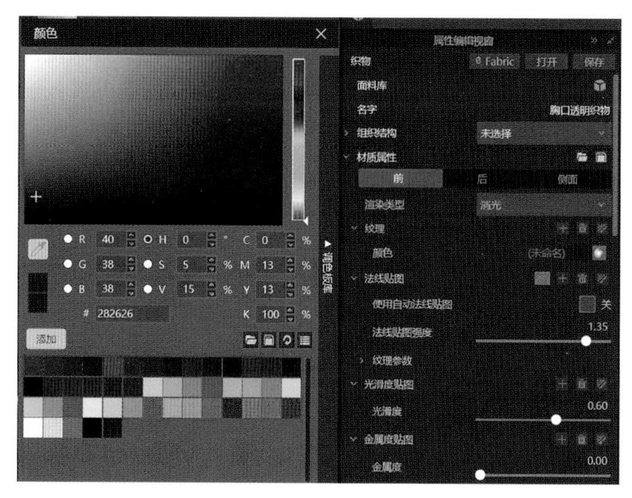

图2-13-34

六、样板的修正

通过3D着装效果，调整3D窗口的2D样板，调整后的样板重新模拟服装穿着效果。在3D软件中修改调整后的2D样板，直接可以转化为CAD文件，实现CAD样板修改与3D虚拟展示同步。

七、虚拟样衣展示

1. 离线渲染参数设置

（1）点击离线渲染工具，打开渲染图片属性工具。

（2）在编辑属性视窗中选择图片尺寸为A4，文件格式选择png，渲染工具选择CPU，渲染品质选择高质量，渲染方法选择暴力渲染，如图2-13-35、图2-13-36。

图2-13-35

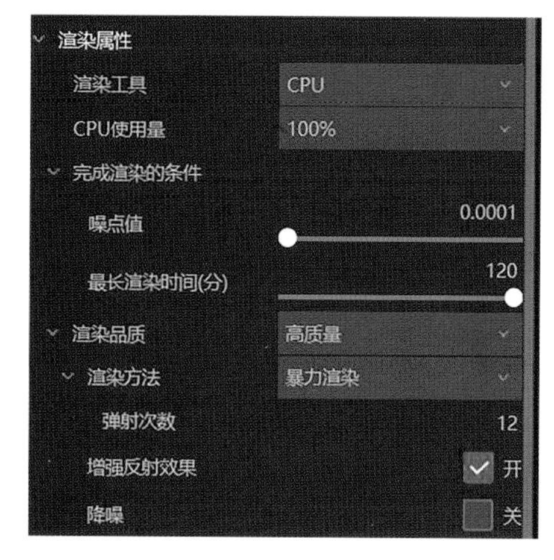

图2-13-36

2. 3D渲染效果图（图2-13-37）

图2-13-37

八、动态走秀视频输出

（1）选择资源库工具 ，在“资源库”中找“场景”，选择“秀场”鼠标左键双击添加（图 2-13-38）。完成“场景”的导入，如图 2-13-39 所示。

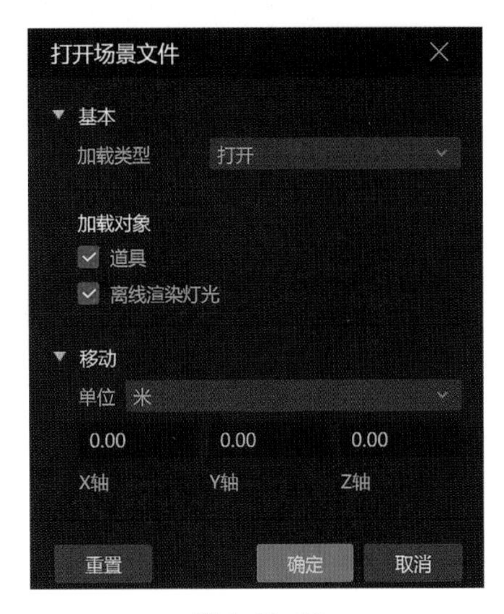

图 2-13-38

图 2-13-39

（2）选择“工具”里面的“动画编辑器”工具 ，如图 2-13-40。

图 2-13-40

（3）在电脑右侧“属性编辑视窗”下选择“动画属性”工具 ，单击鼠标左键并打开，在右侧编辑属性视窗中找到“分辨率”默认“自定义”改为“1920×1080”，使画面呈现清晰效果，如图 2-13-41。

图 2-13-41

（4）选择“动作” （图 2-13-42），单击鼠标左键，并选择“高跟鞋走秀 T”，如图 2-13-43。

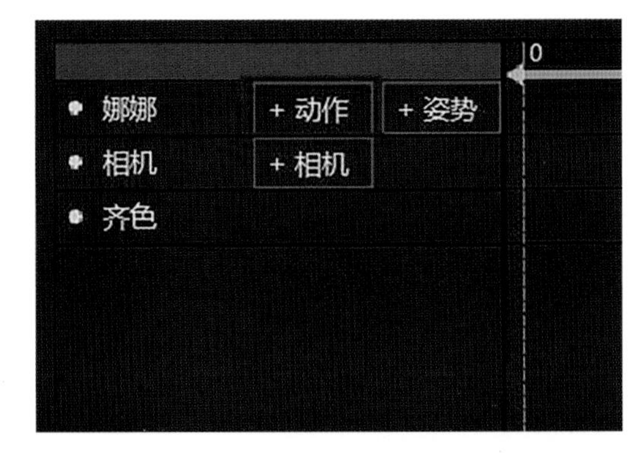

图 2-13-42

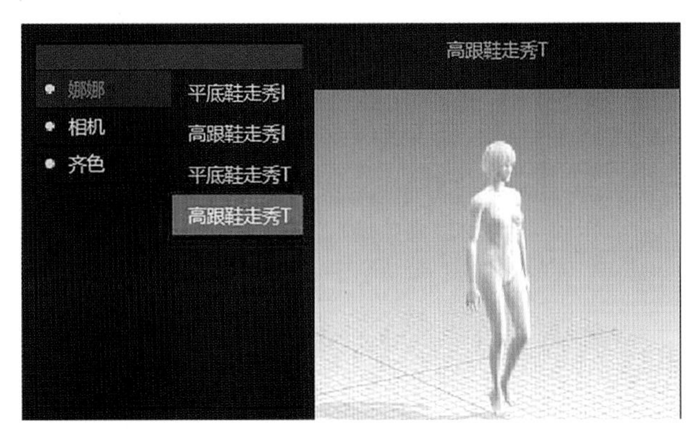

图 2-13-43

选择“动作添加”中“创建动作过渡动画”，默认打钩，默认 1 秒，作为动作过渡动画，防止模特走姿过快，转变太快使服装产生穿模，如图 2-13-44。

图 2-13-44

（5）选择录制工具开启录制，完成动态视频录制，如图 2-13-45。

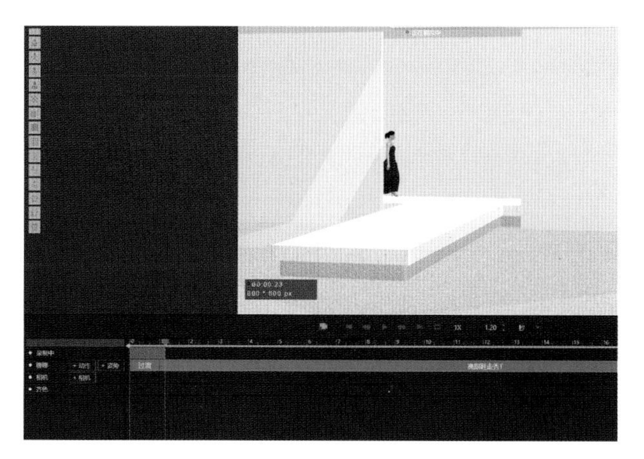

图 2-13-45

（6）选择“相机”工具，如图 2-13-46，并选择右侧菜单中的“高跟鞋走秀 T”，然后点击“确定”，完成相机机位关键帧的添加，使得动态走秀过程中有不同镜头的切换，如图 2-13-47。

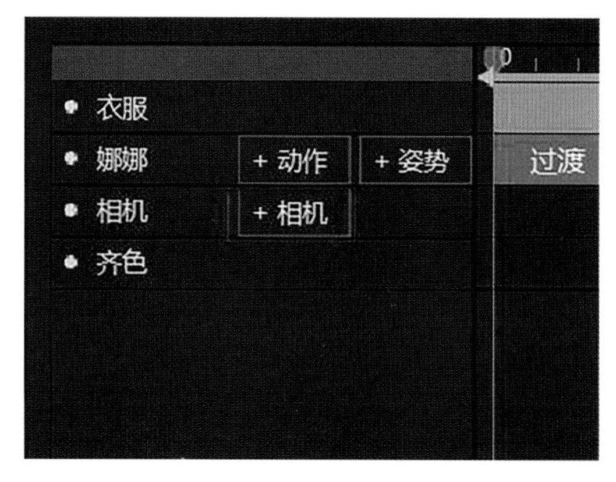

图 2-13-46

图 2-13-47

（7）选择“导出视频”工具，格式选择为“MP4”，选择“直接保存”或“本地渲染”，通过本地渲染可使服装款式面料肌理更清晰，服装效果更逼真，提升视频画面品质，选择“直接保存”，完成走秀视频输出，如图 2-13-48。

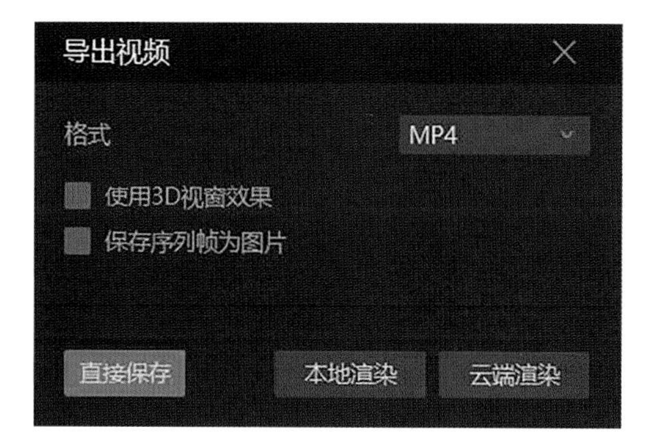

图 2-13-48

九、扫码观看抽绳吊带礼服详细的 3D 设计和缝制过程视频

十、训练习题布置

练习 1：肩带、衣片、裙片的抽皱、缝制巩固练习。

练习 2：练习抽绳吊带礼服缝制 1 款。

任务十四 翻领小礼服

一、任务要求

知识目标：

1. 掌握褶裥的多层叠合缝制方法
2. 掌握 TR 面料的表现方法
3. 掌握翻领翻折线的角度设置

能力目标：

应用 Style3D 软件完成本款翻领小礼服的缝制，完成腰部绑带板片的处理，完成侧缝隐形拉链的缝制，完成 TR 梭织面料 3D 参数设置，完成款式渲染，提升整款成衣效果展示的能力。

学习准备：服装 CAD 的 DXF 格式板片文件。

学习重点：翻折领、褶裥的多层叠合、腰部分割线的虚拟缝制。

学习难点：腰部蝴蝶结绑带、褶裥的多层叠合、TR 面料参数调整。

二、款式分析

1. 款式特点

X 廓形，肩带设计，翻折领，宽叠门，腰部蝴蝶结绑带装饰。裙摆不对称设计，前腰部褶裥多层叠合，形成自然垂褶效果，侧装隐形拉链(图 2-14-1)。

2. 选用面料

衣身选用 TR 面料，里布选用细棉布。

图 2-14-1

三、服装 CAD 文件导入 3D 软件

服装 CAD 文件 14

1. CAD 样板核对修正

应用服装 CAD 软件，将本款立体裁剪的裁片读图导入 CAD，调整 CAD 样板线条、文字标注，完成核对，如服装 CAD 文件 14、图 2-14-2 所示。

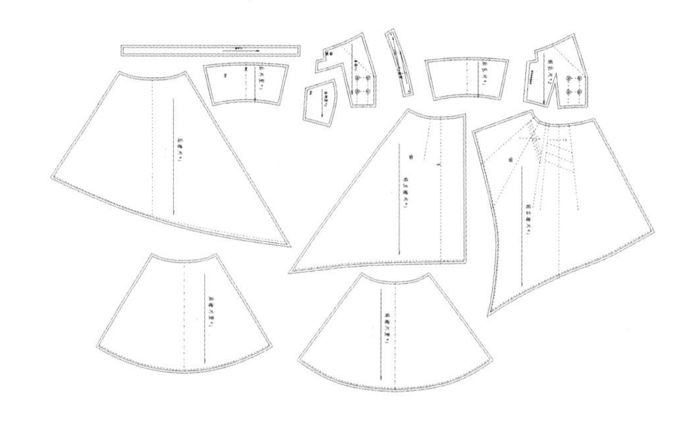

图 2-14-2

CAD 样板裁片部件：

(1) 前衣片×2，后衣片×1，肩带×2，腰带×1。

(2) 挂面×2，前侧里×2，后片里×1。

(3) 前右裙片×1，前左裙片×1，后裙片×1。

(4) 前裙片里×1，后裙片里×1。

2. CAD 样板导入到 3D 软件

将 CAD 中的样板文件保存为 DXF 格式，导入到 3D 软件。

打开 3D 软件界面，导入 DXF 文件，勾选“自动调整比例”“导入板片缝边”“导入板片标注”“优化所有曲线点”“板片自动排列”“导入缝边刀口到净边”“减少断点”“根据面料名称新建面料”等属性选项，如图 2-14-3。

点击界面左上方菜单中文件，导入 DXF 格式文件，或按快捷键“Ctrl+Shift+D”，如图 2-14-4。

图 2-14-3

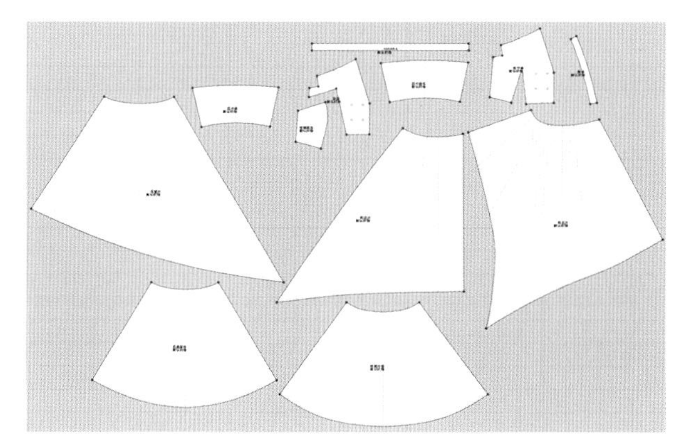

图 2-14-4

四、虚拟缝制

1. 文件导入

（1）打开 Style3D，点击文件新建或按快捷键“Ctrl＋N”，新建一个文件。

（2）选择资源库工具，选择导入模特工具，如图 2-14-5。

2. 板片安排、调整

（1）2D 和 3D 同步。点击选择/移动工具或快捷键“Q”，根据服装结构关系排列 2D 视窗所有板片。框选 2D 视窗所有板片，在 3D 视窗中用鼠标右键点击板片，选择重置 3D 安排位置，或快捷键“Ctrl＋F”，2D 视窗板片和 3D 视窗板片即可同步呈现，如图 2-14-6。

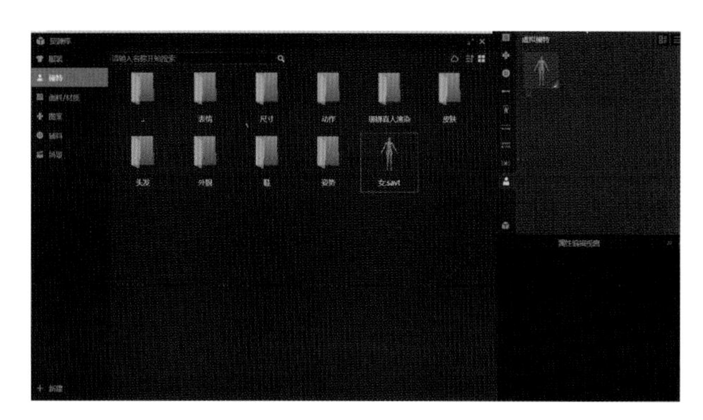

图 2-14-5

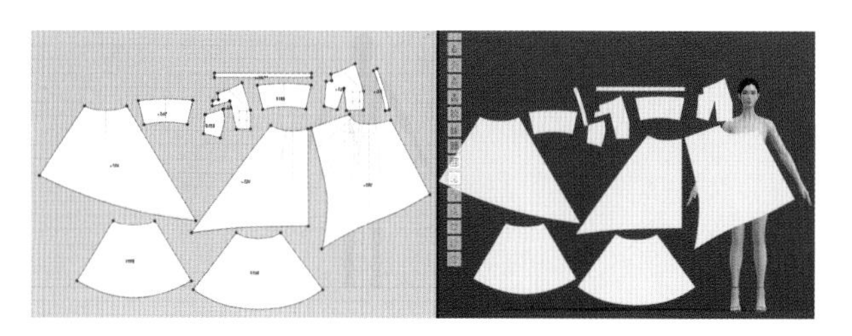

图 2-14-6

（2）选择显示安排点工具或快捷键“A”，显示的模特安排点用于摆放板片位置，如图 2-14-7。

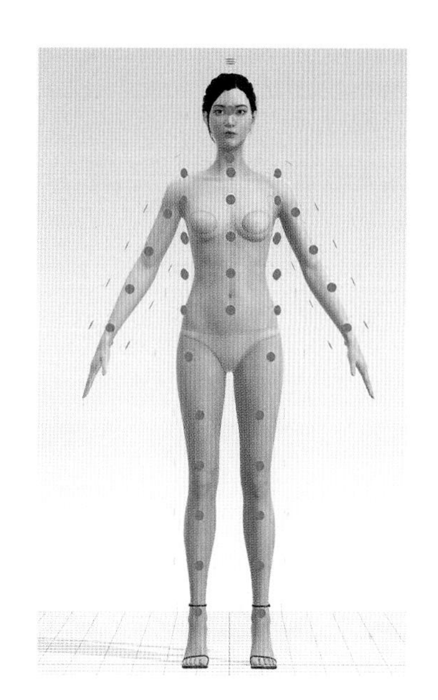

图 2-14-7

（3）安排板片。点击选择/移动工具，鼠标左键点击选中板片，鼠标放到模特安排点对应位置，鼠标左键点击，完成板片安排，如图 2-14-8。

（4）点击选择/移动工具，依次完成 3D 视窗所有板片的排列，如图 2-14-9。

图 2-14-8

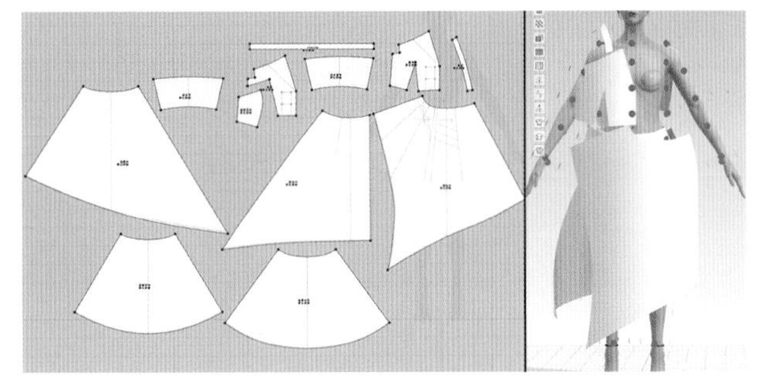

图 2-14-9

（5）板片安排及对称。点击选择/移动工具，调整定位球中的红色、蓝色、绿色三维坐标轴，或点击绿色方形区域进行整体移动，按着装结构关系，将前后板片位置调整好。前衣片、挂面、前侧里、肩带等对称板片，在 3D 窗口点击右键选择克隆对称板片（板片与线缝纫），如图 2-14-10、图 2-14-11。

（6）前裙片褶线勾勒和褶线角度设置。单击“勾勒轮廓”工具或快捷键“I”，选中前右片内部基础线，按“Enter”键完成勾勒为内部线。红色褶线为外凸线，角度设置为 0，黄色褶线为内凹线，角度设置为 360°，如图 2-14-12、图 2-14-13。

3. 样衣缝合

（1）里布板片及肩带缝制。使用“自由缝纫”工具或快捷键“M”，连接起点与终点，添加缝纫关系，进行挂面、前侧里的缝合，后片里与后裙片里腰节线缝合。按住“Shift”键将挂面、前侧里同时与后片里的侧缝线缝合，按住“Shift”键将挂面、前侧里同时与前裙里腰节线缝合。按住“Shift”键将肩带与挂面、后片里缝合，如图 2-14-14。

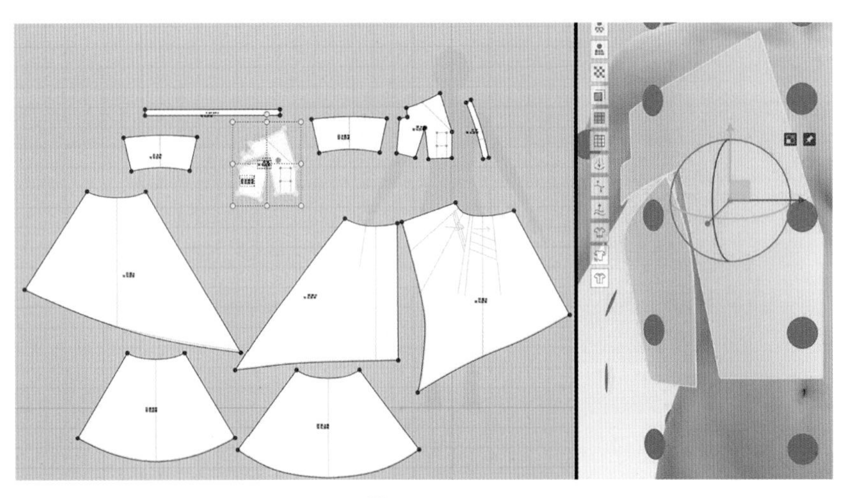

图 2-14-10

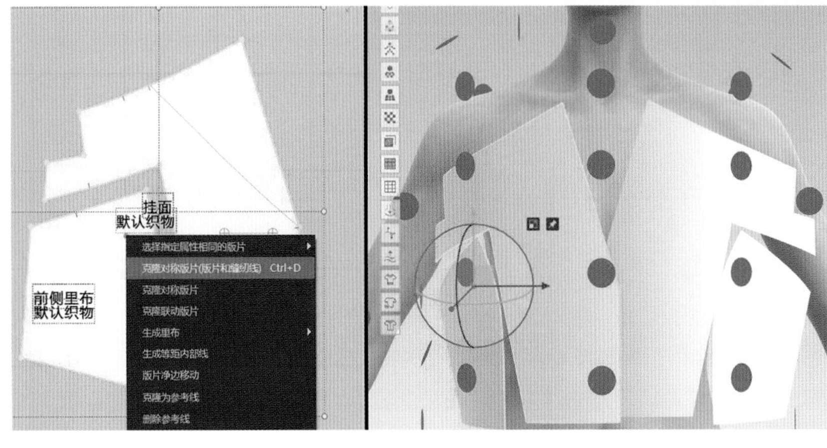

图 2-14-11

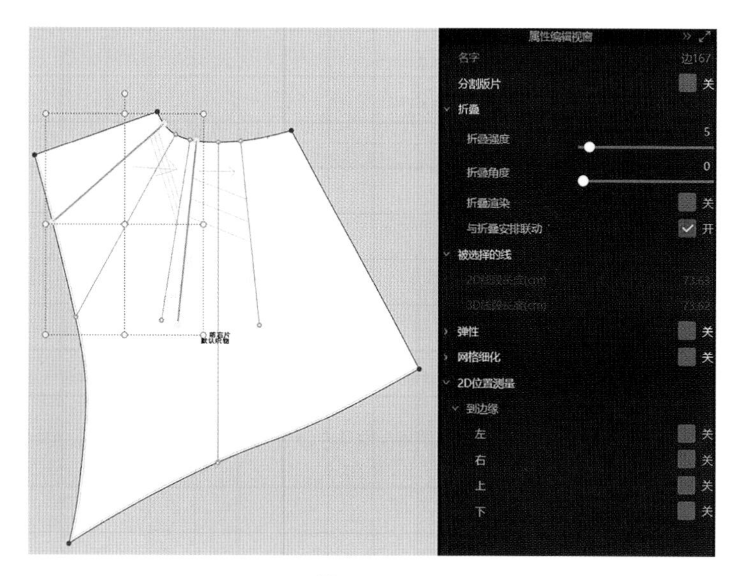

图 2-14-12

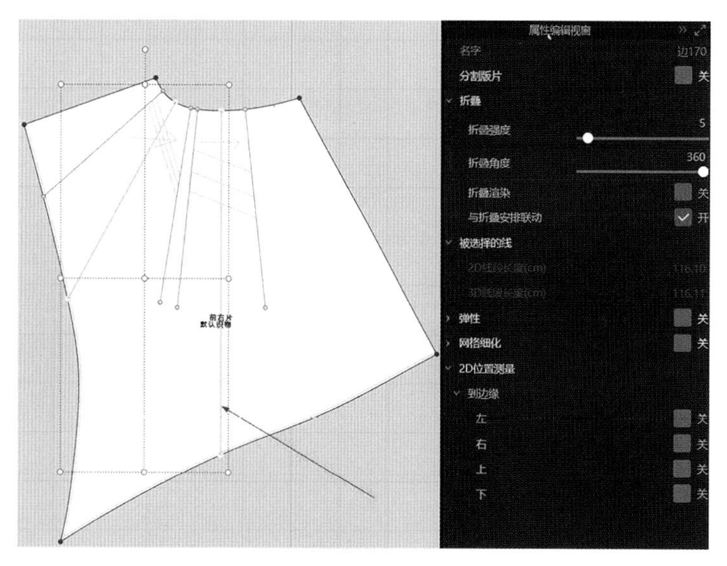

图 2-14-13

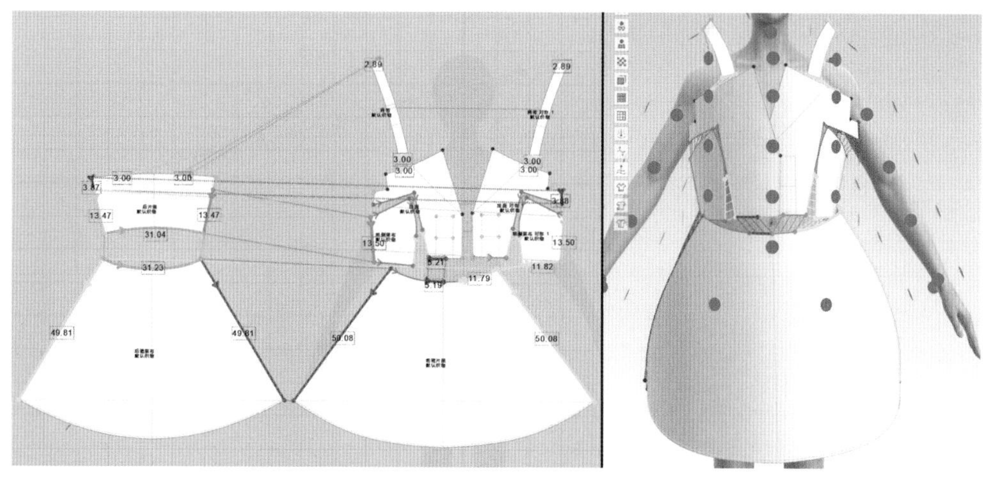

图 2-14-14

（2）面布多褶裥缝制固定。选择使用“自由缝纫”工具或快捷键“M”，按线段方向，分别点击 MM_1、MM_2 两条线段，再分别点击 NN_1、NN_2 两条线段，完成褶裥的缝制固定，将其缝纫类型改为“合缝”；固定 M_1S 与 M_1N 两线段，再固定 N_1M 与 N_1N 两线段，形成褶裥的多层叠合，如图 2-14-15。

（3）面布板片缝制。衣片与裙片的刀眼对位，衣片、裙片的中心线点 A_1、A_2 与 A 点对位，B 点与 B_1 对位，如图 2-14-16。

使用“线缝纫”工具或快捷键“N”，点击板片之间相互需要缝制的线，添加缝纫关系，进行前衣片、后衣片的侧缝线缝合，前后裙片的侧缝线缝合，后片与后裙片腰节线缝合。按住“Shift”键将前衣片与前右裙片、前左裙片的腰节线缝合。完成所有面布板片的缝合，如图 2-14-17。

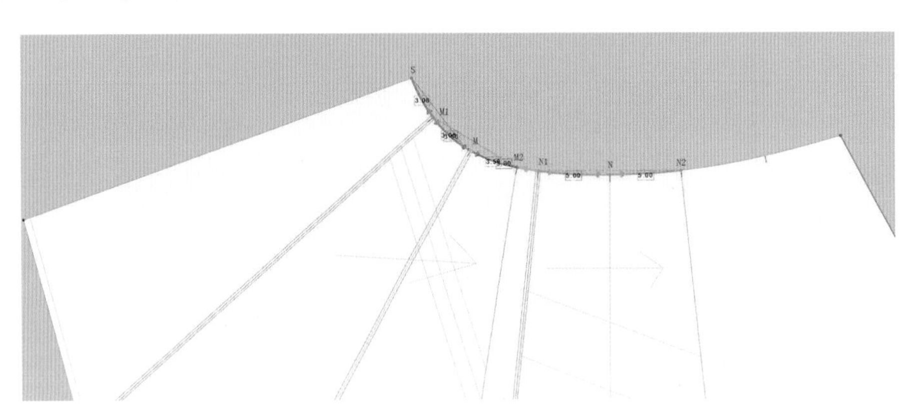

图 2-14-15

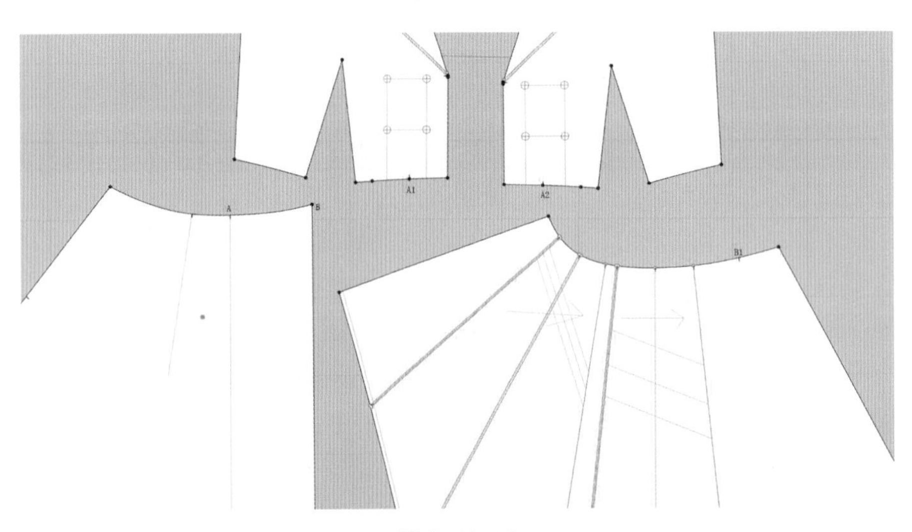

图 2-14-16

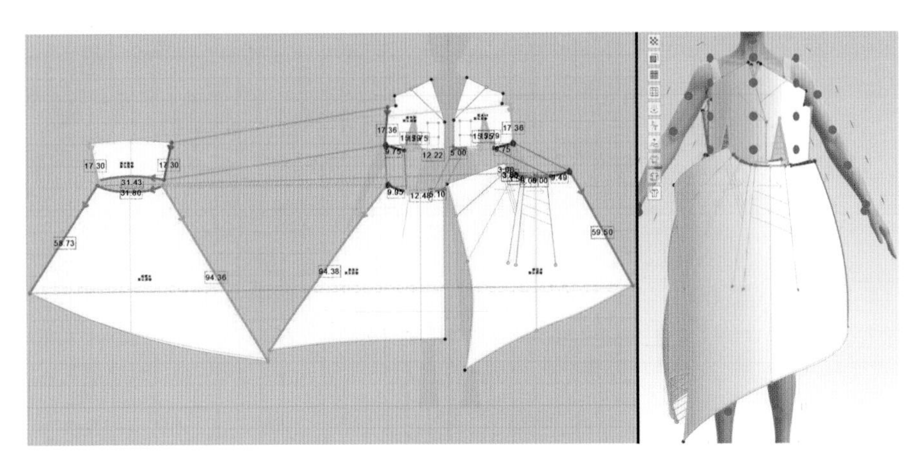

图 2-14-17

（4）腰带缝制。将其他板片冷冻，把腰带放置在对应安排点上。选择使用“自由缝纫”工具 或快捷键“M”，添加完成腰带两端缝纫关系，并模拟完成腰带缝制，如图2-14-18。

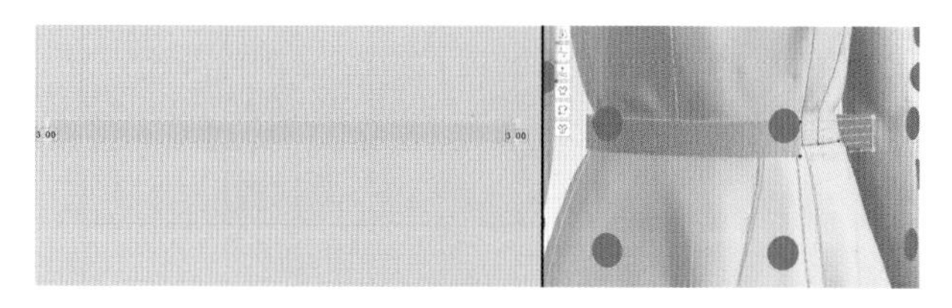

图 2-14-18

（5）在2D视窗中选中腰带板片，点击鼠标右键选择“生成里布层(里层)”，如图2-14-19。

点击选择/移动工具 ，选中腰带板片，在右侧属性视窗中，降低粒子间距，额外渲染厚度改为1，使得腰带板片形态保持稳定，如图2-14-20。

（6）腰部蝴蝶结绑带的添加。找到“附件”工具 ，点击打开前面款式缝制并存入的蝴蝶绑带，按款式设计添加到腰部。为防止蝴蝶结绑带滑落，选中蝴蝶结绑带单击鼠标右键，选择智能转换为附件即可，如图2-14-21。

图 2-14-19

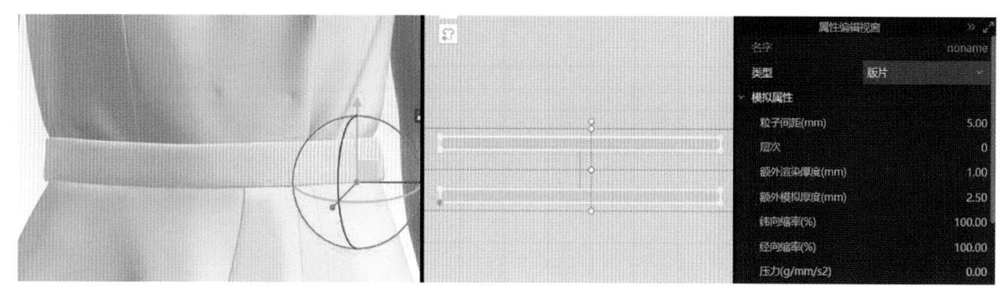

图 2-14-20

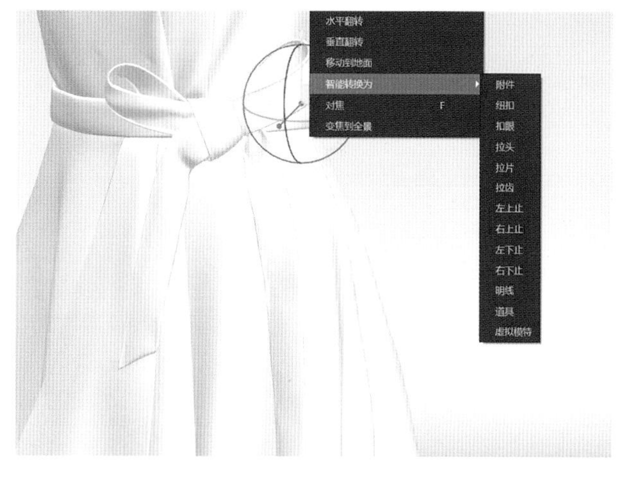

图 2-14-21

4. 工艺细节

（1）前后肩带。腰带黏衬定型。使用选择/移动工具 或快捷键“Q”，分别选中前后肩带、腰带板片，在右侧编辑织物样式，选择黏衬并打开，如图2-14-22。

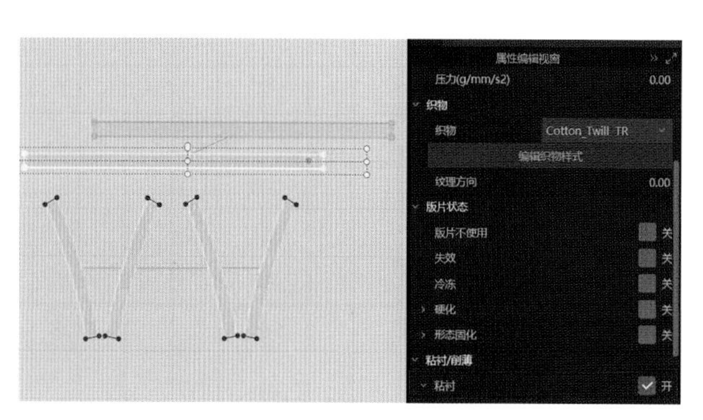

图 2-14-22

（2）修改线条弹性系数，防止缝合线拉长。使用“编辑板片”工具，按住“Shift”键同时点选板片缝合的边线，在属性编辑视窗找到弹性并打开，将默认比例80改为100，保持尺寸稳定，如图2-14-23。

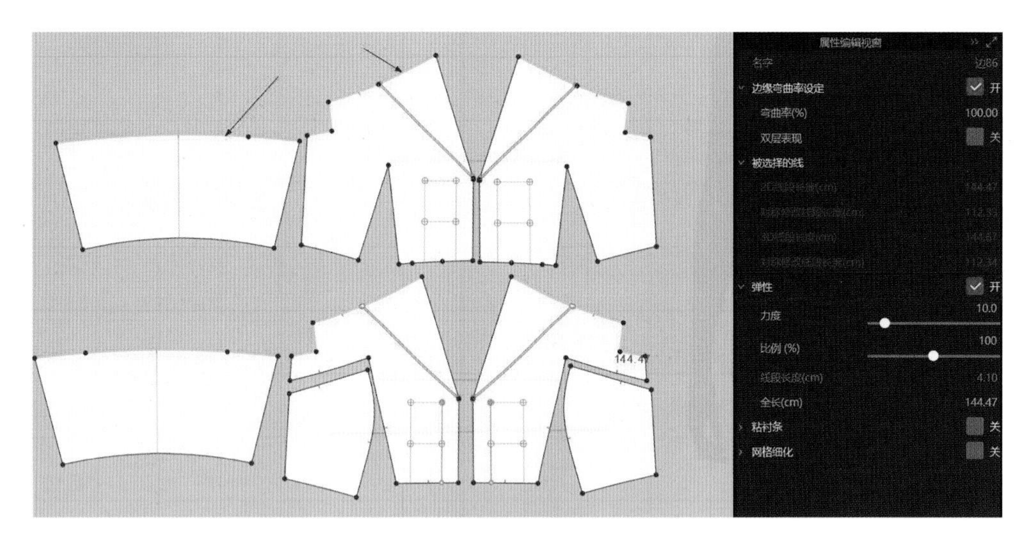

图 2-14-23

（3）前面领子翻折线角度设置。使用“编辑板片”工具，选中领子翻折线，并两侧生成等距内部线，将其折叠角度改为360°，使翻折弧度更加圆顺自然，如图2-14-24。

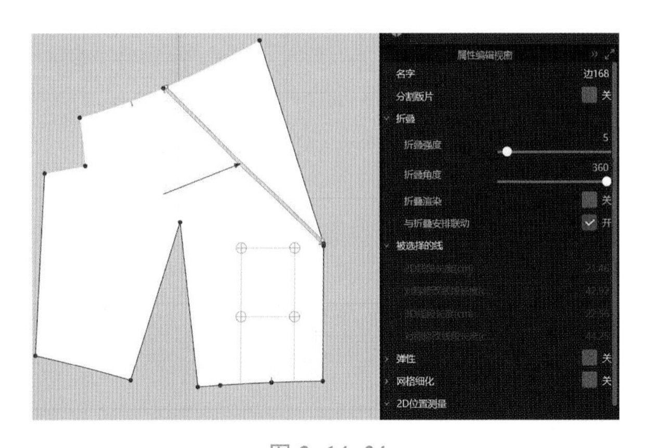

图 2-14-24

（4）前片与挂面的缝纫类型改为合缝。使用“编辑缝纫”工具或快捷键“B”，分别单击前衣片、挂面的缝纫边线，将缝纫类型改为合缝，完成挂面与前片的缝合，如图2-14-25。

（5）装隐形拉链。选择面料资源库工具，在资源库辅料属性中找到隐形拉链头，鼠标左键双击隐形拉链头，添加到附件中，如图2-14-26。

（6）在右侧附件中，鼠标双击隐形拉链头，添加隐形拉链头到3D窗口中，移动隐形拉链头至侧缝，完成拉链头方向调整，如图2-14-27。

5. 缝制完成

（1）按缝纫逻辑关系完成翻领小礼服所有板片的缝合，如图2-14-28。

（2）3D缝制效果，如图2-14-29。

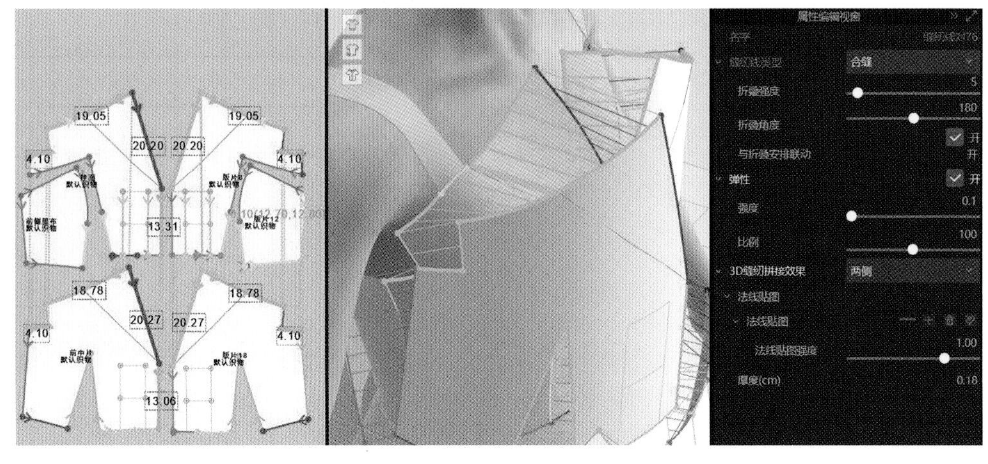

图 2-14-25

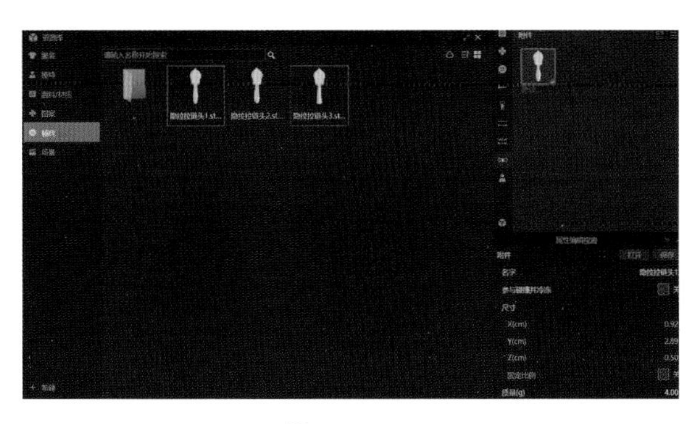

图 2-14-26

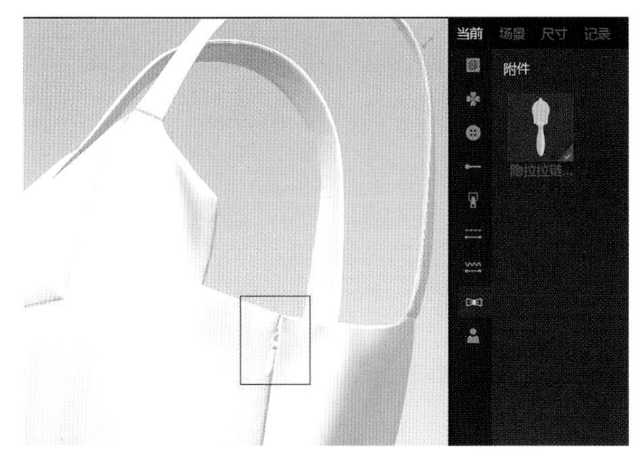

图 2-14-27

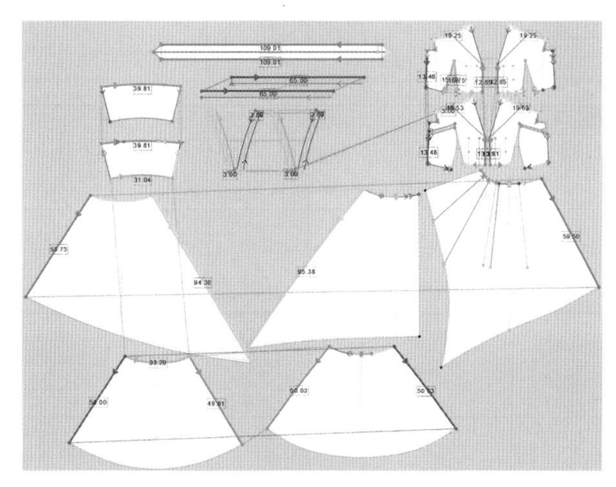

图 2-14-28

图 2-14-29

五、面辅料属性设置

1. 面料参数设置

(1) 选择面料资源库工具 ,在资源库面料与属性中搜索 TR 斜纹面料品类。

(2) 根据实际面料材质、厚度、柔软度及悬垂性,调整经纬纱拉伸参数和经纬纱弯曲参数。

(3) TR 面料属性参数如图 2-14-30。

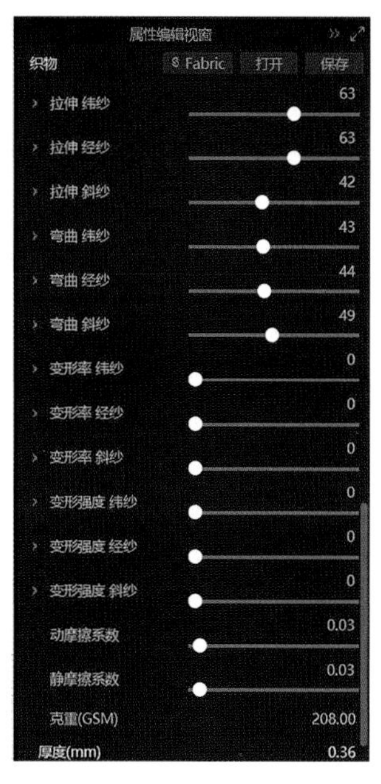

图 2-14-30

2. 面料纹理及颜色设置

(1) TR 面料纹理添加、透明度调整。选择面料资源库工具 ,找到面料法线贴图,添加到右侧属性编辑视窗中,增加法线贴图强度到 2,清晰展示 TR 面料纹理效果,如图 2-14-31。

图 2-14-31

（2）面料颜色调整。在属性编辑视窗中选择颜色工具，选择颜色色号，调整面料明度、纯度，如图 2-14-32。

图 2-14-32

六、样板的修正

对照 3D 着装效果，调整 3D 窗口的 2D 样板，调整后的样板重新模拟服装穿着效果。在 3D 软件中修改调整后的 2D 样板，直接可以转化为 CAD 文件，实现 CAD 样板修改与 3D 虚拟展示同步。

七、虚拟样衣展示

1. 离线渲染参数设置

（1）点击离线渲染工具，打开渲染图片属性工具。

（2）在编辑属性视窗中选择图片尺寸为 A4，文件格式选择 png，渲染工具选择 CPU，渲染品质选择高质量，渲染方法选择暴力渲染，如图 2-14-33、图 2-14-34。

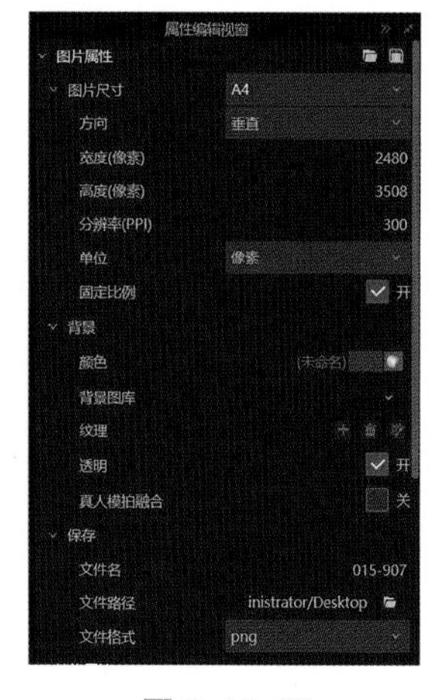

图 2-14-33

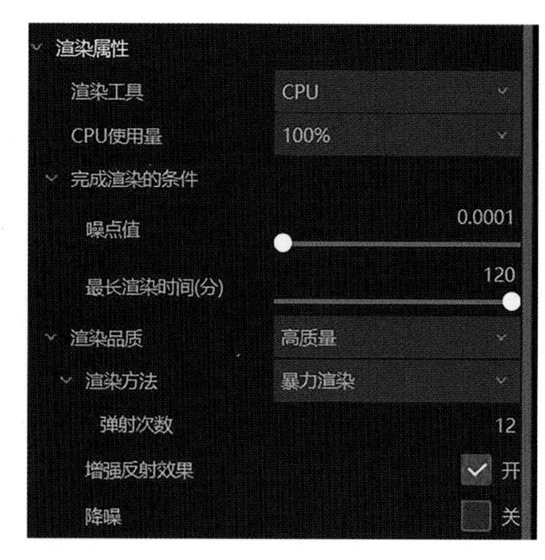

图 2-14-34

2. 3D 渲染效果图（图 2-14-35）

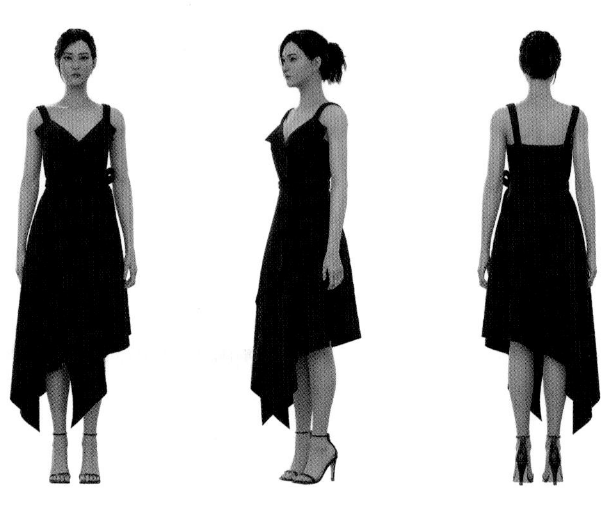

图 2-14-35

八、扫码观看翻领小礼服详细的设计和缝制过程视频

九、训练习题布置

练习 1：肩带、褶裥的多层叠合、腰部蝴蝶结绑带虚拟缝纫巩固练习。

练习 2：练习翻领小礼服虚拟缝制 1 款。

第三章

外贸企业 3D 设计产品案例

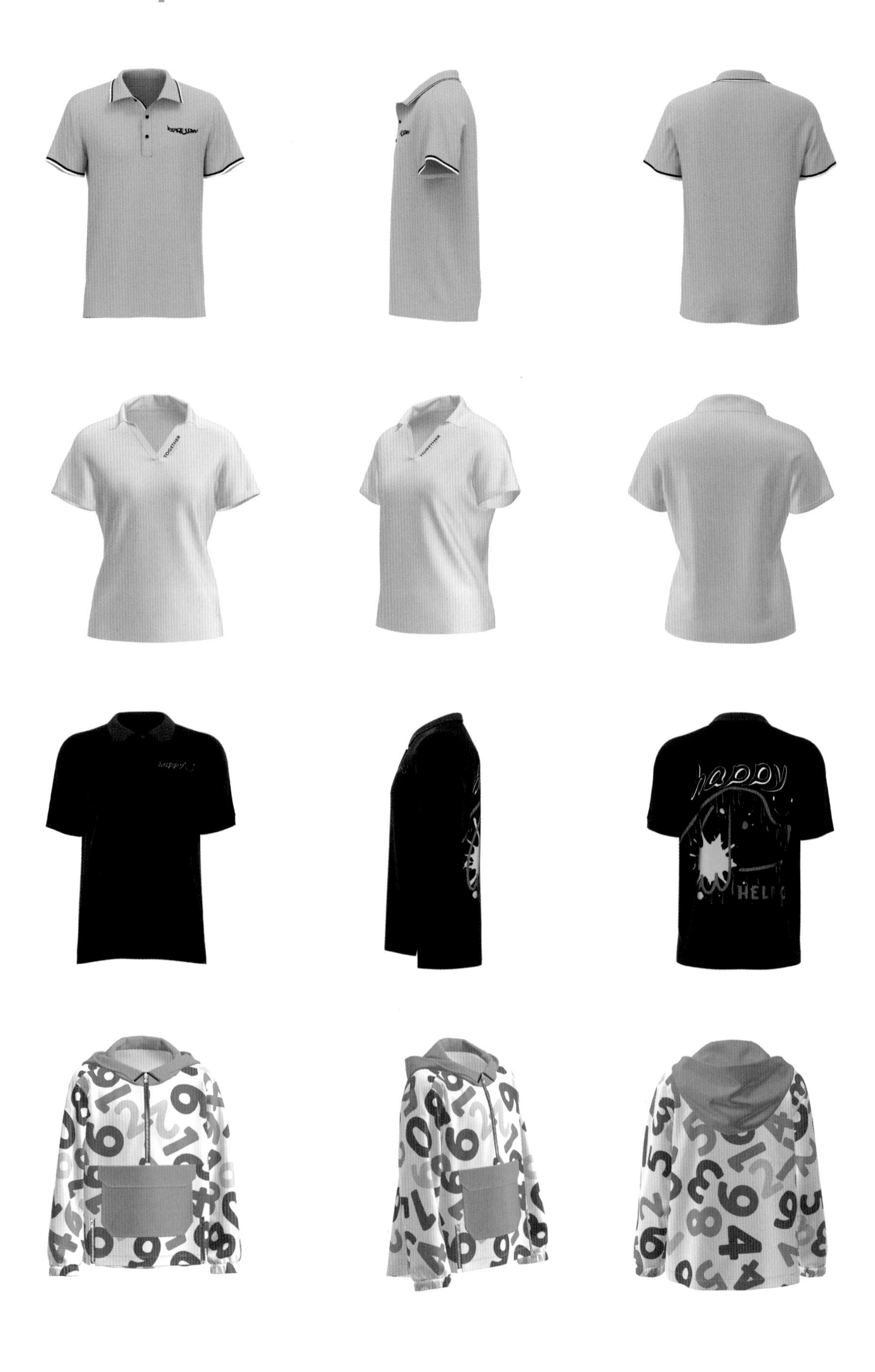
TOGETHER
happy
HELP

GOOD MORNING
YOU CAN
DOTS

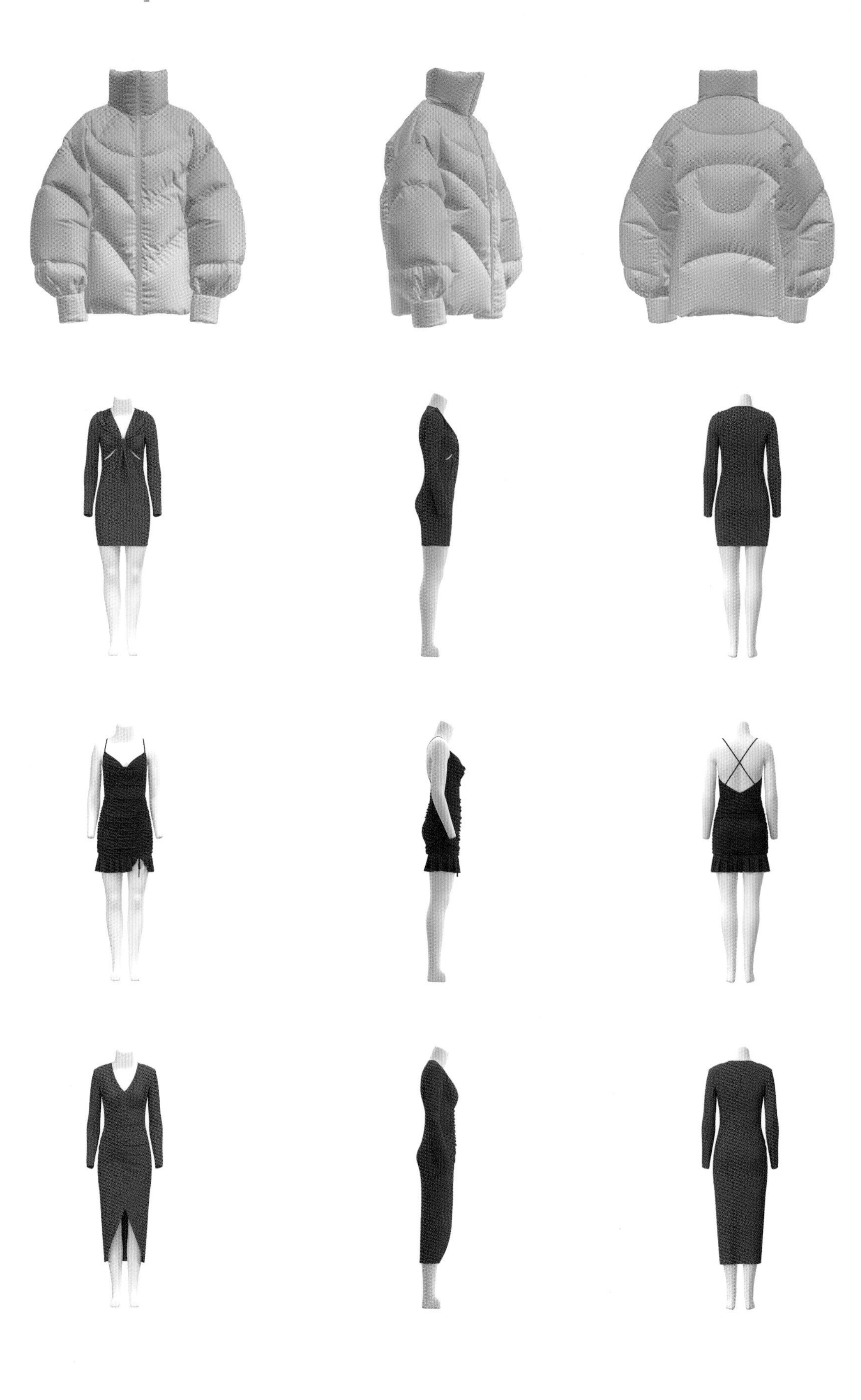